한국 전통목조건축의 물량산출
−맞배지붕 건축물을 중심으로−

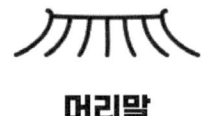
머리말

한국 전통 목조건축은 오랜 역사와 문화를 지니고 있으며, 건축 기술이 집약된 소중한 국가 유산이다. 특히 궁궐 건축, 불사 건축, 서원 건축, 민가, 정자 건축 등 수백 년간 축적된 장인의 기술과 자연과의 조화를 바탕으로 발전해 온 소중한 문화유산 자원이다. 그 구조적 특성과 건축기법은 현대의 건축 공법과는 차별화되는 독창성과 정교함을 지닌다.
목재의 사용에 있어서 그 시대의 정신과 미학도 함께 하는 동시에 효율성과 기능성도 추구해 왔다.

오늘날에는 전통건축의 보존, 복원, 중창, 그리고 신축을 위한 다양한 공공 및 민간사업이 진행되고 있으나, 그에 필요한 목재 물량산출에 대한 정량적 분석과 예측 모델은 아직 체계적으로 정립되어 있지 않은 실정이다. 전통건축물은 일반 현대건축과 달리 치수 체계와 부재 구성 방식이 상이하며, 특히 국가 유산 수리 및 복원 사업에서는 정밀한 물량 예측이 사업비 산정과 품셈 구성, 자재 수급 계획에 있어 매우 중요한 기초자료가 된다.

이에 본 연구에서는 한국 전통 목조건축의 구조적 특성과 부재 구성 원리를 바탕으로, 목재 물량을 보다 체계적이고 정확하게 산출할 수 있는 모델을 개발하고 이를 통해 전통 건축의 설계, 시공, 교육, 국가 유산 관리 등 다양한 분야에서 실질적인 예측 가능한 물량산출 모델을 제시하여 기초자료로 활용될 수 있는 기반을 마련하고자 한다.

아울러, 유형별·부위별 물량 특성과 국가 유산 수리주기를 반영한 자료는 장기적인 목재 수급 계획 및 전통 재료의 생산·비축 체계 수립에도 활용 가능할 것이다. 본 연구가 전통 목조건축의 과학적 접근과 실무 체계화에 이바지함으로써, 우리 전통 건축문화의 지속 가능한 보존과 계승을 위한 토대가 되기를 기대한다.

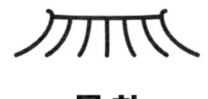

목 차

머리말 ▪ 2

Ⅰ. 서론

1. 연구의 배경 및 목적 ·· 7
2. 연구의 범위 및 방법 ·· 9
3. 선행연구 ·· 12

Ⅱ. 목재의 규격 및 목조건축의 구성에 관한 고찰

1. 목재의 규격 ·· 17
2. 건물 각 부분의 요소와 부재의 종류 ·· 30
3. 소결 ··· 50

Ⅲ. 맞배지붕 건축의 목 부재 물량구조

1. 주심포식 맞배지붕 건축의 목 부재 물량구조 ································ 53
2. 다포식 맞배지붕 건축의 목 부재 물량구조 ···································· 89
3. 소결 ·· 125

Ⅳ. 맞배지붕 건축의 통계분석 및 산출모델

1. 물량 상관관계 분석 방법 ··· 131
2. 맞배지붕 건축의 물량 상관관계 및 산출모델 ······································ 133
3. 주심포식 맞배지붕 건축 물량 상관관계 및 산출모델 ···························· 155
4. 다포식 맞배지붕 건축의 물량 상관관계 및 산출모델 ···························· 182
5. 소결 ·· 211

Ⅴ. 결 론

1. 연구 결과의 종합 ·· 219
2. 연구 제한 사항 및 향후 과제 ·· 224

부 록

1. 물량산출 대상 건물 ··· 232
2. 조사 대상 건물 물량정보 및 도면 ·· 236
3. 상관 분석표 ·· 260

I. 서론

1. 연구의 배경 및 목적

한국 전통 목조건축은 선사시대에 우리 민족이 대륙 북방에서 한반도에 정착하면서부터 목조건축의 초기적인 형태가 발생하였으며, 이를 독자적으로 발전시켜 옴과 동시에 선진 외래건축문화를 우리의 고유한 기후, 사회, 문화, 경제 등의 여건에 맞추어 선택하고 이를 변화시킴으로써 우리 고유의 건축문화로 발전시켜 왔다.

한국 전통 목조건축은 수천 년의 역사를 통해 고유한 자연환경과 사회문화의 바탕 아래 다양한 건축형식을 만들고 개성적인 규범을 이루어 왔다.

전통 목조건축의 기본적인 특징 중에서 건축구조는 기둥과 보의 체계로 이루어진 목조가구식 구조를 기본으로 하고 있다. 목조가구식 구조는 한반도에서 자생하는 목재를 사용하여 얻을 수 있는 최적의 건축체계로써 여기에는 오랫동안 쌓인 한국인들만의 전통과 기술이 녹아 있다고 할 수 있다. 우리 선조들은 이를 바탕으로 다양한 공포 형식, 지붕 형식, 주칸수, 평면 유형, 의장 등을 채택하여 그 시대의 환경, 문화, 경제에 맞는 다양한 건축물들을 세워 왔다.

건축물들은 창건 당시의 시대와 지역적 특성이 전통적인 보편성과 접목되는 과정을 통하여 변화되는 경향을 보이게 된다. 창건 시 추구되는 모든 여건에 대한 충분한 배려와 검토를 통하여 적용되고 배제되는 과정을 통하여 각 건물이 가지는 특수한 상황이나 환경에 적응할 수 있는 최적의 안정적인 결과물로 형성된다.

목조건축은 요구되는 용도에 따라 다양한 형식과 규모의 건축공간으로 만들어졌다. 전통 목조건축을 짓기 위해서는 필요한 건축용도 및 규모를 정하고, 설계를 한 후 시공하는 과정을 거치는데, 목재 물량에 따라 재료비와 노무비가 정해지므로 기획, 설계, 시공의 전 기간에 걸쳐 목재 물량의 정보를 파악하는 일은 매우 중요한 과정 중의 하나이다. 건축형식, 면적 및 공간의 크기에 따라 목재 사용량이 다르고, 지붕부, 가구부, 공포부, 축부, 수장부로 나눠지는 건축물의 각 부분 목재의 규격이나 사용 물량에 차이가 난다. 현재까지 우리에게는 한국 전통 목조건축물의 목재 물량 구조에 대한 정보나 예측을 할 수 있는 산출모델이 없으며, 목조건축공사를 계획할 때는 목수나 설계사무실에서 그동안 수행하였던 평당 공사비를 바탕으로 예측하나 다양한 전통 목조건축형식에 적용하기에는 무리가 있다.

전통 목조건축의 물량에 관한 연구는 일부 영건의궤를 통해 진행되어 왔으나 이는 조선시대 궁궐 등에 영건에 필요한 목재 조달 시스템에 대한 연구로 한정된다. 그리고 그동안의 전통 목조건축 연구는 형식적인 측면에 집중되어 있어 왔다. 예를 들면, 공포 형식, 가구형식, 비례, 공간 등에 관심도가 집중되어 왔고, 일부는 장인계보 및 기술, 건축경제 등에 관심을 가지고 있었다고 할 수 있다. 그리고 최근에는 전통건축의 연구 관심분야가 전통 목조건축에서 근현대건축으로 이동하는 추세이기도 하다. 전통 목조건축의 건축형식에 따른 단위 건축에 대한 목재 물량 연구는 거의 이루어지지 않고 있다고 해도 과언이 아니다.

전통 목조건축의 물량구조를 파악할 수 있는 물량산출모델 부재에 따라 전통 목조건축을 보수하거나 신축하려고 할 때, 목재 물량을 예측할 수 있는 자료가 부족하여 사업비나 건축비의 정확한 예상이 어려운 실정이다.

신축공사나 보수공사 등을 계획 할 때 정확한 예산 파악을 위해 건축물 전체 및 각 부분에 대한 물량 예측이 필요하다. 따라서 본 연구는 한국 전통 목조건축물 중 맞배지붕 건축물을 중심으로 목재 물량구조를 파악하고, 파악한 물량구조 정보를 바탕으로 물량 산출모델을 제시하여 공사 및 용역 사업 시 목재 물량 예측을 가능하게 하는 데 그 목적이 있다.

연구의 기대효과는 건축유형별, 건축의 부분별 물량구조를 파악하여 제안한 물량 산출 모델을 바탕으로 예측 가능한 전통 목조건축 공사를 시행 할 수 있다. 전통 건축물의 물량구조와 문화재 수리주기를 파악하면, 수리 시 필요한 목재의 양을 부재 및 규격별로 예측 가능하며, 이를 통해 전체 목조 문화재의 수리용 목재의 생산계획도 세울 수 있다. 끝으로 본 연구의 물량은 목재 마름질 상태의 물량으로서 바심질 후의 물량과의 비교를 통해 치목량의 산출이 가능할 것으로 보이며, 이는 목공사의 품셈을 매우 정교하게 만들 수 있는 토대가 될 수 있다고 판단된다.

2. 연구의 범위 및 방법

1) 연구 대상 및 범위

본 연구의 대상은 전통 목조건축의 물량 특성을 분석하기 위해 1차적으로 국가지정문화유산 중 건축형식이 대별되는 75개 동[1]의 건물을 선정하여 목재 물량의 산출 조사를 하였으며, 2차적으로는 이 중 23개 동의 맞배지붕 건축물을 대상으로 물량 구조 및 물량 산출 모델에 대해 조사 분석하였다. 본 연구의 대상 건축물은 연구의 성격상 다음과 같은 범위로 한정한다.

첫째, 시기적으로는 고려시대부터 조선시대를 거쳐 1910년 이전에 지어진 건축물을 그 대상으로 하며, 국가지정문화유산을 우선 선정하였고, 국가지정문화유산이 아니더라도 각종 문헌 및 건축형식 등을 보았을 때 물량산출에 꼭 필요한 건물은 조사 대상에 포함시켰다.

둘째, 지역적 범위는 우리나라 전역을 대상으로 하며, 남한지역을 주 대상으로 설정하였다.

셋째, 내용적 범위는 현존하는 목조건축물 중 국가지정문화유산을 주 대상으로 하였으며, 실측보고서나, 수리보고서, 실측 도면이 작성된 건물 위주로 하였다.

본 연구의 대상인 한국 전통 목조건축 중 맞배지붕 건축은 주심포식 맞배지붕 건축 11동과 다포식 맞배지붕 건축 12동으로 구성되어 있으며, 그 목록은 아래 표와 같다.

[표 1-1] 연구대상 목록

번호	종목	지역	명 칭	건축 년도	건축 현황	건축 세기	공포 형식
1	국보	경북	봉정사 극락전	1363	중수	12	주심포식
2	국보	경북	거조암 영산전	1375	건립	14	주심포식
3	국보	경북	부석사 조사당	1377	건립	14	주심포식
4	국보	충남	수덕사 대웅전	1308	건립	14	주심포식
5	국보	전남	도갑사 해탈문	1473	건립	15	주심포식
6	국보	전남	무위사 극락전	1430	건립	15	주심포식
7	보물	경남	관룡사 약사전	1507	중창	16	주심포식
8	국보	강원	강릉 객사문	1518	수리	16	주심포식
9	보물	전북	장수향교 대성전	1686	이건	17	주심포식
10	보물	경북	봉정사 화엄강당	미상	미상	17	주심포식
11	보물	경북	봉정사 고금당	1616	중수	17	주심포식

---

[1] 〈부록〉편, 부록1. 물량산출 대상목록

번호	종목	지역	명 칭	건축 년도	건축 현황	건축 세기	공포 형식
12	보물	충남	개심사 대웅전	1484	중창	15	다포식
13	보물	경북	불영사 응진전	1578	중건	16	다포식
14	보물	경북	대비사 대웅전	미상	중건	17	다포식
15	보물	경남	신흥사 대광전	1653	중건	17	다포식
16	보물	경북	대전사 보광전	1672	중건	17	다포식
17	보물	경북	기림사 대적광전	1629	중창	17	다포식
18	보물	전북	선운사 참당암 대웅전	1642	중건	17	다포식
19	보물	경북	보경사 적광전	1677	중창	17	다포식
20	보물	경북	용문사 내장전	1608	중건	17	다포식
21	보물	경남	통도사 영산전	1714	중건	18	다포식
22	보물	경남	범어사 조계문	1720	중수	18	다포식
23	보물	경북	동화사 수마제전	1702	중창	18	다포식

2) 연구 방법

본 연구는 크게 과제설정 – 조사 및 산출 – 분석 – 결론의 4단계로 나누어 진행하였고 그 과정은 다시 세부 단계로 나누어 진행하였다. 과제설정 단계에서는 연구과제를 설정한 후 기존의 연구 방법을 세밀히 검토하고 추후 분석 과정을 예상하여 현실성이 있도록 연구 방법을 정립하였으나 이후 조사 과정에서 문제점을 발견하여 수정하였다.

조사 및 산출 단계에서는 실측보고서나 수리보고서 등의 문헌조사, 도면조사, 수량 산출의 순으로 진행하였으나 일부는 역순으로 진행된 경우도 있다. 수량 산출은 건축물을 지붕부, 가구부, 공포부, 축부, 벽체수장부, 수평수장부의 6개 부분으로 나누어 실시하였으며, 각 부분은 다시 일반재, 특수재, 특대재로 나누어 이들의 수량 및 구성비를 살펴보았다.

분석 단계에서는 조사 및 산출을 통해 얻은 결과로 물량구조의 분석과 통계프로그램을 이용한 통계분석을 하였다. 먼저, 물량구조 분석을 통해 물량구조별 특성을 파악하였으며, 이를 바탕으로 유의미한 독립변수들을 추출할 수 있는 상관분석을 실시하고, 상관분석을 통해 얻은 관계가 큰 독립변수들과 물량 간의 관계를 알기 위해 회귀분석을 실시하였다. 그리고 회귀분석의 결과로 얻은 관계 방정식의 조합으로 산출모델을 설계하였다.

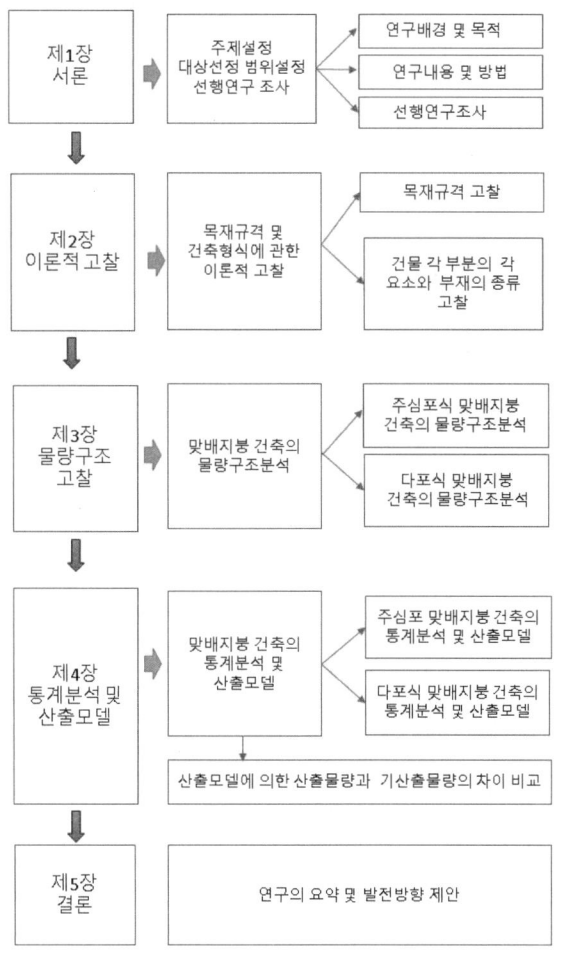

[그림 1-1] 연구 흐름도

    조사 대상 건축물의 기산출된 물량과 산출모델을 통해 산출된 물량과의 차이인 오차율을 조사하였으며, 이를 바탕으로 적정한 산출모델을 선정하였다. 이렇게 유형화된 물량구조의 정보 및 설계된 산출모델을 건축형식별로 살펴보고 비교 분석하여 상호 간의 연관성을 체계화하였고 이를 토대로 결론을 도출하였다.

    논문의 구성은 Ⅰ장에서는 연구의 배경과 목적, 방법 및 대상과 범위 등에 대해서 논하였고, Ⅱ장에서는 목재 규격과 전통 목조건축의 각부 구성에 대해서 고찰하였다. Ⅲ장에서는 맞배지붕 건축물을 주심포식과 다포식으로 나눠 각 대상 건물의 물량과 6개로 나눈 각 부분의 물량 특성에 대해서 고찰하였다. 그리고 Ⅳ장에서는 맞배지붕 건축, 주심포식 맞배지붕 건축, 다포식 맞배지붕 건축의 물량 관계 통계분석과 산출모델을 설계하였다. 끝으로 Ⅴ장은 결론으로서 연구의 결과를 정리하였다.

3. 선행연구

전통 건축의 목재에 관한 기존의 연구 성과는 화성 성역 영건의궤 등의 영건의궤류를 통한 목재공급, 노임 지급, 건축재료의 공급, 목재의 조달, 목재 판매상의 활동, 운송에 관한 연구가 진행됐다.

선행연구는 대부분 영건의궤를 바탕으로 하였으며, 그 당시 목재의 공급, 노임, 운송 방법 등의 연구에 집중되어 있으며, 개별 건물이나 단위 건축 물량구조의 특성에 관한 연구는 찾아보기 힘들다.

[표 1-2] 목재 물량 관련 선행연구

년도	저자	제목	발행
1984	김동욱	조선 후기 건축공사에 있어서 목재공급 체제 -수원 성곽 공사를 중심으로-	대한건축학회지 28권 제117호
1985	김동욱	조선 후기 건축공장의 노임고 -노임 지급 방법의 변화에서 본 관영 건축공사에서의 공장의 고용제도-	대한건축학회논문집 1권1호 통권1호
1998	김왕직	조선 후기 관영 건축공사의 건축경제사적 연구	명지대학교대학원 박사학위청구논문
1998	이권영	경운궁 중건 목공사 예산과 실입에 관한 연구	건축역사연구 제7권 3호 통권 16호
1998	이권영	조선 후기 경강변 영선목재에 관한 연구	건축역사연구 제7권 1호 통권14호
1999	이권영	조선 후기 궁궐 공사의 목재 치련에 관한 연구	건축역사연구 제8권1호 통권18호
2001	이권영	조선 후기 관영 건축공사의 목 부재 생산과 물량 예정에 관한 연구	건축역사연구 제10권 1호 통권24호
2001	이태열	현대 건설관리 개념을 통한 화성성역의궤의 분석에 관한 연구	건축역사연구 제10권3호통권27호
2002	이권영	조선 후기 관영 건축공사의 재원과 비용 절감 방안에 관한 연구	건축역사연구 제11권3호 통권31호

년도	저자	제목	발행
2007	이권영	조선 후기 관영 건축공사에 있어서 철물과 철제 연장의 공급 체계에 관한 연구 -영건의궤 기록을 중심으로-	건축역사연구 제16권 3호 통권52호
2008	박운정	일제강점기 민간 건축용 목재 공급과 목재상 활동에 관한 연구	한국건축역사학회 2008년 춘계학술발표대회
2018	주재일	조선 후기 궁궐 건축에 있어서 목재 수급에 관한 연구	한국건축역사학회 2018년춘계학술발표대회
2020	김버들	고종 때 경복궁 중건 시 영건일기에 나타난 목재 조달 고찰	건축역사연구 제29권 6호 통권133호 2020년 12월

영건의궤를 통한 목재 물량 관련 연구 성과를 낸 대표적인 학자는 김동욱, 김왕직, 이권영 등이 대표적이다. 김동욱은 장인에 관한 연구[2]를 바탕으로 조선시대 관영 공사에 있어서 목재의 공급과 노임 지급, 고용제도에 대해서 규명하였다.

김왕직은 박사학위청구논문을 통해 조선시대의 건축재료의 공급방법, 인력의 공급과 성격, 공사비용, 인건비 지급방식, 재료의 운송방법 및 생산기술 등에 관해 규명하였다.

이권영은 목재의 조달, 역소의 운영과 공역분담, 물량예정 노임의 지급, 관영건축공사의 재원과 공사비 부담, 조선 후기 관영건축공사의 연장 등에 관해서 규명하였다.

가장 최근의 연구는 김버들의 연구로 경복궁 영건일기를 통해 당시의 건축적 내용, 경복궁 중건 목재의 조달, 조달시의 수급과 수송에 대해서 규명하였다.

끝으로 본 연구와 가장 유사한 연구는 이권영의 연구 중 '조선 후기 관영 건축공사의 목 부재 생산과 물량 예정에 관한 연구'를 들 수 있다. 투입된 원목[3]과 치목된 부재의 양을 비교한 연구로서 본 연구와 가장 유사한 연구라 할 수 있으나, 본 연구의 목적인 건축형식별 물량구조의 파악이나 산출모델 설계와는 차이가 있다고 할 수 있다. 그리고 이권영의 연구와 본 연구를 연계시키면, 원자재투입에서 마름질까지의 목재의 가공량을 파악할 수 있으며, 나아가 본연구에서 산출된 물량[4]과 BIM 설계로 산출할 수 있는 부재량[5]을 비교하면 각 부재의 치목량을 산출하여 정확한 목공사 품셈 산정이 가능할 것으로 기대된다.

---

2) 김동욱, 1993, 한국건축공장사연구, 기문당.
3) 여기서 원목은 필요한 형태로 마름질이나 바심질하기 전 상태의 목재를 뜻한다.
4) 본 연구에서 물량은 마름질 된 물량이다.
5) 이때 물량은 치목된 물량이다.

Ⅱ. 목재의 규격 및 목조건축의 구성에 관한 고찰

  본 장에서는 목재의 규격과 전통 목조건축의 각 부분의 형식과 구성요소인 부재와 각 부분의 유형에 대해서 고찰하였다.

1. 목재의 규격

  본 절에서는 조선시대 영건의궤[1]에 나타난 목재 규격과 일제강점기, 광복 전후를 거쳐 현재 사용되고 있는 목재의 규격을 조사하였다.

1) 조선시대의 목재 규격

  한국의 전통 목조건축은 신석기시대 움집부터[2] 그 성과가 두드러지며, 청동기 및 초기 철기 시대를 거쳐 삼국시대와 남북국시대에 이르기까지 그 기술은 축적됐다. 그리고 목재의 규격은 고려시대의 문헌인 삼국사기[3]를 통해 삼국 중 신라 귀족 주택의 실의 크기를 알 수 있으며, 조선시대 영건의궤에서는 목재의 규격을 알 수 있는 기록들이 있다. 영건의궤는 17세기의 창경궁수리소 의궤, 창덕궁과 창경궁수리도감 의궤, 18세기의 경모궁 개

---

1) 한국건축개념사전 기획위원회, 2013, 한국건축개념사전, 도서출판 동녘, p.676-677
   조선시대 영건의궤에는 공사배경, 공사조직, 공사규모, 공사기간, 공사과정, 공사경비, 자재, 인력 수급 방식 등의 기록이 많이 남아 있다.
2) 김도경, 2000, 한국 고대 목조건축의 형성 과정에 관한 연구, 고려대학교 박사논문, p.11
3) 삼국사기 옥사조에는 귀족의 신분에 따라 실의 크기를 규제하는 내용이 있다. 예를 들면, 진골은 24자×24자, 6두품은 21자×21자, 5두품은 18자×18자, 4두품은 15자×15자로 실의 크기를 제한하고 있다.

건도감 의궤, 진전중수도감 의궤, 화성성역의궤 등을 들 수 있으며, 이 들 영건의궤에는 목재 규격을 나타내는 용어인 대부등, 중부등, 소부등 등이 있는데 이들 용어에 대해서 화성성역의궤를 기준으로 살펴보았다.

(1) 대부등

대부등은 부등목 중에서 가장 크고 굵은 목재를 말한다. 「화성성역의궤」에 5권 재용 조비 제목편의 기록에 의하면 화성영건에 344주의 대부등이 사용되었으며 대부등은 길이가 30자, 말원경이 2.2자인 재목이라고 한다. 다른 영긴의궤에 기록된 대부등의 크기를 살펴보면 「영년전수개도감의궤」에서는 길이가 20자, 말원경이 2.4자인 목재이며 「남별전중건도감의궤」에서는 길이가 20자, 말원경이 2.0자인 목재라고 한다. 다른 영건 공사에 비해 화성에서 사용한 대부등이 훨씬 크다는 것을 알 수 있다. 화성성역의궤에서는[4] 대부등, 중부등, 소부등, 원체목, 누주, 궁재로 사용된 목재의 규격이 기록되어 있다.

(2) 중부등

여러 부등목 중에서 대부등보다는 규모가 작고 소부등보다 큰 목재를 말한다. 길이가 27자, 말원경이 2자인 목재라고 한다. 다른 의궤에 기록된 중부등을 살펴보면 『영녕전수개도감의궤』에서는 길이가 16자, 말원경이 1.9자이며 『남별전중건도감의궤』에서는 길이가 18자 말원경이 1.8자인 부재라고 하고 있다. 중부등이 사용된 곳은 거대한 건물의 경우 종보나 퇴보와 같이 작은 크기의 구조부재로 사용되기도 하며, 서장대와 같은 중간 정도 규모의 건축물에서 도리, 보 등의 구조부재로 사용되었다.

(3) 소부등

부등목 중에서 가장 작은 길이 및 말원경을 갖는 목재를 소부등이라고 한다. 『화성성역의궤』 권5 〈재용〉〈조비〉 재목 편에 의하면 총 735주의 소부등이 화성 영건에 사용되었는데, 길이 25자, 말원경 1.8자인 목재라고 기록하고 있다. 화성 영건에 사용된 소부등은 작은

---

[4] 화성성역의궤 건축용어집, 2007, 경기문화재단, pp.268-274, 대부등은 부등목 중에서 가장 크고 굵은 목재를 말한다. 본 논문의 목재 규격은 〈화성성역의궤 건축용어집〉을 따랐다.

규모의 건축물에서 보 또는 추녀와 같은 구조재에 사용되었으며 몇 개의 목재로 쪼개어 세부 부재에 사용되기도 했다.

(4) 연목

연목은 서까래를 말하며 서까래를 만들기 위해 벌채한 나무 역시 연목이라고 한다. 벌채한 나무는 길이와 굵기에 따라 대연목, 중연목, 소연목, 소소연목 등으로 등급을 나눠 구분하는 것이 일반적이다.

(5) 원체목

화성성역의궤 재용 조비 목재의 내용에 의하면 총 1,567주의 원체목이 사용되었으며 길이는 18자, 말원경 1.2자인 목재라고 기록하고 있다.

(6) 누주

화성성역의궤 권5 재용 조비 제목편의 기록에 의하면 길이 22자, 말원경 1.5자인 목재를 누주라고 한다. 목재는 길이보다 직경이 중요한 요소인데 누주는 궁재보다 굵게 설정되어 있어서 부등목을 제외하고 가장 굵은 직경을 갖는 목재임을 알 수 있다.

(7) 궁재

궁재는 벌목지에서 벌목한 후 가공하지 않은 원목 상태로 운반한 목재의 종류이다. 원목은 그 크기에 따라 여러 이름으로 불리는데 가장 커다란 목재는 부등이라고 한다. 화성성역의궤에 의하면 총 2,160주의 궁재를 사용했는데 길이가 20자이고 말원경이 1.3자라고 기술한다. 궁재는 여러 건물에 사용되었고 그 용도 역시 매우 다양한 모습으로 나타나는데 문루에 사용된 경우는 장혀, 인방, 익공, 행공 등의 수장 폭으로 가공되는 부재들에 많이 사용되었으며 평주, 창방, 도리와 같이 구조부재로 가공되어 사용된 경우도 많다.

(8) 괴잡목

화성을 영건하면서 총 52주의 괴잡목을 사용하였다. 길이가 15자이고 끝단의 직경이 2자 5푼이라고 기록하고 있다.

(9) 대연목

화성 성역에 사용된 연목 중에서 그 크기가 가장 큰 서까래 재목을 말한다. 길이가 20자, 말원경 8.5치 크기라고 기록하고 있다.

(10) 말단목

원목에서 일정 크기의 목재를 잘라낸 다음 남은 끝단의 나무를 말단목이라고 한다. 길이는 8~9자 또는 11~12자이며 말원경이 1자의 크기를 하고 있다고 한다.

(11) 산자목

산자목은 서까래 상부에 가로로 질러대는 가는 나무를 말한다. 산자목을 새끼로 엮어 이 위에 알매흙을 깔아 기와가 얹힐 수 있도록 하는데 이를 산자엮기라고 한다.

(12) 회목

회목은 편백나무를 말하며 노송나무라고도 한다. 『화성성역의궤』에 길이가 25자 말원경이 2.2자인 회목을 벌목해 보내라고 한 기록이 있다. 화성을 영건하는 데 사용되었으며, 길이가 30자, 말원경 2자로 기록되어 있다.

[표 2-1] 화성성역에 사용된 목재의 규격 (단위 : 자)

구 분	길 이	말원경	비 고
대부등(大不等)	30	2.2	
중부등(中不等)	27	2	
소부등(小不等)	25	1.8	
원체목	18	1.3	
누주	22	1.5	
궁재	20	1.3	
괴잡목	15	2자5푼	
대연목	20	8.5치	
말단목	8~9, 11~12	1.0	
회목	30	2.0	

2) 일제강점기의 목재 규격

일제강점기는 규격화의 부재로 인해 상행위상 유통의 문제가 될 수밖에 없고 자본주의적 유통 질서의 구조상 문제가 발생하므로, 일제강점기에 들어서는 규격화의 노력이 생기게 된다. 이 같은 시도는 일본에 있어 1924년에 농상무성에 기존의 용어 개념과 치수의 부정확으로 인해 아래 표와 같이 규격화의 지침을 정하였다.

[표 2-2] 1924년 일본 농상무성에서 정한 목재 호칭과 설명

	호 칭	설 명	비고
호칭	조재환태(粗材丸太)의 대, 중, 소	둥근 나무	
	할재(割材)의 대, 중, 소각	자른 나무	
	세장환태(細長丸太)	가늘고 긴 흰 나무	
	정각의 대, 중, 소	정사각형의 각재	
	평각	직사각형의 각재	
	만할재	원목을 보통으로 자른 나무	
	판재	판자의 얇은 목재	
기준치수	厚, 幅, 長, 直徑		

이와 같은 기준을 공포하여 시행하였는데, 이 시기 일본의 목재가 조선에 반입되었으므로 조선에서도 시행하였을 것으로 보인다.[5]

(1) 판재의 규격

[표 2-3] 판재의 규격

길이	한 칸(1.8182m)	두 칸(3.636m)	폭	등급	단가 기준
두께(단위) mm	7mm	12mm	21cm−30cm	상	평(坪)
	9mm	18mm			
	12mm	21mm			
	18mm	24mm			
	21mm	30mm		하	
	24mm	30mm			
	30mm				
	60mm				

판재의 두께는 0.7cm에서 6.0cm까지 있는데 한 칸짜리의 경우에는 6cm까지 있으나 두 칸짜리의 경우에는 길이가 길어서 가장 두께가 긴 것이 3.6cm까지만 있다. 상품의 등급은 상등품과 하등품만이 있으며 이들은 모두 평(坪)의 단위로 판매하였다.

(2) 만재의 규격

[표 2-4] 만재의 규격

길이 가로×세로(cm)	1.818M (6자)	2.7273M (9자)	3.6364M (12자)	4.5455M (15자)	5.4546M (18자)	비고
9.09×4.54	2.3	3.4	4.5	5.6	6.8	단위 (才)
10.6×5.15	3	4.5	6	7.5	9	
6.06×12.12	4	6	8	10	12	
7.57 각	4.2	4.7	6.3	7.9	9.5	
9.18 각	4.5	6.8	9	11.3	13.5	등급 상 하
10.6 각	6.2	9.2	12.3	14.1	18.5	
12.12 각	8	12	16	20	24	
13.68 각	10.2	15.2	20.3	25.4	30.3	
15.15 각	12.5	18.2	25	31.3	37.5	

---

5) 김석순, 1920년−1945년의 건축 주재료인 목재와 벽돌의 생산성에 관한 비교 연구, 명지대, 석론, P.70

만할재는 원목을 제재하여 가공한 나무 중에서 각재인 것으로 건축용으로 가장 많이 쓰이는 목재인데, 큰 힘을 받지 아니하는 문인방, 문설주, 주선 등과 천정의 달대목, 울거미 등과 마루의 귀틀과 같이 약한 힘을 받는 부위에 사용되는 목재이다. 만재의 판매 단위는 才로써 규격이 다양함으로 부피의 개념으로 거래되었고 재(才)[6]라는 단위를 사용하였다.

(3) 소할재의 규격

소할재는 만할재와는 달리 더욱 잘게 자른 것으로 만재에 비해 용도가 다양하다. 소할재는 만재가 구조적으로 힘을 받는 부위에 쓰이는 것과는 달리 주로 치장재에 사용되며 만할재가 "재(才)" 단위에 비해 소할재는 "개(個)" 단위로만 판매되었다. 3.03cm에서 11.51cm 까지로 정사각형의 각재로 만 판매가 되었다

목접은 일명 졸대로 보통 4.54cm × 0.90cm로 길이가 1.8m에서 3.6m까지 있었는데 치장재에 쓰였다.

[표 2-5] 소할재의 규격

길이	가로×세로(cm)	등급	단가 기준
3.6364M (12자)	3.03 각	상	본(本)
	3.63 각		
	4.24 각		
	5.55 각		
2.7272M (9자)	6.06 각	하	
	10.30 – 10.06 각		
	10.60 – 10.09 각		
	11.21 – 11.51 각		

목재의 규격화는 일제강점기에 정착이 되었다고 볼 수 있는데, 전통 건축의 경우 보, 도리와 기둥, 서까래 등은 제재목이 아닌 원형의 목재를 많이 사용하였는데, 일제강점기의 규격화로 인해 전통적 기법의 변화를 불러오고 건축의 외형과 구조의 역할도 이전과 차이를 보이게 되었다.

---
[6] 1재는 가로 세로가 모두 1치이고 길이가 12자인 목재의 부피를 말한다. 재는 목재 거래에 사용되는데 현장에서는 1재를 1사이라고 부르는데, 관행적으로 사용해 온 일본어인데, 재로 사용하는 것이 바람직하다.

3) 현재 사용되는 목재 규격

현재 국내에서 생산되는 원목과 제재품은 그 규격이 일정하지 않을 뿐만 아니라 척관법을[7] 많이 사용하고 있다. 하지만 수입 목재는 길이에 상관없이 단면의 크기에 따라서 구분된다.[8]

(1) 산림법에 따른 규격(1967년 3월 1일)

1967년 산림청은 국내에서 생산되고 있는 원목과 제재품의 규격이 일정하지 않을 뿐만 아니라 척관법을 답습하고 있으므로 목재 이용의 합리화와 품질 보장으로 거래가격의 적정을 기하고자 목재 규격을 제정 고시하였다.[9]

목재의 규격 중 통나무의 재종은 지름에 의하여 구분을 아래 표와 같이하였다. 소경재는 14cm 미만의 직경, 중경재는 14cm 이상에서 30cm 미만의 직경, 대경재는 30cm 이상의 통나무를 말한다.

[표 2-6] 목재의 재종

구분	종류	단위(cm)	비고
1	소경재	14cm 미만	
2	중경재	14cm 이상 30cm 미만	
3	대경재	30cm 이상인 것	

---

[7] 목재 규격(전문), 1967, 농림부 장관, 산림법 제17조 및 동법 시행령 제20조의 규정, p.64
[8] 이강민 이민경, 2013, 한옥의 규모와 형태에 따른 목재 비용 산출 조사연구, 건축도시공간연구소, p.38
[9] 산림법 제17조 및 동법 시행령 제20조의 규정에 따라 목재 규격을 제정 고시하였으며, 1967년 3월 1일 시행하였다.

조각재(組角材)[10]의 재종은 폭에 의하여 다음과 같이 구분한다.

[표 2-7] 조각재의 재종

구분	종류	단위(cm)	비고
1	소조각재	14cm 미만	
2	중조각재	14cm 이상 30cm 미만	
3	대조각재	30cm 이상인 것	

판재의 재종 구분은 두께, 폭 및 형상에 의하여 구분한다.

[표 2-8] 판재의 재종

구분	종류	단위(cm)	비고
1	판재류	두께가 6cm 미만이고 폭이 두께의 3배 이상인 것	
2	각재류	두께가 6cm 미만이고 폭이 두께의 3배 미만인 것 또는 두께 및 폭이 6cm 이상인 것	

치수의 단위 사용은 통나무의 지름과 조각재 또는 판재의 두께 및 폭의 치수 단위는 cm로 하며, 길이의 치수 단위는 m 재적 단위[11] m³ 원목의 수량 단위는 본으로 한다.

(2) 산림청 고시에 의한 목재 규격(1983년 7월 6일)[12]

① 원목의 재종 구분

제재목의 규격 및 표준 치수로는 원목과 제재목으로 구분되고, 원목은 통나무, 건목재가 있다. 제재목은 널재. 오리목, 각재 등으로 분류한다. 원목은 통나무와 건목, 곧 조각재로 대별하고 제재목은 널재로 구분한다.

---

10) 최소 횡단면에서 빠진 변을 보완한 네모꼴의 네 변의 합계에 대한 빠진 변의 합계가 80/100 이상인 둥근 형태의 목재를 말한다. 즉, 원형의 목재를 운반, 병충해 방지를 위해 면을 평평하게 깎은 목재인데. 깎인 면의 합이 20% 이하이고 깎이지 않은 부부의 합이 80% 이상인 경우 조각재로서 원목으로 취급됨을 말한다.
11) 김종남, 2011, 한옥 짓는 법, p.128
12) 산림청 고시 제1983-7호(1983년 7월 6일)

[표 2-9]원목의 재종 구분 (산림청 고시 제7호, 1983.8.3.)

원목	종류	국산재 지름(cm)	수입재(열대산광엽수) 지름(cm)	비고
통나무	소통나무	15 미만	45 미만	
	중통나무	15~30	45~60	
	대통나무	30 이상	60 이상	
죽각재	소조각재	15 미만	45 미만	
	중조각재	15~30	45~60	
	대조각재	30 이상	60 이상	

② 제재목 및 각재

제재목은 산나무를 벌채하여 용재로 쓰려고 동강을 낸 나무를 통나무 또는 속칭 둥글이라고도 한다. 이것을 제재소에서 기계톱으로 켜서 만든 목재를 제재목이라 한다.

[표 2-10] 제재목 및 각재

규격	내용	비고
정척물[13]	길이 1.8m, 2.7m, 3.6m가 보통이다. 대게 늘재는 길이 1.8m가 보통이고 각재나 널재 모두 길수록 고가로 된다.	일정한 길이로 된 것
난척물	정척물 이외의 길이로서 대게 30cm 단위로 길어지거나 짧아진다. 다만 필요에 따라는 0.15m 단위로 하기도 하였다.	정척물 아닌 것
단척물	1.8m 이하의 짧은 것이다.	장척물 이하
장척물	3.6m 보다 0.9m 단위로 길어진 것이다.	

각재는 두께가 7.5cm 미만이고 나비는 두께의 4배 미만인 것을 작은 각재라 하고 두께 및 나비가 7.5cm 이상인 정방형인 정각재와 장방형인 평각재를 큰 각재라고 규정한다.

③ 널재

널재의 두께는 7.5cm 미만이고 나비는 두께의 4배 이상인 것으로 두께가 3cm 미만이고 나비는 12cm 미만인 것을 좁은 판재라고 하고, 나비가 12cm 이상인 것을 넓은 판재라 하

---

13) 장기인, 2013, 신편 건축구조학, 보성각, p.317

며 두께가 3cm 이상인 것을 두꺼운 판재라 한다.

④ 통나무

통나무는 끝마구리 지름 7.5cm 이상 9, 10, 12, 13.5cm 등은 주로 비계목 또는 서까래로 쓰이고 15, 18, 21, 24cm 등은 지붕재 또는 말뚝용으로 쓰인다.[14]

(3) 산림청 고시에 의한 목재 규격(2017년 10월 26일)[15]

산림청 고시에 의한 목재 규격 중 원목의 재종은 다음과 같다.

① 특용재급

침엽수 중 지금이 매우 크고 결점이 적어 문화재 보수나 공예품, 합판용 단판 등의 생산에 적합한 지름과 품질이 매우 우수한 원목을 말한다.

② 1등급

지름이 '특용재급'에는 못 미치지만 지름이 크고 결점이 적어 침엽수의 경우 한옥건축 등에서 이용되는 대단면의 보구조재나 기둥구조재, 활엽수의 경우 수장 용재 등의 이용에 적합한 지름과 품질의 원목을 말한다.

③ 2등급

지름이 '1등급'에는 못 미치지만 지름이 다소 크고 결점이 적어 침엽수의 경우 규격 구조재나 데크재, 수장용재, 활엽수의 경우 수장용재 등의 이용에 적합한 지름과 품질의 원목을 말한다.

④ 3등급

지름이 '2등급'에 못 미치거나 결점이 다소 많지만, 침엽수의 경우 제재 가공에 의한 이용이 가능하고, 활엽수의 경우 신탄재 등으로의 이용이 가능한 지름과 품질의 원목을 말한다.

---

14) 장기인, 2013, 건축구조학, 보성각, p.317
15) 2017년 10월 25일, 산림청 고시 제2017-97호

⑤ 원주재급

침엽수 중 지름 '3등급'에 못 미치지만, 서까래나 조경용재로 이용되는 원주재로 생산이 가능한 지름 및 품질의 원목을 말한다.

⑥ 원료재급

지름이 침엽수의 경우 '원주재급', 활엽수의 경우 '3등급'에 못 미치거나 결점이 많은 원목으로, 주로 가설재나 표고자목, 칩, 보드, 펄프 등의 원료로 이용이 가능한 원목을 말한다.

⑦ 원목의 품등

소나무류,[16] 낙엽송류,[17] 활엽수류[18]의 품등은 아래 표와 같다.

[표 2-11] 소나무류 품등

기준\등급	특용재급	1등급	2등급	3등급	원주재급	원료재급
지름(mm)	420이상	270이상	210이상	180이상	120이상	60이상
재장(M)	2.1이상	3.6이상	3.6이상	2.1이상	2.4이상	2.1이상

[표 2-12] 낙엽송류 품등

기준\등급	특용재급	1등급	2등급	3등급	원주재급	원료재급
지름(mm)	360이상	240이상	180이상	150이상	90이상	60이상
재장(M)	2.1이상	3.6이상	3.6이상	2.1이상	2.4이상	2.1이상

[표 2-13] 활엽수류 품등

기준\등급	1등급	2등급	3등급	원료재급
지름(mm)	270이상	150이상	120이상	60이상
재장(M)	2.1이상	2.1이상	2.1이상	2.1이상

원목의 품등은 수종에 따라 등급수와 지름 및 재장의 차이가 조금씩 있으며, 소나무류의 품등이 다른 수종의 원목보다 다양하게 되어 있다.

---

16) 소나무류는 소나무, 해송, 잣나무, 스트로브잣나무, 리기다소나무, 리기테소나무 등을 말한다.
17) 낙엽송
18) 참나무, 포플러, 기타 활엽수

(4) 문화재 수리에 사용되는 목재의 규격

문화재로 지정된 건조물 수리 및 보수, 복원, 중창공사, 주변정비공사에서 사용되는 목재의 규격 분류는 문화재 수리 표준시방서[19]에 다음과 같이 규정하고 있다.

[표 2-14] 문화재수리에 사용되는 목재의 규격

구분		규격	
		밑마구리	길이
원목	일반재	Ø 30cm 미만	3.6m 미만
	특수재	Ø 30cm 이상 40cm 미만	3.6m 이상
	특대재	Ø 45cm 이상	7.2m 이상
각재	일반재	대각 Ø 30cm 미만	3.6m 미만
	특수재	대각 Ø 30cm 이상, 45cm 미만	3.6m 이상
	특대재	대각 Ø 45cm 이상	7.2m 이상
판재	일반재	대각 Ø 30cm 미만	3.6m 미만
	특수재	대각 Ø 30cm 이상, 45cm 미만	3.6m 이상
	특대재	대각 Ø 45cm 이상	7.2m 이상
적심재	대	Ø 30cm 이상	
	소	Ø 30cm 미만	

판 재 : 폭이 두께의 4배 이상인 것

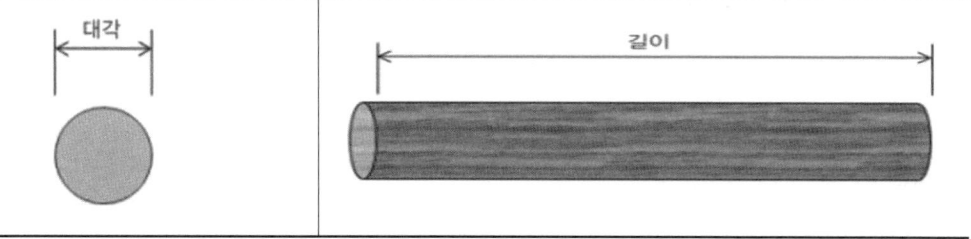

문화재 수리에 사용되는 목재의 규격은 크게 원목, 각재, 판재, 적심재로 구분하고 원목, 각재, 판재는 직경과 길이에 따라 일반재, 특수재, 특대재로 나눈다. 그리고 적심재는 직경을 기준으로 대·소로 구분한다.

---

19) 문화재청, 2021, 문화재표준수리 시방서, p.95 문화재 수리 표준시방서는 1974년 3월에 제정하였고, 1994년과 1998년에 개정이 있었는데, 이때까지의 시방서에는 목재의 규격에 대한 언급이 없었으며, 2005년에 간행된 문화재 수리 표준시방서에 처음으로 일반재, 특수재, 특대재의 규격에 대한 내용이 수록되었다.

국내산 육송으로 문화재 수리나 주변 정비 공사를 하면 일반재와 특수재에 대한 소요는 수리 업계에서 수급에 어려움이 없는 것으로 알려졌으나, 특대재는 목재 밑마구리의 직경이 45cm 이상이거나 길이가 7.2m 이상이 되는 목재로서 수급이 어려운 편에 속하는 규격이며, 특대재 규격은 외송으로 대체하는 경우가 많은 편이다.

2. 건물 각 부분의 요소와 부재의 종류

전통 목조건축은 기단부, 축부, 지붕부의 3개 부분으로 나누기도 하고, 여기에 공포부를 추가하여 4개 부분으로 나누기도 한다. 본 연구에서는 연구의 용이성과 목재 사용의 특성을 파악하기 위해 목 부재 부분을 지붕부, 가구부, 공포부, 축부, 벽체수장부, 수평수장부 등의 6개 부분으로 나누어 각 부분의 부재와 형식 등을 고찰하였다.

 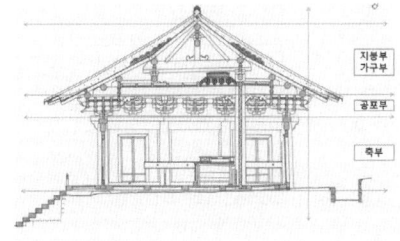

[그림 2-1] 각부 구분(기단부, 축부, 공포부 지붕부, 가구부)

1) 지붕부

한국 전통건축의 주인공은 목조건축[20])이며, 모두 기단과 축부, 지붕의 세 부분으로[21]) 이루어진다. 그러나 주된 것은 축부위에 공포, 도리. 보 등을 건물짜임[22])새가 어떻게 구성되는가에 따라 지붕 모양과 가구 구성이 달라진다.

---

20) 주남철. 1999, 한국의 목조건축.서울대학교 출판부, p.3
21) 김동현, 1995, 한국 목조건축의 기법, 발언, p.101.
22) 김왕직, 2007, 알기 쉬운 한국건축 용어사전, 도서출판 동녘, p.116.

(1) 지붕의 유형

[그림 2-2] 지붕유형(순서대로 맞배지붕, 우진각지붕, 팔작지붕, 사모지붕)

한국 전통건축의 형태에 따른 지붕유형[23]으로 맞배지붕, 팔작지붕, 우진각지붕, 다각형지붕 등이 있다. 재료에 따라서는 초가지붕, 기와지붕, 너와지붕, 굴피지붕[24]이 있다.

맞배지붕(봉정사 극락전)

팔작지붕(부석사 무량수전)

[그림 2-3] 맞배지붕과 팔작지붕

① 맞배지붕

건물 앞뒤에서만 지붕면이 보이고 추녀가 없으며 용마루와 내림마루만으로 구성된다. 주심포식 건물인 봉정사극락전. 수덕사 대웅전, 강릉객사문, 부석사 조사당, 은해사 거조암 영산전, 무위사 극락전, 도갑사 해탈문 등의 지붕이 맞배지붕으로 되어 있다.

② 팔작지붕

시기적으로 가장 늦게 나타나고 기술적으로 가장 발달한 지붕이며 측면에 삼각형의 합각벽이 생겨서, 팔작지붕 또는 합각지붕이라고 한다. 조선시대 권위건축에 많이 사용한 지붕형태이며 위계가 가장 높다고 생각하여 규모에 관계 없이 중심 건물은 팔작으로 한 경우가

---

23) 김성도. 2010, 사진으로 풀어 본 한일전통건축, p.301
24) 김도경, 2011, 지혜로 지은 집, 한국건축. 현암사, p.236.

대부분이다. 용마루 내림마루, 추녀마루를 모두 갖춘 지붕 형태로 가장 복잡한 형태이다. 측면 서까래 내단부가 내부에서 노출되어 보이기 때문에 대개 우물천장을 설치하였다.

③ 우진각지붕

우진각지붕은 네 면으로 지붕면을 형성한 지붕이다. 지붕은 용마루와 추녀마루로 구성된 지붕이다. 정면도와 측면도를 보면 전후 지붕면은 사다리꼴이고 양측 지붕면은 삼각형이다.

우진각지붕은 초가집이 대부분이며 기와집 중에서도 살림집 안채가 많다. 권위건축에는 많이 사용하지 않았지만, 조선시대 숭례문과 흥인지문, 수원화성의 장안문과 팔달문 등 성곽이나 문루, 해인사 장경판전 등의 특수 건물에 볼 수 있다.

우진각지붕(경운궁 대한문)　　　　　　육모정 지붕(영천환벽정)

[그림 2-4] 우진각지붕과 육모정 지붕

④ 모임지붕

모임지붕은 마루가 추녀마루로만 구성되고 용마루 없이 하나의 꼭짓점에서 지붕 마루가 만나는 지붕 형태이다. 평면이 방형일 때 사각뿔 형태인데 이를 사모지붕, 육각뿔 형태를 육모지붕, 팔각뿔 형태를 팔모지붕이라 한다. 모임지붕은 비일상적인 정자나 탑 등에 주로 사용되었다.

(2) 지붕부의 구성 부재

지붕 가구는 서까래 이상으로 지붕 형태를 결정하는 가구 부분이다. 한국건축은 상관 비례[25]로 볼 때 지붕이 차지하는 비중이 대단히 크다. 구성하는 요소를 살펴보면 장연, 단연. 목기연, 추녀, 사래, 합각, 박공, 방풍판, 졸대. 갈모산방, 누리개가 있다.

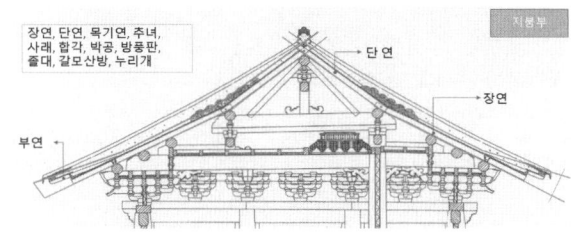

경산 선본사 템플 스테이 수련원 현장(장연, 단연)

[그림 2-5] 지붕부의 부재(장연, 단연, 추녀, 도리 등)

① 장연, 단연 (상연, 중연, 하연)

서까래는 지붕 경사에 따라 설치된 도리 사이에 경사지게 걸쳐대는 부재로 지붕의 바탕을 형성한다. 서까래는 원형 단면의 부재를 사용하며, 특수하게 방형 단면의 서까래인 각재를 사용한 경우도 있다. 평 서까래는 위치에 따라 장연, 단연 및 중연으로 구분하는데, 오량가에서는 하단서까래를 장연이라고 하고 상단 서까래를 단연이라고 부른다.

② 목기연, 합각, 박공널, 개판, 방풍판, 졸대

합각과 박공의 가장 위쪽에 판재를 이용해서 人자형으로 막아 댄 부재를 합각널 또는 박공널이라 부른다. 합각널과 박공널의 위에는 일정한 간격으로 홈을 파서 부연과 같은 모양으로 생긴 부재인 목기연을 끼워 넣는다. 목기연 위에는 개판을 깔아 막고 그 위에 연암을 설치하여 알매흙을 깔고 기와를 얹는다.

③ 추녀와 사래

팔작지붕의 연목을 걸 때 가장 먼저 거는 것이 추녀이며 팔작지붕과 우진각, 모임지붕에서는 지붕의 귀 부분에 추녀[26]를 사용하며, 맞배지붕에는 추녀를 사용하지 않는다. 홑처마

---

25) 장석하. 1992, 한국전통건축의 비례체계에 관한 연구, 영남대학교 박론, p.6

인 경우는 추녀 하나만 하면 되지만 부연이 있는 겹처마인 경우는 부연길이 만한 짧은 추녀 하나가 더 걸리는데 이를 사래라고 한다.

 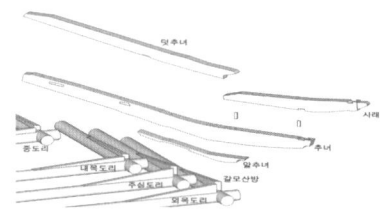

[그림 2-6] 추녀와 사래

④ 합각, 박공

팔작지붕에 생긴 삼각형 부분은 합각부라고 하며, 맞배지붕의 삼각형 부분은 박공부라 한다. 이 삼각형 부분을 만들기 위해 판재를 人자 모양으로 거는데, 이를 박공이라고 한다. 합각과 박공은 시대에 따라 그리고 건물에 따라 다양한 방법으로 마감한다.

[그림 2-1] 각부 구분(기단부, 축부, 공포부 지붕부, 가구부)

---

26) 김도경, 2011, 지혜로 지은집, 한국건축. 현암사, p.260

[그림 2-7] 합각 및 박공

⑤ 풍판, 쫄대, 갈모산방

맞배지붕에서는 박공으로 끝나는 경우와 박공 아래로 판재를 이어대 마감하는 경우가 있다. 판재를 이어대고, 그 사이를 쫄대로 연결하여 비바람을 막을 수도 있도록 하는 것을 풍판이라고 한다. 조선시대 맞배지붕 건물에서는 대부분 볼 수 있으나 고려시대 맞배지붕 건물에서는 볼 수 없다. 갈모산방은 선자연의 서까래 곡을 보완하기 위해 추녀의 양옆 도리 위에 설치하는 부재로 삼각형 입면으로 되어 있으며, 상면은 서까래의 물매에 맞춰져 있다.

2) 가구부의 형식 및 구성 부재

(1) 가구부의 형식

한국 전통 목조 건축의 가구는 측면에서 바라볼 때 사용된 도리의 개수에 따라 3량, 4량, 5량, 7량, 9량 등 여러 량가로 나눌 수 있다.

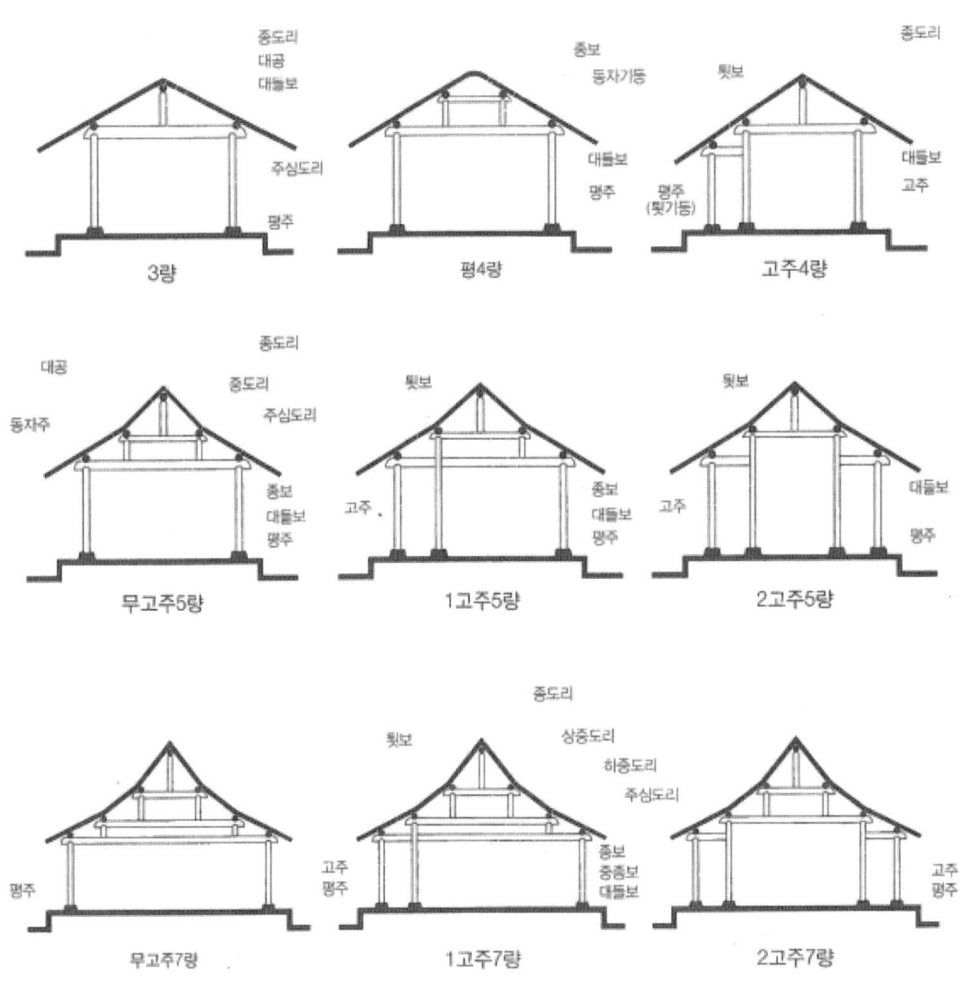

[그림 2-8] 가구 단면도

[표 2-15] 량가별 가구의 특성

가구 유형		내 용	사용건물
3량가		건축물 전·후면에 세운 기둥 위에 대들보 및 도리(주심도리)를 얹고 대들보 한가운데 대공을 세워 도리를 받친 것 가장 작은 규모를 말한다.	서민주택, 행랑, 익사 등
4량가	평 4량	건축물 전·후면에 세운 평주 위에 대들보 및 도리(주심도리)를 얹고, 대들보 위에 동자주 2개를 세워 각각 도리(중도리)를 받친 것으로써, 종도리가 사용되지 않음. 중도리 간에 수평으로 서까래를 걸고, 적심이나 덧서까래로 지붕마루를 꾸민다.	일반 서민주택에 사용
4량가	고주 4량	고주로 이루어진 3량의 기본 가구에 툇간 형식으로 평주를 구성하고 고주 위에는 대들보 및 도리를 얹고, 대들보 위의 한가운데에 대공을 세워 도리를 받치며, 툇간 형식의 평주는 도리를 받치면서 고주와는 툇보로 결구 된다.	일반 서민주택에 사용
5량가	무고주 5량	종단면상에 도리가 다섯 줄로 걸린 가구 형식으로 건축물 전후면에 세운 평주 위에 대들보 및 도리를 얹고 대들보 위에 동자주 2개를 세워 종보 및 도리를 받치게 하며 종보 위 한가운데에 대공을 세워 도리를 받친 것.	중·상류 주택, 궁궐 및 사찰의 소규모 전각 등에 사용
5량가	1고주 5량	건축물 전후면에 세운 평주 사이에 고주를 두고 대들보 및 툇보로 결구하여 변화를 준 것으로 대들보 길이에 한계가 있는 점을 감안하여 건축물 깊이를 더욱 확장한 구조이다.	중·상류 주택, 궁궐 및 사찰의 소규모 전각 등에 사용
5량가	2고주 5량	3량의 기본 가구에 그 전·후 면으로 툇간 형식으로 평주를 구성한 것.	중·상류 주택, 궁궐 및 사찰의 소규모 전각 등에 사용
7량가	1고주 5량	1고주 5량 가구에 그 위로 동자주를 두어 보를 하나 더 올려 대들보·중종보·종보로 보가 구성된 것.	저택, 사찰이나 왕궁 대규모 전각
7량가	2고주 7량	고주로 이어진 5량 가구에 그 전후면으로 툇간 형식으로 평주를 구성한 것. 5량 가구보다 건축물 깊이를 더욱 확장.	저택, 사찰이나 왕궁 대규모 전각

(2) 가구부의 구성 부재

가구 구성 시 단순한 가구에서는 기본 유형에 따라 기둥, 보, 도리, 대공 등 기본 부재가 사용되지만, 공포가 구성되는 화려한 가구에서는 다양한 부재들이 사용된다.

[표 2-16] 각종 보

보의 종류	내 용
대들보	지붕틀을 구성하기 위해 건물 깊이 방향으로 기둥 위에 결구된 보, 지붕 가구의 가장 아래에 설치된 보이다.
중종보	1고주 7량가 등으로 구성되어 보가 상. 중, 하로 놓일 때, 위쪽 종보와 아래쪽 대들보 사이의 중간에 놓인 보
종보	지붕을 구성하는 보 가운데 가장 위쪽에 구성되어 종도리를 받치는 보
툇보	툇간에서 사용된 보
충량	한쪽 끝부분은 측면기둥 위에 짜이고 다른 쪽 끝부분은 보위에 걸치는 보
우미량	도리와 보에 걸쳐 구성된 꼬리 모양의 보
귓보	귓기둥에 걸쳐 대각선상으로 걸린 지붕보
덕량	기둥과 결구되지 않고 도리 위에 결구되는 보[27]

대들보, 종보(무량수전)　　충 량(김천 연화지)　　우미량(수덕사 대웅전)

[그림 2-9] 각종 보의 사례

  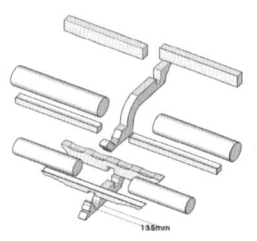

종도리, 중도리, 주심도리　　경복궁 근정전 도리　　외목도리와 주심도리

[그림 2-10] 각종 도리의 사례

---

27) 정문식, 2008, 화성성역의궤에 보이는 덕량에 관한 연구. 한양대학교 석사논문, p.15

[표 2-17] 도리의 종류

종 류	내 용
도리[28]	서까래 바로 밑에 가로로 길게 놓인 부재이다. 서까래를 타고 내려온 지붕 하중이 가장 먼저 도리에 전달된다. 도리는 단면형과 놓인 위치에 따라 명칭이 다르다. 단면 형태에 따라 원형인 굴도리, 방형 도리를 납도리라고 한다.
주심도리	기둥 열 위에 걸친 기둥
외목도리	처마를 길게 내밀 수 있도록 주심열 바깥쪽으로 내놓아 서까래를 받치는 도리
내목도리	기둥 위 공포 위에 놓인 도리 중에 실내 쪽으로 나앉은 도리
중도리	주심도리와 종도리 사이에 건 도리이며 5량가 이상의 가구에 있다. 5량가는 중도리 1개, 7량가는 2개, 9량가는 3개의 중도리가 있다.
하중도리	중도리가 둘 또는 세 개인 경우 낮은 아래쪽에 있는 중도리
중중도리	중도리가 세 개인 경우 가운데 있는 중도리
상중도리	중도리가 둘 또는 세 개인 경우 높은 위쪽에 있는 중도리
종도리	지붕틀을 구성하는 도리 가운데 가장 위쪽에 있는 도리

[표 2-18] 대공의 종류

종 류	내 용
대공	종보 위에 놓여 종도리를 받는 부재로 드물게 중반이라고 한다. 건축부재중 화반과 함께 가장 다양한 형태로 나타나는 것이 도리이다.
동자대공	종도리를 받치는 수직부재로서 두꺼운 판재로 제작된 가장 단순한 형태의 대공
판대공	종도리를 받치는 수직 부재로서 두꺼운 판재로 제작된 대공
파련대공	종도리를 받치는 수직부재로서 두꺼운 판재에 파련각을 한 대공
화반대공	종도리를 받치는 수직부재로서 화반으로 된 대공
접시대공	종도리를 받치는 수직부재로서 소로로 도리 밑의 장여를 받치게 한 대공
포대공	종도리를 받치는 수직부재로서 포를 짜 만든 대공
솟을대공	중도리를 받치는 人자 형태의 대공. 인자 대공

---

[28] 김동현, 1995, 한국목조 건축의 기법, 발언. p.212

파련대공 　　　　　　　　　　대공

[그림 2-11] 대공의 사례

[표 2-19] 장여의 종류

종류		내용
장여	단장여	도리의 어느 한 부분만을 받쳐주는 짧은 길이의 장방형 단면 부재
	통장여	도리 전체를 받치는 장방형 단면 부재
	뜬장여	장여는 때로 동자주와 대공에도 걸리는데, 별도로 구분해 부르지 않는다. 다만 장여 아래에 소로를 끼우고 다시 또 하나의 장여를 보내는 경우가 있는데 이를 뜬장여라 부른다.

뜬창방은 공중에 떠 있으면서 기둥과 기둥[29] 사이를 연결하여 가구를 보강하는 부재를 말하며 멍에창방은 중층건물에서 중간에 지붕이 있기 때문에 기둥 중간에 창방을 건너지르고 여기에 의해 서까래를 내단부에 걸친다.

3) 공포부의 공포 형식과 구성 부재

봉정사 극락전 (주심포식)　　대둔사 대웅전 (다포식)　　직지사 금강문 (익공식)

[그림 2-12] 공포 형식의 사례

---

29) 동자주나 대공, 고주를 의미한다.

공포(栱包)는 주두·소로·첨차30)·살미 등이 짜여 구성된 부재로서 상부의 지붕 하중을 기둥으로 전달하고, 처마를 지지하며, 지붕 높이를 높이고 내부 공간을 확대하는 등의 구조적 역할과 더불어 건축물 내외부에 아름다움을 부가하는 장식적 역할도 하고 있다.31) 한국전통건축에서 공포 양식은 크게 주심포식, 다포식, 익공식의 세 가지로 구분한다.

(1) 공포부의 공포 형식

① 주심포식

주심포식이란 기둥 위에만 있는 공포 형식을 주심포식이라 하며 한국에 현존하는 몇 동 밖에 없는 고려시대의 건물이 이에 속한다.32)

영주 부석사 조사당 　　　예산 수덕사 대웅전 　　　무위사 극락전

[그림 2-13] 주심포식 건물의 사례

② 다포식33)

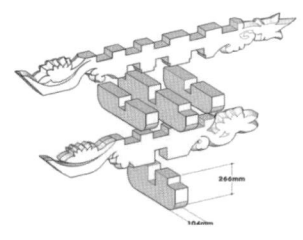  

살미와 첨차 　　　울진 지장사 공포 걸기 　　　봉정사 대웅전 다포식

[그림 2-14] 다포식의 사례

---

30) 정대열, 2014, 다포계 일주문의 건축형식에 관한 연구. 대구대학교. 박사논문, p.107.
31) 김성도. 2012, 사진으로 풀어본 한국전통 건축. 도서출판 고려, p.248
32) 정인국. 1999, 한국건축 양식론 일지사, p.26
33) 양윤식. 2000, 조선중기 다포계 건축의 공포의장. 서울대학교 박사논문, p.13

다포식은 기둥 상부 이외에 기둥 사이에도 공포를 배열한 건축양식을 말한다. 기둥 위에 올라간 공포를 주심포 또는 주상포라 하고 기둥 사이에 놓인 포를 간포 또는 주간포라고 한다. 기둥과 기둥 사이 부재인 창방에 상부 하중이 고르게 전달되도록 하기 위해 그 상부에 평방을 사용한다.

③ 익공식

익공식은 어떤 경우는 공포 자체를 익공이라 부르기도 하고, 어떤 경우에는 촛가지 모양이 꽃잎 또는 날개를 닮은 촛가지만을 익공이라 부른다.[34] 기둥 위에만 익공이 구성되며 전·후·좌·우 사면으로 모두 구성되며 그 짜임새는 간략하여 마치 주심포식의 짜임을 간결하게 한 것 같은 형태이다. 주요 전각이 아닌 부속건물에 사용하였으며 양반집에 많이 나타난다.[35]

④ 출목익공식

익공계의 공포 형식을 세분하면 제공수에 따라 초익공, 이익공이라 부르며 외출목의 유무에 따라 무출목, 일출목, 이출목익공으로 나뉜다.[36] 일출목과 이출목이 있는 익공계 건물을 출목익공식이라 하며, 주심포식과 유사한 형식이다.

⑤ 하앙식

하앙이란 공포재와 함께 짜여서 출목도리를 받을 수 있게 서까래 방향 경사로 건 부재로서 중국용어에서 딴 가칭 용어이다.

 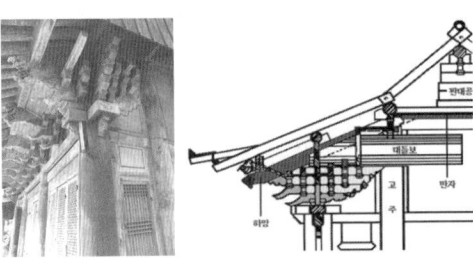

[그림 2-15] 화암사 극락전

---

34) 윤장섭, 2002, 한국건축사, 동명사, p.364
35) 김성도, 전게서, p.251
36) 장기인, 1998, 한국건축대계 V 목조, 보성각, p.202

(2) 공포부의 구성 부재

수직부재와 수평부재를 연결하는 공간이며 각각의 구성 부재 자체의 형태와 그 결합 방식이 시대에 따라 차이가 있으며, 다포계 공포의 구성 형식은 주두[37], 소로, 첨차, 살미, 행공, 한대 등으로 이루어지며 그 상하에 보와 도리 및 기둥이 결합된다.

| 주두 | 소로 | 주두 |

[그림 2-16] 공포 부재-주두와 소로

① 주두

공포 최하부에 놓인 방형 부재로 공포를 타고 내려온 하중을 기둥에 전달하는 역할을 한다.[38] 주두 위에 첨차와 살미가 십자로 맞춰지기 때문에 십자로 홈을 트는데 그 트인 부분을 갈이라고 한다. 주두는 공포하나에 만 사용하는 것이 보통이지만 이익공형식에서는 초익공과 이익공 위에 별도로 주두를 놓기도 한다. 이때 초익공 위에 놓인 주두는 주두, 이익공 위에 놓인 주두를 소주두 또는 재주두라고 한다.

② 소로

소로는 주두와 모양은 같고 크기[39]는 작은 부재이나 그 형태와 종류, 상용 용처는 주두보다 훨씬 다양하다. 소로의 역할은 주두와 같이 받침부재이며, 중국 공포 용어인 두공(枓栱)에서 두(枓)에 속하는 부재이다. 소로는 첨차와 첨차, 살미와 살미 사이에 놓여 상부 하중을 아래로 전달하는 역할을 한다.

소로의 유형은 윗갈과 옆갈의 유무에 따라 모양의 차이가 있는데, 가장 보편적인 것이 이갈소로, 삼갈소로, 사갈소로 등이며, 여기에 옆갈의 개수에 따라 외옆갈 이갈소로, 외옆갈

---

37) 장기인, 1998. 목조건축 대계Ⅴ 목조, 보성각, p.188
38) 김왕직, 2007. 알기 쉬운 한국 건축용어사전, 도서출판 동녘, p.116
39) 주두의 크기는 약 30cm 정도이며, 소로는 15cm~20cm 정도이다.

사갈소로, 양옆갈 이갈소로, 양옆갈 사갈소로 등으로 나누어진다. 그리고 윗갈이 없으며, 전각포에 사용되는 사모소로와 팔모소로 등을 들 수 있다.

③ 첨차

살미와 직교되는 공포 부재로 첨차는 위치와 모양에 따라 달리 부른다. 주심선 상에 있는 첨차와 출목 상에 있는 첨차로 구분하여 주심첨차와 출목첨차로 나뉜다. 첨차는 보통 2중으로 놓이는 경우가 많은데 위첨차가 아래첨차보다 길다. 위첨자를 대첨차, 아래첨자를 소첨차라고 한다. 형태에 따라 교두형 첨차, 호형 첨차, 운두형 천차, 연화두형 첨차, 연화형 첨차로 나누며, 기둥머리에서 보 방향으로 반쪽짜리 첨차가 빠져나와 1출목 첨차를 받치는 부재가 있는데 이것은 헛첨차라고 한다.

④ 살미

첨차와 직교하여 보 방향으로 걸리는 공포 부재를 통칭하여 부르는 명칭이다. 살미모양은 부석사 무량수전, 봉정사 극락전을 비롯하여 고려 이전 공포에서는 첨차와 같았던 것으로 추정된다. 살미 마구리 모양이 밑으로 쭉 빠져 내려온 것을 쇠서형이라고 하며, 반대로 위로 치솟아 올라간 것을 앙서형이라고 한다. 새 날개처럼 뾰족한 것을 익공형이라고 하며, 구름처럼 둥글게 생긴 것을 운공형이라고 한다.

 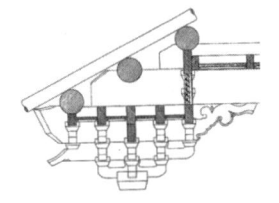 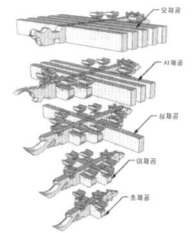

불영사 응진전 주두와 초제공   봉정사 극락전 공포   제공의 중첩

[그림 2-17] 공포의 구조

⑤ 제공

살미와 첨차로 짜인 한 켜를 제공이라 하며, 주두의 갈에 끼워진 제공을 초제공이라 하고 그 위에 얹힌 순서대로 이제공, 삼제공, 사제공, 오제공이라 한다. 내외 출목 목수가 동일한 경우, 내외의 제공수가 동일하지만, 내출목이 많은 경우는 내부 제공의 수가 외부 제공의

수보다 많다. 통상적으로 출목수에 2를 더하면 외부 제공의 단수를 구할 수 있다.[40]

⑥ 행공

행공은 3포식 및 익공식 공포에서 주심에 놓인 도리방향 첨차를 말한다. 같은 공포에서 출목상에 놓인 것은 첨차라고 한다.

⑦ 귀포와 한대

귀포는 건물모서리에 놓이는 공포로 정면과 측면에서 첨차와 살미가 교차하여 만나기 때문에 복잡하다. 정면 첨차가 빠져나가는 측면 살미의 45도 방향으로 살미가 하나 빠져나오는데 이를 한 대 또는 귀한대라고 한다.[41]

귀포는 주상포로서 공포의 위치에 의한 개념이다. 맞배지붕의 우주 위에 있는 공포도 귀포이고, 팔작지붕의 우주 위에 있는 공포도 귀포라고 할 수 있는데, 귀포의 위치, 형태, 기능적인 개념이 필요하다.[42]

4) 축부의 형식과 구성 부재

축부는 공포부와 기단부 사이에 위치하며, 기본적으로 기둥과 창방으로 결구되고, 다포식의 경우 평방이 추가되기도 한다. 축부의 높이는 그 건물의 기능 및 용도에 따라 달라진다.

(1) 축부의 형식

평면의 설정에서 가장 중요한 것은 기둥의 배열과 그로 인하여 구성되는 내부 공간이다. 건물의 규모는 1차적으로 간에 의해 결정되며, 도리통과 양통의 칸수와 그로 인해 형성되는 면적으로서의 칸수가 1차적인 규모를 결정하는 것이다.[43] 평면 유형은 아래와 같이 대별할 수 있다.

---

40) 정대열, 2014, 다포계 일주문의 건축형식에 관한 연구. 대구대학교, 박사논문, p.15
41) 신응수, 2012, 대목장 신응수의 목조건축기법, p,205
42) 배병선(1993년, 다포계 맞배집에 관한 연구, 서울대 박론)과 정대열(2015년, 다포계 일주문의 건축형식에 관한 연구, 대구대 박론)은 귀포 위의 공포를 평신포와 전각포로 구분한 개념을 적용하였다.
43) 문화재청, 2006, 영조규범 조사보고서. p.131

① 통 칸 형 : 건물 내부에 기둥을 사용하지 않고 내부 공간 전체가 하나의 공간으로 통합된 평면형이다.
② 후 퇴 형 : 건물 내부의 후면 쪽에 기둥열을 세워 내부 공간을 앞쪽의 주된 공간과 뒤쪽의 부차적인 공간인 툇간으로 나눈 평면형이다.
③ 전후퇴형 : 내부 공간의 전면과 후면에 기둥열을 배열하여 중심 공간과 그 앞뒤의 툇간으로 공간을 구획하고 있는 평면 유형이다.
④ 내외진형 : 내부 공간 중앙에 일정한 규모의 중심 공간을 설정하고 그 네 면에 툇간을 부설한 평면형이다.

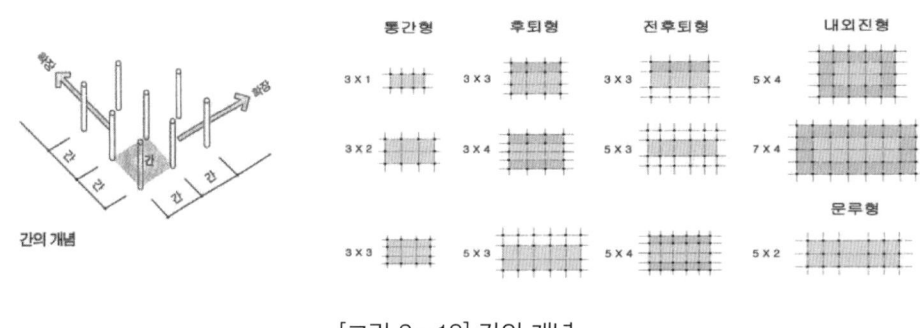

[그림 2-18] 칸의 개념

(2) 축부의 구성 부재

축부의 구성 부재는 기둥, 창방, 평방 등으로 이루어진다.

① 기둥

기둥은 상부의 지붕을 포함한 하중을 받아 이를 초석에 전달하는 구조 부재인 동시에 건축물 입면의 주요 의장 요소가 된다. 입면 형태에 따라. 배흘림기둥, 민흘림기둥, 원통형 기둥으로 나누고 단면 형태에 따라 각기둥, 두리기둥으로 구분한다. 그리고 위치에 따라서는 외진주, 내진주, 회첨주, 퇴주, 우주, 심주 등으로 구분한다.

② 창방

창방은 기둥 상단에서 기둥머리와 장여 기둥을 고정하며 건축물 축부의 골격을 형성하는 가로 부재다. 구조재이면서도 건물 입면상 수평선의 요소로서 의장재 역할도 하고 있으며,

이에 따라 단청과 함께 때로 다양한 형태로 창방 뺄목이 초각 장식되기도 한다.

[그림 2-19] 창방과 평방

③ 평방

평방은 원칙적으로 다포양식 건축물에서 기둥 및 창방 위에 놓여 짜인 가로 부재이며 상부 공간포로부터 전해오는 집중 하중이 창방에 직접 전달되지 않고 기둥으로 전달되도록 함으로써 변형 방지는 물론이고 그 아래에 구성된 창호가 온전히 개폐 기능을 하도록 창호 틀의 변형을 막는 역할을 한다.

5) 수장부의 형식과 구성 부재

수장부는 벽체수장부와 수평수장부로 구성된다. 벽체수장부는 기둥과 기둥 사이를 구성하는 부재로 주선, 벽선, 인방 등이 있으며, 수평수장부 부재는 수평으로 설치되는 수장으로 천장과 마루로 구성된다.

(1) 벽체수장부

① 주선

주선과 벽선, 문선은 벽이나 창호를 설치하기 위해 수직으로 세워 설치하는 수장재로 그 위치와 기능에 따라 구분되는 명칭이다.[44] 주선은 기둥 옆에 붙여 세우는 수장재이다.

---

44) 김도경. 2011, 지혜로운집 한국건축. ㈜현암사, p.285

상방, 중방, 하방 문선, 판벽 벽선, 주선

[그림 2-20] 벽체수장부 부재

② 벽선

벽선은 벽을 만들기 위해 세우는 수장재이다. 문선은 창호 양옆에 설치하여 문틀을 형성하는 수장재로 문설주가 된다.

③ 판벽

판재를 사용하여 벽체를 구성하며, 인방과 주선 및 벽선 사이에 설치된다.

④ 인방

인방은 기둥과 기둥 사이를 가로질러 기둥을 고정하고 벽체를 구성하는 뼈대가 되는 가로 부재를 말한다. 위치에 따라 상인방, 중인방, 하인방으로 구분된다.

(2) 수평수장부

① 천장

지붕 안에는 지붕틀을 이루는 대들보, 종보, 대공, 서까래 등 다양한 구조부재들이 있으며 이들 가운데 서까래 아래쪽에 있는 구조 부재들은 공간의 용도 등에 따라 그대로 드러나도록 구성하기도 하고 천장으로 가려지기도 한다.

[표 2-20] 천장의 종류

천장 유형	내 용
연등천장	서까래가 노출되고 서까래 사이는 앙토 또는 개판으로 마감된 천장
우물천장	반자틀을 한자의 井자형으로 짜고 그사이에 널 등을 가려 꾸민 천장
층단천정	한 평면상으로 천장을 가설하지 않고 높이를 달리하여 단을 이루어 가설한 천장
보개천장	궁궐의 정전 중앙 또는 사찰의 불상 상부에서 천장의 일부를 좀 더 깊게 꾸민 천장
빗천장	경사지게 꾸민 천장
순각 천장	다포계 건축에서 내출목 사이의 노출 부분을 순각판으로 막아 가설한 천장

연등천장

우물천장

[그림 2-21] 연등천장과 우물천장

② 마루

마루는 습기가 많고 더운 지방에서 발달한 남방적 요소이며 북방적 요소인 온돌과 함께 같은 평면에 구성된다는 것이 한옥의 특징이기도 하다. 마루의 종류로는 우물마루와 장마루로 나눈다. 쓰임에 따라서는 대청마루, 툇마루 누마루, 쪽마루, 들마루 등으로 다양하다.

[표 2-21] 마루의 특성 및 부재

마루 종류	내용
우물마루	고유한 마루깔기 형식이며, 마치 우물정(井)자와 같이 깔았다고 하여 붙은 이름이다. • 장 귀 틀 : 기둥과 기둥 사이에 긴 장선을 건너지른 것 • 동 귀 틀 : 장귀틀 사이 일정한 간격으로 설치하며, 장귀틀과 모양은 같지만, 짧은 장선을 보낸 것 • 마루청판 : 동귀틀 옆에 길게 홈파서 청판 끼움
장마루	기둥과 기둥 사이에 일정한 간격으로 장선을 걸고 그 위에 폭이 좁고 긴 마루널을 깔아 만든 마루를 말한다. 중층 문루 건축에서 상층의 바닥으로 채택되는 경우가 많다.

3. 소결

목재의 규격과 전통 목조 건축의 각 부분의 형식과 구성요소인 부재에 대해서 고찰한 결과를 정리하면 아래와 같다.

조선시대의 목재 규격은 부등목, 연목, 궁재, 말단목, 누주 등으로 나누어 관영공사에 공급되었다. 이들 용어는 각종 영건의궤에 나타나며, 그 규격은 각 의궤마다 통일되지 않은 것이 특징이 있다.

일제강점기는 을사늑약 이후 관영건축공사의 증가에 따른 제재목의 주문이 증가하면서 목재의 원활한 공급을 위하여 치수의 규격화 노력이 이루어졌다.

해방 이후 현대에 와서는 1960년대에 산림청에 의한 규격이 정해졌으며, 통나무, 조각재, 판재, 각재로 나누어 직경, 두께, 폭, 형상을 기준으로 구분하였다. 2000년대를 넘어서면서는 지름과 길이를 기준으로 등급을 나누어 특용재, 1등급, 2등급 등으로 규격을 구분하였다. 문화재청에서는 2004년 시방서에서 목재의 규격에 대해서 언급하였는데, 목재의 형태에 따라 원목, 각재, 판재로 나누고 대각길이와 직경에 따라 일반재, 특수재, 특대재로 구분하였다. 산림청은 주로 목재의 생산과 이용 관점에서, 문화재청은 목재의 이용 관점에서 목재의 규격을 규정하고 있다.

전통 목조건축은 다양한 부분으로 나눌 수 있지만, 목조건축의 물량특징을 가장 잘 나타낼 수 있는 여섯 부분으로 나누어 보면, 각 부분은 연목이상의 부재를 포함하는 지붕부, 도리와 보, 대공, 동자주로 구성되는 가구부, 외목도리와 내목도리 이하로 구성된 공포부, 기둥과 창방, 평방으로 구성된 축부, 기둥과 기둥 사이의 벽체를 구성하는 부재인 인방, 주선, 벽선 등으로 구성된 벽체수장부, 끝으로 전통 목조건축의 바닥과 천장을 이루는 수평수장부로 나눌 수 있다. 이들 각 부분은 전통 목조건축의 건축형식과 목부재 물량 특성을 가장 잘 반영한다고 할 수 있다.

Ⅲ. 맞배지붕 건축의 목부재 물량구조

 본 장에서는 맞배지붕 건축의 목재 물량구조에 대해 살펴보았다. 맞배지붕 건축은 주심포식 맞배지붕 형식과 다포식 맞배지붕 형식으로 대별하여 이들 두 형식의 목부재 물량구조에 대해서 고찰하였다.

1. 주심포식 맞배지붕 건축의 목부재 물량구조

1) 주심포식 맞배지붕 형식의 건축물

 주심포 맞배지붕 건축형식의 건물은 맞배지붕이면서 기둥 위에만 공포가 있고 출목이 있는 공포를 가진 건물을 주심포식으로 보고 그 대상을 선정하였다. 연구 대상은 총 11동이며 건축 세기는 12세기부터 18세기까지 분포하고 있고, 16세기를 기점으로 이전과 이후의 건물이 절반을 유지하고 있다. 건물의 용도는 사찰, 관아, 향교이며, 대부분은 사찰 불전의 용도이다.

 주칸수를 보면 정면칸수는 1칸에서 7칸의 범위, 측면 칸수는 1칸에서 4칸의 범위에 분포하며 정면칸수는 3칸이 주를 이루며, 측면은 2칸과 3칸, 4칸이 고루 분포한다. 기둥은 8개에서 32개의 범위에 분포하며, 출목은 외출목은 1에서 2출목의 범위에 분포하며, 내출목은 무출목과 2출목의 범위에 분포하는데, 내출목을 가지는 건물은 봉정사 극락전을 제외하면, 대부분 무출목의 공포를 가지고 있다.

 도리수[1])는 7개에서 11개의 범위에 있으며 수덕사 대웅전이 11개, 봉정사 극락전, 무위사 극락전, 장수향교 대성전은 9개, 나머지 건물들은 모두 7개이다. 보의 중첩수는 2중량에서

4중량까지 다양한 분포를 보이는데, 도리 수에 비례하여 보의 중첩수도 증가하는 경향을 보인다.

천장과 바닥을 보면 주심포식 맞배지붕 건축은 천장은 대부분 연등천장이며, 바닥은 마루와 전돌로 구성된 경우가 있는데, 마루의 경우, 원형은 전돌 바닥이었을 것으로 추측된다.

[표 3-1] 주심포 맞배지붕 건축물의 형식 1

명칭	건축년도	건축현황	건축세기	정면칸수	측면칸수	기둥수	외출목수	내출목수	공포수	량수	보의중첩
봉정사 극락전	1363	중수	12	3	4	16	2	2	8	9	3
부석사 조사당	1377	건립	14	3	1	8	2	0	8	7	2
수덕사 대웅전	1308	건립	14	3	4	18	2	0	8	11	4
거조암 영산전	1375	건립	14	7	3	32	1	0	16	7	2
도갑사 해탈문	1473	건립	15	3	2	12	2	0	8	7	2
무위사 극락전	1430	건립	15	3	3	12	2	0	8	9	4
관룡사 약사전	1507	중창	16	1	1	4	1	0	4	7	2
강릉 객사문	1518	수리	16	3	2	12	2	0	8	7	3
봉정사 고금당	1616	중수	17	3	2	10	1	0	8	7	2
봉정사 화엄강당	?	?	17	3	2	10	1	0	8	7	2
장수향교 대성전	1686	이건	17	3	4	16	2	0	8	9	3

[표 3-2] 주심포 맞배지붕 건축의 형식 2

명칭	계량	천장	바닥	정면주간장(M)	측면주간장(M)	건축면적(M2)	건축면적(평수)	실내체적(m³)
봉정사 극락전	유	연등	전돌	11.73	7.00	82.1	24.9	376
부석사 조사당	-	연등	전돌	9.28	3.97	36.8	11.2	147
수덕사 대웅전	유	연등	마루	14.23	10.78	153.4	46.4	1090
거조암 영산전	-	연등	전돌	31.16	10.38	323.5	98.0	2100
도갑사 해탈문	유	연등	강회	8.72	5.25	45.8	13.9	227
무위사 극락전	유	연등	마루	11.62	7.94	92.3	27.9	528
관룡사 약사전	유	연등	전돌	3.55	3.07	10.9	3.3	36
강릉 객사문	유	연등	강회	11.61	4.66	54.1	16.4	277
봉정사 고금당	-	우물	온돌	5.67	3.76	21.3	6.5	84

---

1) 외목도리를 포함한 수이다.

명칭	계량	천장	바닥	정면 주간장 (M)	측면 주간장 (M)	건축 면적 (M2)	건축 면적 (평수)	실내 체적 (m³)
봉정사 화엄강당	-	우물	온돌	11.66	7.05	82.2	24.9	454
장수향교 대성전	-	연등	혼합	11.61	8.43	97.8	29.6	560

2) 전체물량과 일반재, 특수재, 특대재의 물량과 그 구성 비율

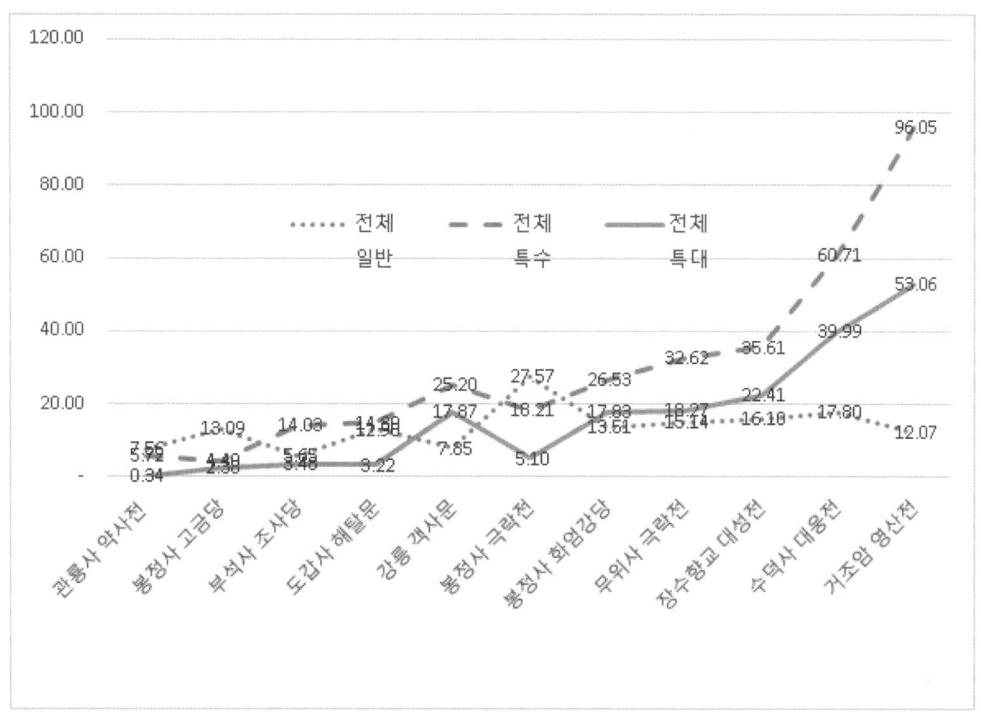

[그림 3-1] 전체물량에서 목재규격별 사용량

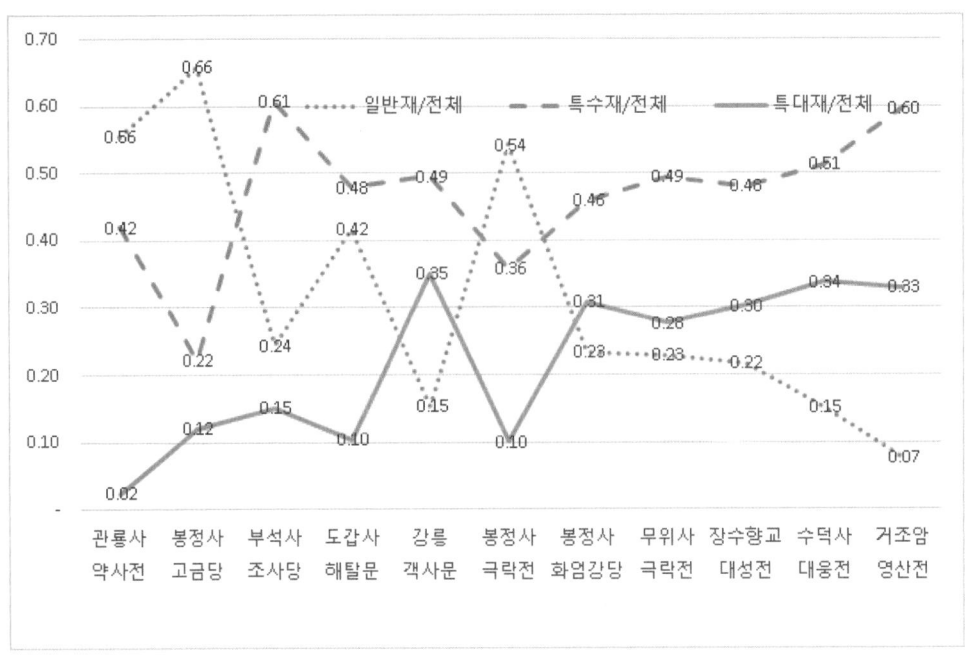

[그림 3-2] 전체물량에서 목재규격별 사용 비율

(1) 전체물량의 범위

건물 전체물량은 13.62㎥(4,086재)에서 161.18㎥(48,354재)의 범위에 분포하며, 평균은 68.47㎥(약 20,500재) 정도이다. 가장 적은 물량은 관룡사 약사전이고 가장 많은 물량은 거조암 영산전이다. 주심포식 맞배지붕의 건물의 전체물량은 3만재(100㎥) 내외 범위에 가장 많은 건물들이 분포하고 있다.

(2) 전체 목부재 물량에서 일반재 특수재 특대재의 사용량과 구성 비율

① 일반재의 사용량과 비율

전체물량에서 일반재의 사용 물량은 면적에 대해서 비례관계가 있지는 않으나, 봉정사 극락전을 제외하면, 5.65㎥(1,695재)에서 17.80㎥(5,340재)의 범위에 분포한다. 봉정사 극락전은 면적이 비슷한 건물과 더 큰 건축면적의 건물보다 일반재를 더 많이 사용하였다.

전체물량에서 일반재의 사용 비율을 보면 관룡사 약사전, 봉정사 고금당, 봉정사 극락전은 50%가 넘는다. 관룡사 약사전과 봉정사 고금당은 10평 이내의 면적이 작은 건물이므로 일반재의 물량이 많은 것이 충분한 이유가 되지만 봉정사 극락전의 경우는 주목되는 현상이다. 동일 면적의 건물과 비교하면 일반재의 사용 비율이 상당히 높은 건물이라 할 수 있는데, 이것은 일반재로 경제적인 건물을 설계하거나 시공할 수 있는 단서를 제공한다고 할 수 있다. 전체 목부재 물량에서 일반재의 사용 비율은 전체 7%~66%의 범위에 분포하며, 부석사 조사당, 강릉 객사문, 봉정사 극락전을 제외하면, 건축면적이 증가할수록 사용 비율이 줄어드는 경향을 보인다.

② 특수재의 사용물량과 비율

특수재의 사용물량은 $4.40m^3$(1,320재)에서 $96.05m^3$(28,815재)의 범위에 분포하며 평균은 $30.35m^3$(9,100재)이다. 특수재의 물량은 강릉 객사문을 제외하면, 건축면적이 증가할수록 물량이 면적에 비례하여 증가하는 경향이 있다.

특수재의 사용량은 건축면적[2])에 따라 증가하는 경향이 있으며 50~60%의 비율로 사용되며, 10평 이하의 건물에서는 40~60%의 범위로 사용되었으며, 10평 이상의 건물에서는 봉정사 극락전을 제외하면, 거의 50% 정도를 사용하고 있다. 건물 전체에서 특수재의 사용 물량과 사용 비율은 건축면적과 가장 상관성이 높은 목재의 규격으로 보인다.

③ 특대재의 사용량과 비율

특대재의 사용량은 최소 $0.34m^3$(102재)에서 최대 $53.06m^3$(15,918재)의 범위에 분포하며, 평균은 $16.72m^3$(5,016재) 정도이다.

특대재의 사용량은 건축면적에 따라 증가하는 경향이 있으며 이는 특수재의 사용량 변화와 유사하다고 할 수 있다. 특수재의 사용량이 가장 많은 건물은 거조암 영산전이며 최소 사용건물은 관룡사 약사전이다. 특대재의 사용 비율은 전체물량에서 2~35% 범위이며, 강릉 객사문을 제외하면 건물의 면적 증가에 따라 사용 비율 또한 증가한다고 할 수 있다. 강릉 객사문은 소규모의 문 건물인데, 면적이 큰 건물에 비해 특대재의 사용 비율이 큰 편이라 할 수 있다. 12세기 건물인 봉정사 극락전을 제외 하면 강릉 객사문, 봉정사 화엄강당, 무위사 극락전, 장수향교 대성전, 수덕사 대웅전, 은해사 거조암 영산전의 특대재 비율은 거의 30퍼센트 정도이다. 봉정사 극락전은 목재 물량사용방식이 다른 계통의 건축형식이라 할 수 있다.

---

2) 건축면적과도 비례하며 측면거리, 공간체적에도 비례한다.

④ 종합

건축면적을 기준으로 일반재, 특수재, 특대재 등의 목재규격을 살펴보았을 때, 건축면적이 증가할수록 일반재의 비율은 줄어들고 특대재와 특수재 합의 비율은 증가하는 경향이 있다. 특수재의 사용 비율이 특대재의 사용 비율보다 높은 경향을 보이며 특대재는 양은 증가하지만 비율은 거의 일정한 범위 내에 분포하고 있다. 10평 이하의 소규모 건물, 봉정사 극락전은 다른 건물들과 다른 물량 사용방식을 보이고 있다.

(3) 면적당(평당) 물량과 체적[3])당 물량

면적당 물량은 평당 494재에서 1,240재의 범위에 분포하며, 거조암 영산전이 평당 494재이고 관룡사 약사전은 평당 1,240재이다.

관룡사 약사전과 봉정사 고금당, 강릉 객사문의 평당 재적수가 900재 이상이고 나머지 건물들은 평당 재적수가 900재 이하에 분포하고 있다. 그리고, 평당 재적수 900재 이하 건물 중 강릉 객사문을 제외하면 나머지 두 건물의 건축면적은 10평 이하의 건물이다. 10평 이상의 건물 중 강릉 객사문을 제외하면, 대부분의 주심포 건물은 평당 900재 이하의 평당 물량이며, 그 분포는 700재에서 900재 범위에 분포하고 있다.

실내공간 체적 $1m^3$당 물량을 비교한 것이다. 체적은 면적에 비례하여 증가하는데, 단위 체적당 물량은 면적과 체적이 증가할수록 감소하는 경향을 보이고 있다. 면적이 증가할수록 단위면적당 물량도 감소하고, 단위 체적당 물량도 감소하는 경향을 보인다. 체적당 물량은 114재/m^3에서 23재/m^3의 범위에 분포하는데, 관룡사 약사전이 114재이며 규모가 가장 큰 거조암 영산전은 23재이다. 단위체적당 물량과 단위면적당 물량을 비교해 보면 단위 체적당 물량 감소가 두드러지게 보인다.

---

3) 여기서 체적은 건축면적에 주고, 공포고, 가구고가 반영된 체적이며, 반자를 무시한 지붕부 아래 공간도 포함한다.

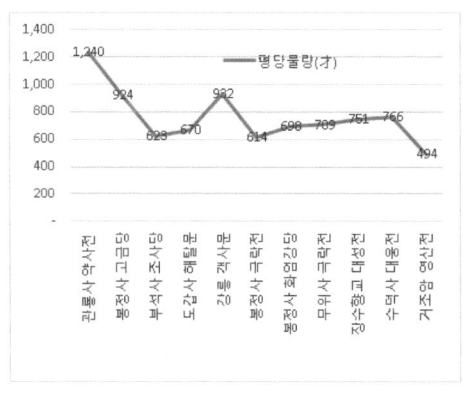
[그림 3-3] 평당 물량(才)

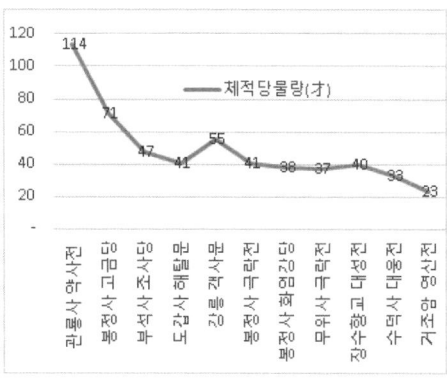
[그림 3-4] 체적당 물량(才)

3) 주심포식 맞배지붕 형식 건물의 각 부분 물량 고찰

건물을 지붕부, 가구부, 공포부, 축부, 벽체수장부, 수평수장부로 나누어 그 부분의 물량과 전체물량에 대한 구성 비율에 대해서 분석해 보기로 하였으며, 각 부분의 목재 규격별 물량구조에 대해서도 고찰하였다. 분석의 순서는 전체물량에서 각 부분의 물량구조 특성 순으로 진행하였다.

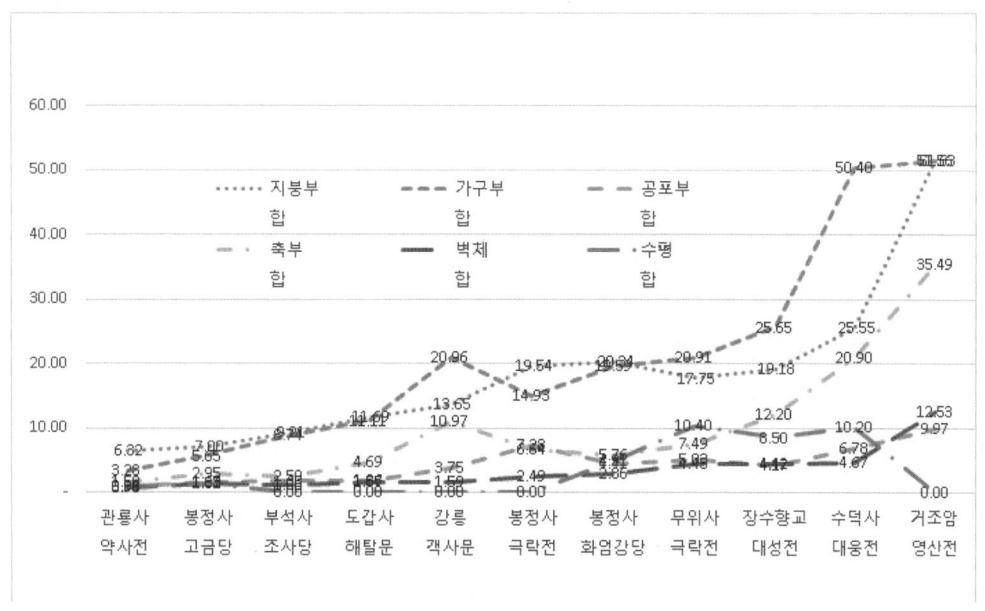
[그림 3-5] 각 부분 물량

(1) 전체물량에서 각 부분별 물량과 비율

① 각 부분별 물량의 범위

지붕부의 물량 사용 범위는 6.32㎥(약 1,896재)에서 51.63㎥(15,489재)의 범위에 분포하며 평균은 약 18.35㎥(5,505재) 정도이다. 지붕부 물량이 최소인 건물은 정측면 1칸의 건물인 관룡사 약사전이며, 최대 물량의 건물은 정면 7칸의 건물인 거조암 영산전이다. 두 건물의 면적은 30배 정도가 나는데 이에 비해 지붕부 물량은 약 8배 정도이다. 지붕부의 물량은 건축면적이 증가할수록 물량도 증가세를 보인다.

가구부의 물량 범위는 3.28㎥(984재)에서 51.56㎥(15,468재)의 범위에 분포하며, 가구부의 평균 물량은 21.16㎥(6,348재)이다. 강릉 객사문과 도갑사 해탈문의 경우를 제외한다면 가구부의 물량 범위는 전체적으로 면적이 증가할수록 증가하는 경향이 있다.

공포부의 물량 범위는 0.83㎥(249재)에서 9.97㎥(2,991재)의 범위에 분포하며, 평균 4.31㎥(1,293재)이다. 관룡사 약사전의 물량이 가장 적고, 거조암 영산전의 물량이 가장 많다. 전체적으로 면적에 따라 우상향하는 경향을 보이는데, 봉정사 극락전과 수덕사 대웅전의 물량이 면적에 비해 두드러진다. 특히 봉정사 극락전은 동일면적의 건물에 비해 공포부의 목재사용량이 크며, 수덕사 대웅전의 경우는 은해사 거조암 영산전의 면적의 절반 밖에 되지 않지만 공포부 사용물량은 거의 동일한 수준을 보인다. 전체 공포수가 다른 관룡사 약사전과 거조암 영산전을 제외하면 봉정사 극락전과 수덕사 대웅전의 물량이 두드러진다. 여말선초의 주심포식 건물의 공포부 사용물량이 이후 시기의 사용 물량구조의 차이를 보여주는 사례라고 판단된다.

축부의 물량 범위는 1.50㎥(450재)에서 35.49㎥(10,647재) 분포하며 평균은 10.10㎥(3,030재)이다. 최소물량과 최대물량은 약 20배 정도의 물량 차이를 보이고 있다.[4] 축부의 물량은 건축면적의 증가에 따라 증가하는 경향을 보이는데, 강릉 객사문은 면적에 비해 축부물량이 많은 편에 속하는 경우에 속한다.

벽체수장부의 물량 범위는 0.75㎥(225재)에서 12.53㎥(3,759재)의 범위에 분포하며, 평균은 약 3.43㎥(1,029재) 정도이다. 그리고 수평수장부의 물량 범위는 0에서 10.40㎥(3,120재)의 범위에 분포하며 평균은 3.30㎥(990재) 정도이다. 벽체수장부는 건축면적에 영향을 받는 것으로 보이나, 수평수장부는 건축면적과는 관계성이 약한 것으로 보인다. 그리고 수

---

4) 이들 두 건물의 면적은 30배 정도의 차이를 보인다.

평수장부 물량이 동일 면적에서 차이가 나는 이유를 살펴보면 마루나 반자 같은 수평수장의 설치 여부에 따른 것으로 판단된다. 바닥이 방전으로 된 건물이나 연등천장으로 된 건물은 우물마루나 반자가 설치된 건물보다 물량이 적게 소요되는 이유이다.

② 각 부분의 전체에 대한 물량 비율

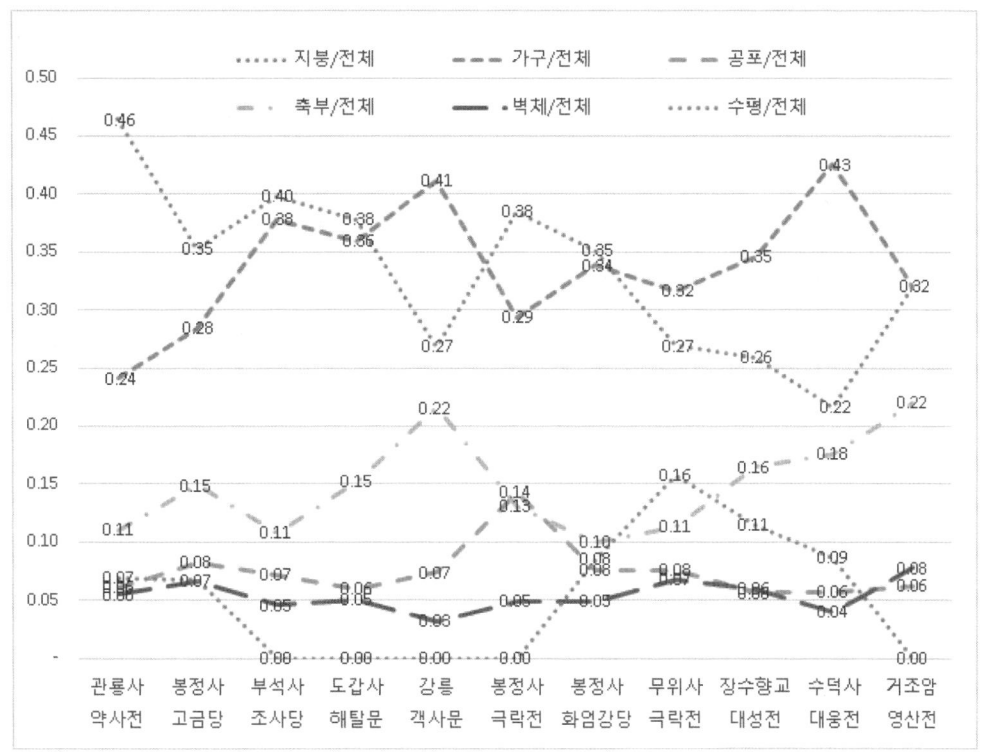

[그림 3-6] 각 부분 물량의 비율

지붕부의 물량 비율은 각 건물에서 전체물량을 기준으로 최저 22%에서 46%의 범위에 분포하며, 평균 비율은 약 33% 정도이다. 정면 3칸의 건물을 기준으로 볼 때 건축면적이 증가할수록 줄어드는 경향을 보인다.

가구부의 물량 비율은 24%에서 43%의 범위에 분포하고 평균은 비율은 약 34% 정도이다. 물량 비율은 특별한 경향은 보이지는 않으며 평균의 10% 내외의 범위에 분포하고 있다.

공포부의 물량 비율은 6%에서 14%의 범위에 분포하며 평균 비율은 약 7% 정도이다.[5] 봉정사 극락전의 비율이 가장 높고 거조암 영산전 등[6]의 비율이 가장 낮다. 면적과 특이한

---

5) 다포식 맞배지붕의 공포부 물량 비율은 전체물량에서 20% 정도이다. 맞배 주심포식 건물의 공포부 물량의 비율보다는 약 3배 정도이다.

관계는 없어 보이며, 봉정사 극락전을 제외하면 공포부 물량의 전체물량에서의 비율은 10% 이내 정도로 보면 될 것이다. 후술할 맞배지붕 다포식 건물의 공포부 물량 비율과는 차이를 보이는데, 다포식 맞배지붕의 공포부 물량 비율은 전체물량에서 20% 정도이다. 맞배 주심포식 건물의 공포부 물량의 비율보다는 약 2배 정도이다.

축부의 물량 비율은 10%에서 22%의 범위에 분포하고 있으며, 평균은 약 15% 정도이다. 축부의 물량 비율이 가장 큰 건물은 강릉 객사문이며, 가장 작은 건물은 봉정사 화엄강당이다.

벽체수장부의 물량 비율은 3%에서 8%의 범위에 분포하며, 평균은 약 5%이다. 벽체수장부의 물량 비율이 가장 큰 건물은 거조암 영산전이며, 가장 작은 건물은 강릉 객사문이다.

수평수장부의 물량 비율은 0%에서 16% 정도이며, 평균은 약 5% 정도이다. 수평수장이 있는 건물만의 비율 범위는 7%~16% 정도이며, 평균은 약 10% 정도로 볼 수 있다.

전체물량에서 부분별 물량의 비율을 살펴보았는데, 부분별 물량에서 가장 많은 비율을 차지하는 부분은 지붕과 가구부를 들 수 있으며, 그 비율은 60~70%의 정도이다.

(2) 지붕부

① 지붕부 물량

지붕부 물량의 범위는 최소 6.32㎥(1,896재)에서 51.63㎥(15,489재)의 범위에 분포하며 평균은 18.35㎥(5,505재)이다. 지붕부의 물량 증감은 건축면적과 비례하며, 주요 목재 규격은 일반재와 특수재이다. 건축면적이 작은 건물은 일반재의 비율이 높으며, 건축면적이 증가할수록 특수재의 물량이 함께 증가한다. 관룡사 약사전과 봉정사 고금당 등의 10평 이하 건물들은 일반재 위주로 지붕 부재를 구성하였으며, 부석사 조사당부터 특수재의 물량이 증가한다. 물량의 구성이 특이한 것은 봉정사 극락전인데, 유사 면적의 건물과 다르게 일반재의 물량이 대부분을 차지하고 있다는 것이다.[7]

---

6) 거조암 영산전, 도갑사 해탈문, 장수향교 대성전, 수덕사 대웅전, 거조암 영사전 등이 6% 정도이다.
7) 봉정사 극락전은 전체물량의 구성도 일반재의 비중이 타 건물에 비해 높은 편이다.

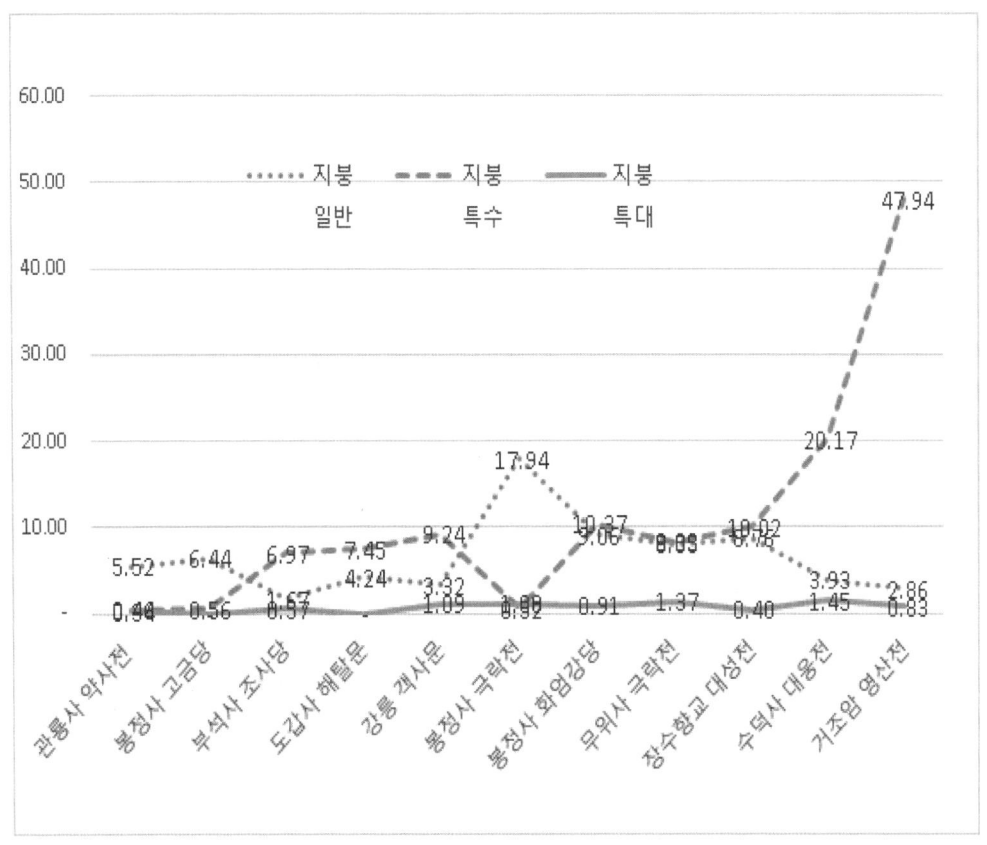

[그림 3-7] 지붕부 물량

② 지붕부 물량 비율

지붕부의 물량 비율은 일반재와 특수재가 주를 이루며 특대재는 일부분에 불과하다. 일반재의 비율은 10평 이하에서는 90%에 달하고 있으며, 10평이 넘어서면 특수재의 비율이 50%에서 90%에 달한다. 봉정사 극락전, 봉정사 화엄강당, 무위사 극락전, 장수향교 대성전은 면적이 비슷한 편인데, 봉정사 극락전을 제외한 세 건물은 특수재와 일반재의 비율이 비슷한 편인데 비해 봉정사 극락전은 일반재의 비율이 93% 정도를 사용하고 특수재와 특대재는 8% 정도만 사용하였다.

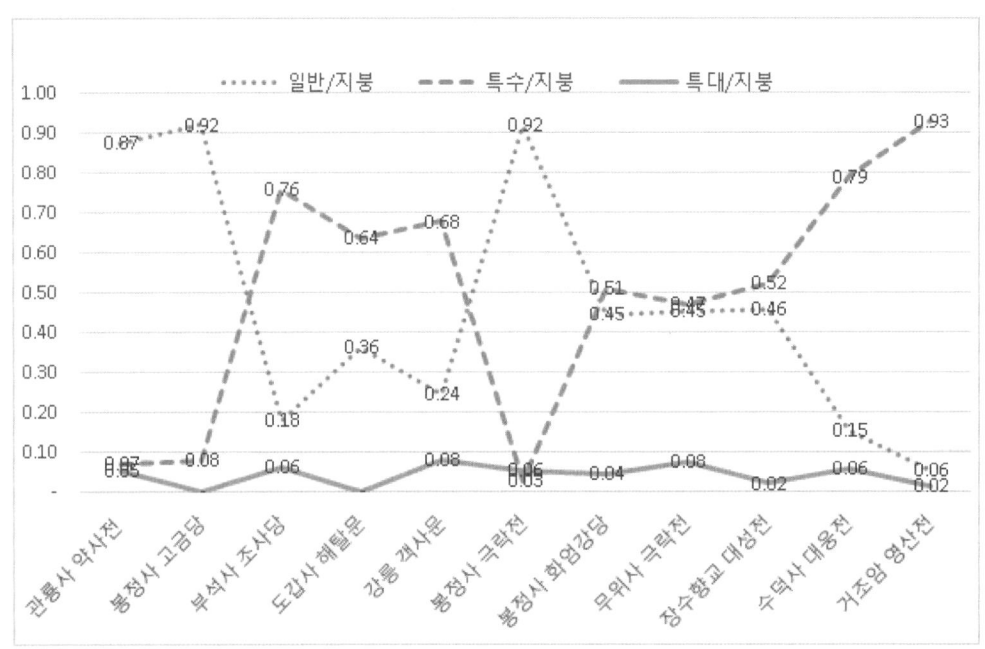

[그림 3-8] 지붕부 물량 비율

③ 부재 개수와 부재별 물량 순위
㉠ 지붕부 부재수

[표 3-3] 지붕부 부재수

명칭	전체 부재수	수장 제외 전체 부재수	지붕부재/ 수장 제외 전체	지붕부 부재수	개수 많은 부재	
					1위	2위
관룡사 약사전	321	287	0.57	163	연목	부연
봉정사 고금당	1,000	367	0.50	185	연목	부연
부석사 조사당	590	555	0.39	219	연목	부연
도갑사 해탈문	953	770	0.58	450	연목	부연
강릉 객사문	819	734	0.32	237	연목	목기연
봉정사 극락전	1,168	1,123	0.48	544	연목	부연
봉정사 화엄강당	1,482	767	0.67	517	연목	부연
무위사 극락전	1,357	1,023	0.46	474	연목	부연
장수향교 대성전	1,716	913	0.57	518	연목	부연
수덕사 대웅전	1,851	1,289	0.35	445	연목	부연
거조암 영산전	1,326	1,203	0.38	462	연목	목기연

지붕부의 부재수는 163개에서 604개의 범위에 분포하며 평균은 약 400개 정도이다. 전체 부재수[8])에서 지붕부 부재수의 비율은 32%에서 67%의 범위에 분포하며 평균 약 50% 정도로 볼 수 있다. 강릉 객사문과 부석사 조사당은 40% 이하의 범위에 분포하고 있는데, 이들을 제외하면 면적과 지붕부재의 관계는 건축면적이 증가할수록 지붕부재 개수의 비율은 감소하는 경향을 보인다고 할 수 있다.

지붕부 부재중 개수가 가장 많은 부재가 연목이며, 두 번째는 부연으로 나타난다. 개수의 관점에서 보면 연목과 부연이 가장 대표적인 부재라고 할 수 있다.

[표 3-4] 지붕부 단일부재 체적과 부재합 재적

건물명 \ 구분	단일부재 체적		부재 합 재적	
	1위	2위	1위	2위
관룡사 약사전	연목	박공판	연목	박공판
봉정사 고금당	장연	박공판	장연	단연
부석사 조사당	박공판	연목	연목	박공판
도갑사 해탈문	박공판	장연	장연	단연
강릉 객사문	박공판	장연	장연	단연
봉정사 극락전	박공판	박공개판	장연	덧서까래
봉정사 화엄강당	박공판	장연	장연	단연
무위사 극락전	박공판	장연	장연	단연
장수향교 대성전	장연	박공판	장연	단연
수덕사 대웅전	박공판	장연	장연	단연
거조암 영산전	박공판	장연	장연	단연

ⓒ 단일부재 체적과 부재 재적

단일부재중 길이와 단면의 곱을 체적이라 하였다. 지붕부에서는 대단면과 긴 길이를 갖는 부재는 연목과 박공판으로 나타난다. 이들 두 부재는 모든 건물에서 대부분 1순위와 2순위를 차지하는 부재이다. 연목이 1순위인 건물은 4동이고 박공판이 1순위인 건물은 8동이다.

재적은 단일부재의 체적과 개수의 곱을 뜻한다. 모든 건물에서 연목인 장연이 1순위를 차지하고 있으며, 2순위도 대부분 단연이며, 일부 건물에서는 박공판과 덧서까래가 2순위

---

[8]) 주심포식 맞배지붕의 특성상 반자와 마루의 유무가 물량 및 부재 개수에 차지하는 비중은 크다고 할 수 있어 부재 개수의 비례를 비교할 때는 수장부의 개수를 제외하여 비교 분석하였다.

를 차지고 있다. 단일 체적이 큰 건물이 재적도 크게 나타나고 있다.

④ 지붕부 물량의 특성

지붕부의 물량 비율은 각 건물에서 전체물량을 기준으로 최저 22%에서 46%의 범위에 분포하며, 평균 비율은 약 33% 정도이다. 정면 3칸의 건물을 기준으로 볼 때 건축면적이 증가할수록 줄어드는 경향을 보인다.

지붕부의 물량은 10평 이하 건물에서는 일반재의 비중이 높으며, 건물의 면적이 증가하면 일반재의 비중이 줄고 특수재의 비중이 늘어나는 경향이 있으며, 특대재의 사용은 많지 않다.

지붕부의 대표적인 부재를 보면 개수가 많은 부재는 연목재이며, 부재 단면적이 큰 것은 연목과 박공을 들 수 있고 재적이 큰 부재는 장연과 단연재를 들 수 있다.

(3) 가구부

① 가구부 물량

가구부 물량의 범위는 최소 3.28㎥(984재)에서 51.56㎥(15,486재)의 범위에 분포하며 평균은 21.16㎥(6,348재)이다. 가구부는 일반재, 특수재, 특대재 모두를 사용하여 구성하였으며, 물량증감은 건축면적에 비례하여 우상향한다.

강릉 객사문은 다른 건물들에 비해 특수재의 사용량이 많은 편이며, 사용 경향은 건축면적이 10평이나 큰 무위사 극락전과 비슷하다.[9] 그리고 봉정사 극락전은 면적에 비해 가구부의 부재 사용량이 훨씬 작은 경우에 속한다. 이들 두 건물을 제외하면 건축면적이 증가할수록 가구부의 목재 물량은 증가하며, 특수재와 특대재의 사용량은 증가하는 경향이 있다. 목재 규격을 봤을 때 가구부에서는 특수재의 사용이 가장 두드러진다고 할 수 있다. 즉 건축면적이 증가할수록 특수재의 사용량이 늘어나는데, 일반재와 특대재에 비해서 두드러진다고 할 수 있다.

---

9) 강릉 객사문 관영 건축에 속하는데, 사찰 건축과의 목재 사용 경향과 목재수급 능력의 차이라 추측된다.

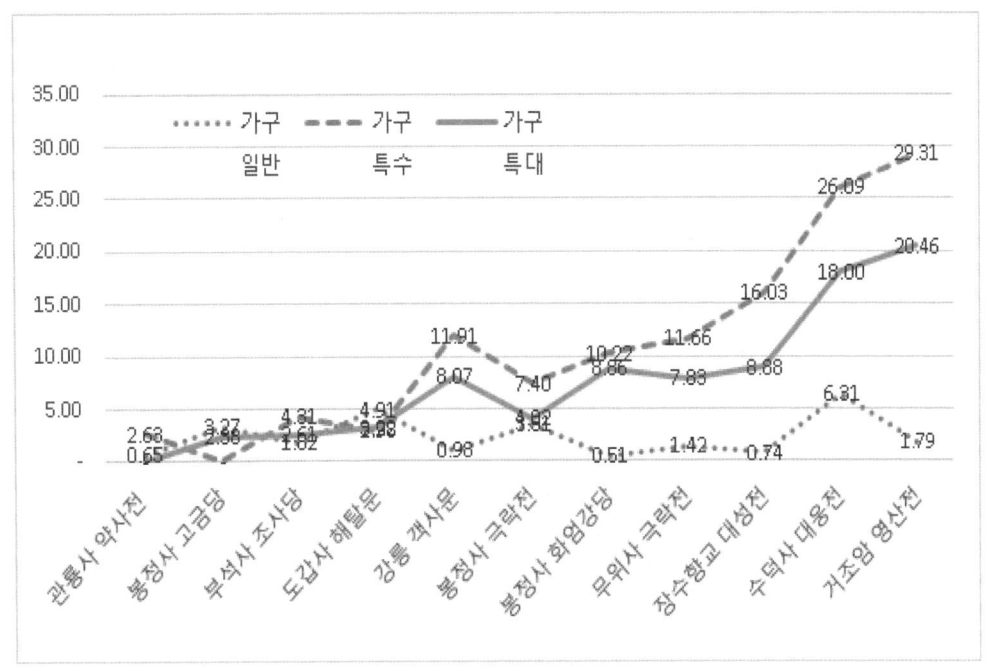

[그림 3-9] 가구부 규격별 물량

② 가구부 물량 비율

　가구부의 물량 비율은 특수재가 없는 봉정사 고금당과 특수재의 비율이 30% 이하인 도갑사 해탈문을 제외하면, 가구부에서는 특수재의 비율이 50% 이상의 비율을 보이는데, 이것은 가구부의 주요부재는 일반재 이상의 규격을 사용하였다는 것을 알게 해준다.

　가구부의 목재규격 구성은 특수재가 주를 이루며 특대재는 20~30% 범위를 유지한다. 일반재의 비율은 두드러진 경향을 보이진 않고 있는데, 봉정사 고금당의 약 60%인 점은 주목할 만하다. 전체적으로 일반재의 사용 비율은 건축면적이 증가할수록 감소하는 경향을 보이고 있다.

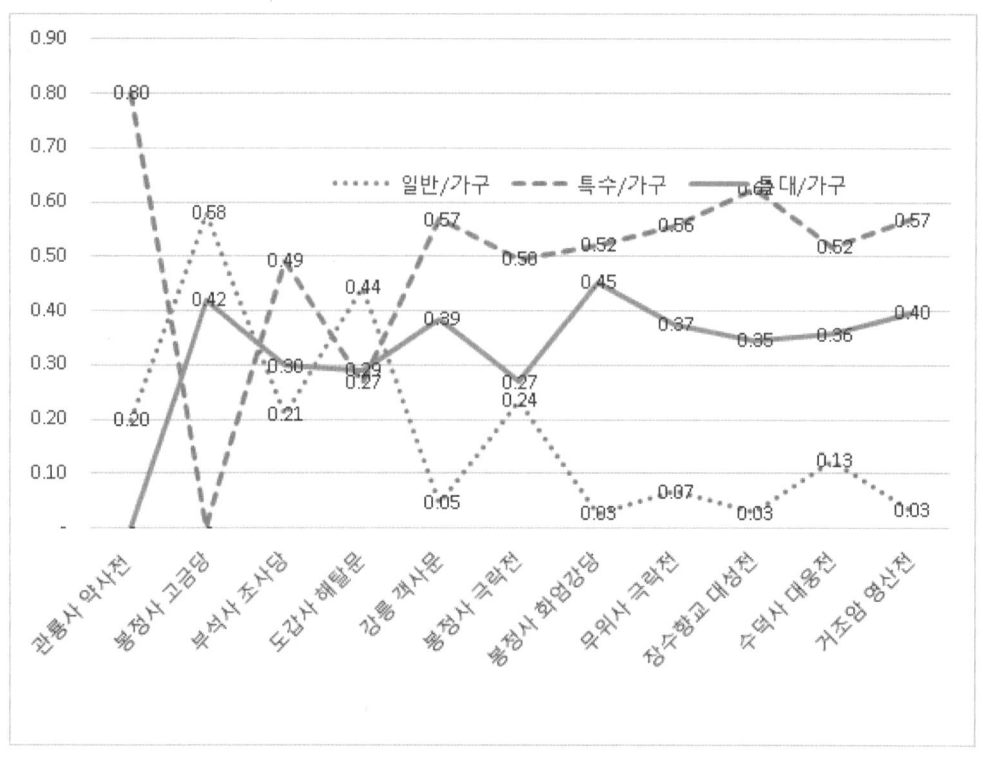

[그림 3-10] 가구부 규격별 물량 비율

특징적인 것은 모든 건물에서 특수재가 있는데 봉정사 고금당의 경우는 특수재를 하나도 사용하지 않고 일반재와 특대재[10]로만 이루어진 건물이다. 특대재의 사용 비율은 0에서 45%의 범위에 분포하며, 평균은 약 33% 정도이다. 특수재와 특대재의 관계는 대략 1.5:1 정도의 비율을 보인다고 할 수 있다.

③ 가구부 부재 개수와 부재별 물량 순위
㉠ 가구부 부재수

가구부의 부재수는 32개에서 409개의 범위에 분포하며 평균은 약 151개 정도이다. 전체 부재수[11]에서 지붕 부재수의 비율은 11%에서 34%의 범위에 분포하며 평균 약 17% 정도로 볼 수 있다. 관룡사 약사전이 가구부 부재수가 32개이며, 거조암 영산전이 409개로 가장 많다. 건축면적이 증가할수록 가구부 부재수의 수도 증가하는 경향을 보인다. 강릉 객사문 면

---

10) 대량(대들보)
11) 주심포식 맞배지붕의 특성상 반자와 마루의 유무가 물량 및 부재 개수에 차지하는 비중은 크다고 할 수 있어 부재 개수의 비례를 비교할 때는 수장부의 개수를 제외하여 비교분석하였다.

적에 비해서 가구부의 부재수가 많은 편에 속하며 봉정사 화엄강당은 면적에 비해 가구부의 부재수가 적은 편에 속한다. 도갑사 해탈문, 봉정사 고금당 건물과 함께 살펴보면, 여말선초의 건물과 조선시대 건물의 차이라고도 생각된다. 고려시대 주심포식 건물이 조선시대 주심포식 건물의 가구부의 부재수보다 많은 부재를 사용한 것으로 짐작된다.

[표 3-5] 가구부 부재수

건물명	전체 부재수	수장 제외 전체 부재수	가구부 부재수/전체	가구부 부재수	가구부 1순위	가구부 2순위
관룡사 약사전	321	287	0.11	32	도리	보
봉정사 고금당	1,000	367	0.17	62	도리	보
부석사 조사당	590	555	0.20	110	소로	도리
도갑사 해탈문	953	770	0.20	153	소로	도리
강릉 객사문	819	734	0.25	186	소로	도리
봉정사 극락전	1,168	1,123	0.14	155	도리	보
봉정사 화엄강당	1,482	767	0.13	96	도리	보
무위사 극락전	1,357	1,023	0.14	146	도리	보
장수향교대성전	1,716	913	0.14	126	도리	보
수덕사 대웅전	1,851	1,289	0.17	213	소로	도리
거조암 영산전	1,326	1,203	0.34	409	소로	도리

가구부 부재중 개수가 가장 많은 부재가 도리이며, 두 번째는 소로, 세 번째는 보로 나타난다. 부재 개수의 관점에서 보면 도리, 보, 소로가 가구부에서는 중요한 부재라 할 수 있다. 소로의 수가 가구부에 많은 것은 포동자주, 포대공 등의 사용으로 인한 것으로 추정되며, 가구부가 간략해지는 다포식 건물과의 비교가 필요할 것으로 보인다.

ⓒ 단일부재 체적과 부재재적

단일부재의 길이와 단면의 곱을 체적이라 한다. 가구부에서는 대단면과 긴 길이를 갖는 부재는 대량이 압도적인 1위를 차지하며, 2위는 도리와 종량으로 나눠지는데, 2순위에서는 도리가 종량보다 더 우세하게 나타난다. 이것은 가구부에서는 보와 도리가 대구경 및 장재를 사용하여 만드는 부재라는 것을 알 수 있다.

[표 3-6] 가구부 단일부재 체적과 부재합 제적

구분 건물명	단일부재 체적		부재 합 재적	
	1위	2위	1위	2위
관룡사 약사전	대량	도리	대량	도리
봉정사 고금당	대량	도리	대량	도리
부석사 조사당	대량	도리	대량	도리
도갑사 해탈문	대량	종량	대량	종량
강릉 객사문	대량	도리	대량	도리
봉정사 극락전	대량	도리	대량	도리
봉정사 회엄강당	대량	도리	대량	도리
무위사 극락전	대량	종량	대량	도리
장수향교 대성전	대량	중량	중량	대량
수덕사 대웅전	대량	도리	대량	퇴량
거조암 영산전	대량	도리	대량	퇴량

재적은 단일부재의 체적과 개수의 곱을 뜻한다. 장수향교 대성전을 제외하고는 대량의 재적수가 가장 많았으며, 2순위는 도리가 많은 수를 차지하고 있으며 2순위 일부는 퇴량이나 종량 부재로 나타난다. 이것은 재적의 1, 2순위 대부분이 보부재와 도리부재라는 의미이며, 이것은 가구부에서 가장 큰 물량을 차지하는 것은 보와 도리라고 할 수 있다.

④ 가구부 물량의 특성

가구부 물량의 특성을 살펴보면, 일반재와 특대재에 비해, 특수재 사용이 두드러지며, 건축면적이 증가할수록 특수재의 사용량 또한 비례하여 증가한다. 물량규격의 비율을 살펴봐도 지붕부에서는 특수재의 사용 비율이 50% 이상이며, 특대재는 특수재 사용량의 절반 정도를 차지하고 있다. 그리고 일반재는 건축면적이 증가할수록 그 사용 비율이 감소하는 경향으로 나타난다.

가구부에서 부재개수가 가장 많은 순위는 도리, 소로, 보 순위인데, 받침재인 소로의 수는 장식적인 동자주나 대공의 사용으로 인한 것으로 보인다. 그리고 도리와 보는 부재의 단일체적, 단일체적과 부재수의 곱인 재적에서도 상위에 속하는 부재이다. 가구부를 대표하고 물량을 지배하는 부재는 보와 도리라고 할 수 있다.

(4) 공포부

① 공포부 물량

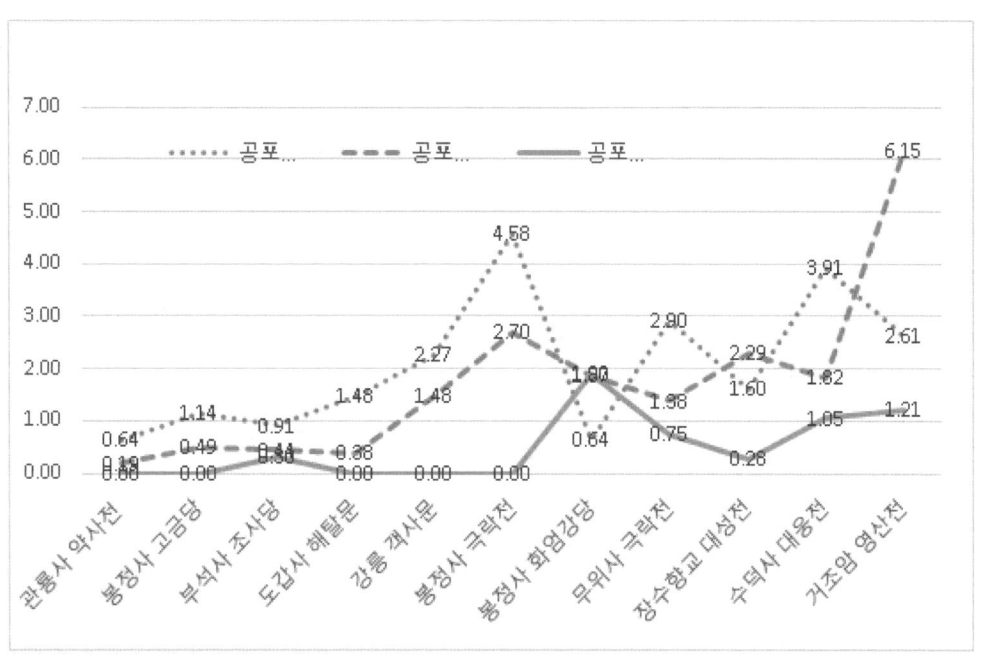

[그림 3-11] 공포부 규격별 물량

공포부 물량의 범위는 최소 0.83㎥(249재)에서 9.97㎥(2,991재)의 범위에 분포하며 평균은 4.31㎥(1,293재)이다.

공포부는 일반재, 특수재, 특대재 모두를 사용하여 구성하였는데, 일반재와 특수재를 주로 사용하여 구성하였다. 15평 이하의 건물에서는 일반재의 사용량이 많으며, 15평 이상의 건물은 특수재의 비율이 높아진다. 주목할 만한 점은 봉정사 극락전의 공포 물량은 건축면적이 두 배 정도 되는 수덕사 대웅전의 물량과 비슷한 점이다. 그리고 봉정사 화엄강당은 특대재 물량이 상당히 큰 건물이며, 건축면적이 넓은 수덕사 대웅전이나 거조암 영산전보다 특대재 사용량이 많은 경우이며, 주심포식 맞배지붕 건물에서는 가장 많은 특대재 사용량을 보여준다.

건축면적과 물량의 관계는 봉정사 극락전을 제외하면 건축면적이 증가할수록 공포부의 물량은 전체적으로 증가하는 경향을 보인다고 할 수 있다.

② 공포부 물량 비율

공포부의 물량 비율은 일반재의 경우 15%에서 80%의 범위에 분포하며, 평균은 약 55% 정도이다. 봉정사 화엄강당의 경우 일반재의 비율이 15%로 조사대상 건물 중에 가장 낮은 편에 속한다. 일반재의 사용 비율은 봉정사 화엄강당과 거조암 영산전, 장수향교 대성전을 제외하면 55% 이상의 비율을 보인다. 이것은 공포부는 주로 일반재를 사용하여 구성한다는 것을 보여주는 것이다.

특수재의 사용 비율은 20%에서 62%의 범위에 분포하며, 평균은 약 35%인데, 전체적으로 건축면적이 증가할수록 특수재의 경향은 증가하는 경향을 보인다. 그리고 특대재의 사용 비율은 0~43% 범위에 분포하면 평균은 10% 정도이다. 공포부에서는 특대재의 비율은 봉정사 화엄강당을 제외하면 20% 이내이다. 봉정사 화엄강당의 공포 부재 살미의 운두가 일반적인 포부재의 춤보다 상당히 크기 때문에 특대재 사용량과 비중이 크게 나타난다.

공포부는 주로 일반재의 사용 비율이 크며, 특수재가 그다음이며, 특대재는 적은 비율로 사용되는데, 공포부는 주로 일반재와 특수재가 주로 사용되는 목재 규격이라 할 수 있다.

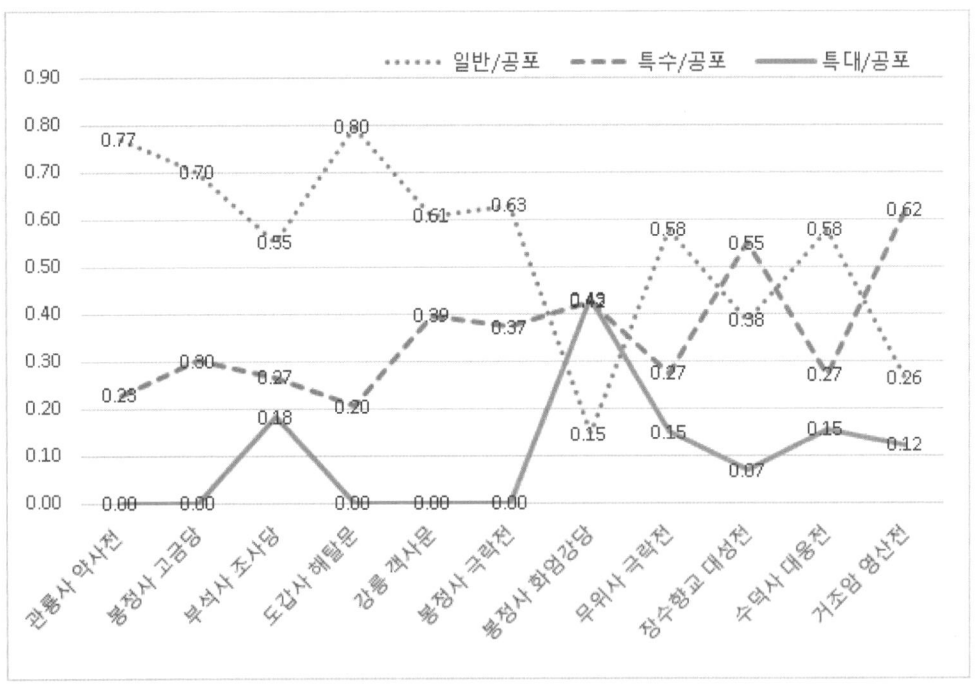

[그림 3-12] 공포부 규격별 물량 비율

③ 부재개수와 부재별 체적 및 재적

[표 3-7] 공포부 부재개수

명칭	전체 부재수	수장 제외 전체 부재수	공포부 부재수/ 전체	공포부 부재수	단일부재 공포부 1순위	단일부재 공포부 2순위
관룡사 약사전	321	287	0.29	84	소로	첨차
봉정사 고금당	1,000	367	0.27	100	소로	살미
부석사 조사당	590	555	0.38	210	소로	살미
도갑사 해탈문	953	770	0.19	145	소로	주두
강릉 객사문	819	734	0.38	278	소로	뜬장여
봉정사 극락전	1,168	1,123	0.35	391	소로	첨차
봉정사 화엄강당	1,482	767	0.18	138	소로	첨차
무위사 극락전	1,357	1,023	0.37	379	소로	첨차
장수향교 대성전	1,716	913	0.26	241	소로	뜬장여
수덕사 대웅전	1,851	1,289	0.47	601	소로	첨차
거조암 영산전	1,326	1,203	0.23	274	소로	뜬장여

㉠ 부재개수

공포부의 부재수는 84개에서 601개의 범위에 분포하며 평균은 약 265개 정도이다. 공포부 부재수가 가장 적은 건물은 관룡사 약사전이며, 가장 많은 부재수의 건물은 수덕사 대웅전이다. 공포부 부재수는 건축면적과는 상관성이 없어 보이며, 출목수와 살미의 중첩수에 의한 것으로 추측된다.

공포부 부재수와 전체 부재수의 비율은 18%에서 47%의 범위에 분포하며, 평균은 약 31% 정도이다. 부재수의 비율이 가장 낮은 것은 봉정사 화엄강당이며, 부재수의 비율이 가장 높은 건물은 수덕사 대웅전이다. 정면 7칸인 거조암 영산전을 제외하고 나머지 건물들의 공포부 부재 비율은 고려말 건물들이 조선시대 건물보다 비율이 높은 편에 해당하는데, 모두 30% 이상의 비율을 보이고 있다.

공포부의 단일부재중 개수가 가장 많은 부재는 소로이며, 두 번째는 첨차. 세 번째는 뜬장여이다. 그리고 그 외에 부재중에서는 살미와 주두를 들 수 있다. 소로는 모든 건물의 공포부에서 가장 많은 개수가 사용되는 압도적인 수의 부재이며, 공포를 연결하는 부재인 뜬장여 또한 상당수의 건물에서 2순위를 차지하고 있다.

ⓒ 단일부재 체적[12]과 부재재적

한 부재의 체적(부피)을 나타내는 요소를 비교함으로써, 각부 부재중 규격이 큰 부재를 알아내기 위한 비교이다. 단일부재 체적을 비교할 때 1순위 부재는 봉정사 화엄강당을 제외하면 모든 대상에서 뜬장여이다. 뜬장여는 수장폭의 단면으로 창방 위에서 공포와 공포, 동자주와 동자주, 대공과 대공 등의 주간을 연결하는 부재이므로, 단일부재중에서 다른 부재들보다 길이적인 면에서 큰 체적을 보이고 있는 것으로 판단된다. 그리고 2순위에는 살미, 주두가 두드러진다. 살미는 길이와 단면의 관계로 체적의 크기가 상위에 있는 것으로 보이며, 주두는 길이보다는 단면의 크기가 큰 이유로 상위 순에 있는 것이다.

[표 3-8] 공포부 단일부재 체적과 부재합 제적

구분 건물명	단일부재 체적		부재 합 재적	
	1위	2위	1위	2위
관룡사 약사전	뜬장여	주두	소로	뜬장여
봉정사 고금당	뜬장여	살미	살미	뜬장여
부석사 조사당	뜬장여	순각판	소로	순각판
도갑사 해탈문	뜬장여	살미	살미	주두
강릉 객사문	뜬장여	주두	소로	뜬장여
봉정사 극락전	뜬장여	살미	소로	뜬장여
봉정사 화엄강당	살미	주두	살미	주두
무위사 극락전	뜬장여	첨차	뜬장여	주두
장수향교 대성전	뜬장여	살미	뜬장여	살미
수덕사 대웅전	뜬창방	살미	소로	주두
거조암 영산전	뜬장여	살미	살미	뜬장여

단일부재의 체적과 개수의 곱인 부재 재적은 가장 두드러진 것이 소로와 뜬장여, 주두가 1순위와 2순위에 위치하는 것이다. 1순위에는 소로가 우세하며, 뜬장여는 1순위와 2순위에서 모두 우세한 부재이다. 그리고 대구경 부재인 주두, 길이와 단면의 특성을 함께 가진 살미가 다음 순위를 차지하고 있다. 주심포식 맞배지붕형식의 공포부에서 뜬장여의 배치 및 단면의 설정은 설계시 목재 물량에 영향을 미칠 수 있는 부재라 생각된다.

---

12) 단일부재 중 길이와 단면의 곱을 뜻한다. 이것은 어떤 부재가 큰 규격인지를 가늠하기 위한 것이다. 길이, 단면의 특성을 모두 내포하고 있는 요소이다.

④ 공포부 물량 특성

공포부에서 주로 사용된 목재규격은 일반재와 특수재이며, 건축면적이 증가하면 공포부 물량도 증가하는 경향으로 나타난다. 15평 이하의 건물에서 일반재는 50% 이상의 비율을 보이며, 특대재는 24평 이상의 건물부터 사용하고 있는데, 그 비율은 20% 이하 정도로 나타난다.[13] 공포부에서 부재수가 가장 많은 부재는 소로와 첨차이며 공포부 부재수와 전체 부재수와의 비율은 약 30% 정도이다. 단일부재 체적에서는 뜬장여와 살미가 체적의 1순위와 2순위며, 재적에서는 소로, 살미, 뜬장여가 상위 순위에 있다.

공포부의 대표적인 부재는 소로와, 뜬장여, 주두 등을 들 수 있으며, 부재체적과 재적 등을 고려하여 볼 때는 뜬장여를 가장 대표적인 부재라고 할 수 있다. 주심포식 건물은 가구프레임의 연결구조[14]이고 다포식 건축은 적층구조인데, 주심포식 단위건축의 유형류는 주간의 연결부재가 중요한 요소인 것으로 보인다. 금번 조사에서 공포와 공포의 연결요소인 뜬장여의 재적과 체적이 공포부의 부재들 중에 두드러진 것으로 보아 배병선[15]의 주장과 부합되는 면이 있다고 생각된다. 공포부 물량의 공포 1구당 물량을 보면 건축면적이 증가할수록 증가하는 경향이 있으며 전체적으로 보았을 때 우상향 경향이 있으며, 여말선초의 건물인 봉정사 극락전과 수덕사 대웅전의 공포 1구당 물량이 두드러지는 경향이 있다.

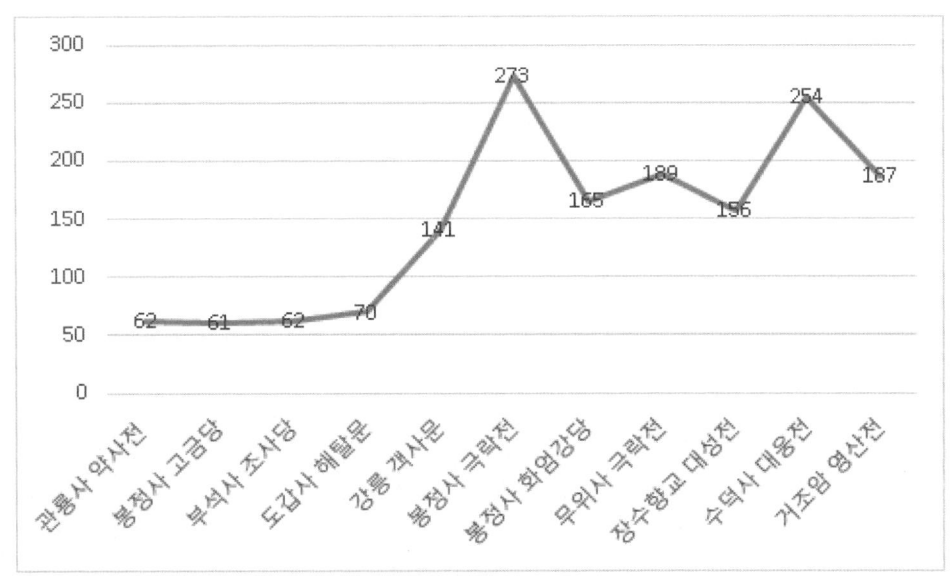

[그림 3-13] 공포1구당 물량

---

13) 봉정사 화엄강당이 43%이지만, 다른 건물보다 포살미의 크기가 월등하게 크기 때문인 것으로 판단된다.
14) 배병선, 1993년, 다포계 맞배집에 관한 연구, 서울대, 박론, p.38
15) 배병선은 주심포식 건축을 가구프레임 연결구조라고 주장하였다.

(5) 축부

① 축부 물량

축부의 물량은 최소 1.50㎥(450재)에서 최대 35.49㎥(10,647재)의 범위에 분포하며, 평균은 10.10㎥(3,030재)이다. 일반재와 특수재, 특대재를 모두 사용하였으며, 특수재와 특대재의 비중이 일반재보다 높은 편에 속한다. 건축면적이 작은 건물에서 일반재와 특수재를 사용하였으며, 건축면적이 큰 건물에서는 특수재와 특대재의 비중이 높아진다. 특히, 25평 이상의 건물에서는 특대재의 비중이 특수재의 비중을 앞서고 있다.

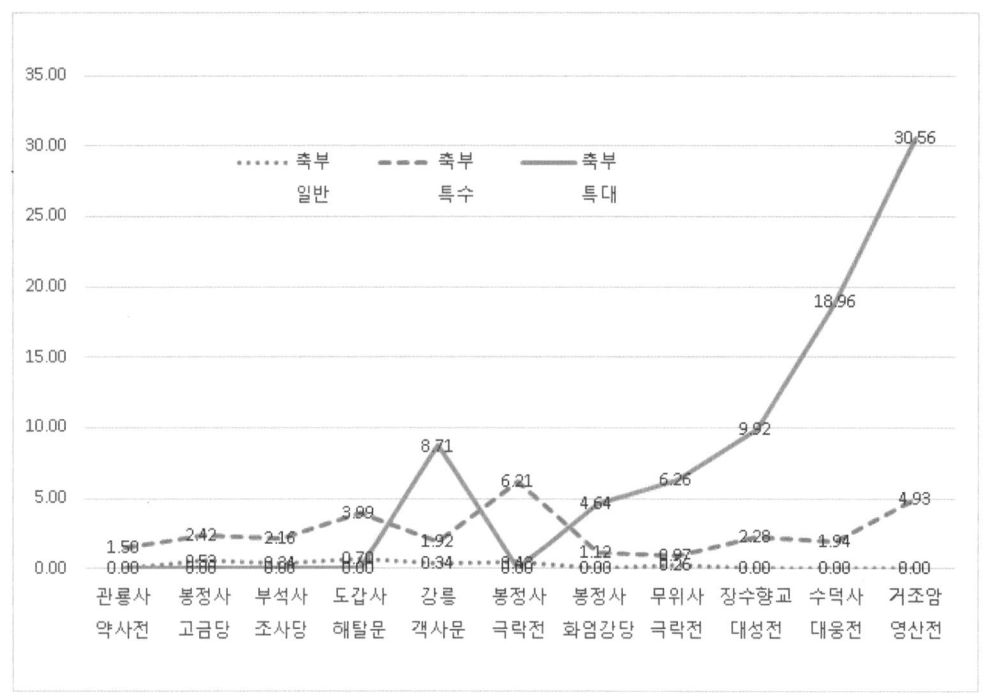

[그림 3-14] 축부 규격별 물량

일반재는 최소 0㎥에서 최대 0.70㎥(210재)의 범위에 분포하며, 평균은 약 0.24㎥(72재) 정도이다. 일반재를 사용하지 않은 건물은 거조암 영산전, 수덕사 대웅전, 장수향교 대성전, 봉정사 화엄강당, 관룡사 약사전 등이며, 일반재를 사용하였더라도 100재 이하이다.

특수재의 물량은 최소 0.97㎥(291재)에서 최대 6.21㎥(1,863재)의 범위에 분포하며, 평균은 약 2.68㎥(804재) 정도이다. 24평 이하의 건물에서는 강릉 객사문과 봉정사 화엄강당을 제외하면 대부분 특수재의 비중이 크고, 25평 이상의 건물에서는 특대재의 비중이 특수재의 비중을 압도한다.

특재대는 0m³에서 30.56m³(9,168재)의 범위에 분포하며 평균은 약 7.19m³(2,157재) 정도이다. 특대재는 24평을 넘어서는 건물에서 압도적으로 사용되었으며, 면적이 증가할수록 사용량은 확연하게 증가한다. 20평 이하의 건물에서 강릉 객사문은 특대재의 사용량이 가장 많은 건물인데, 이는 여말선초 건물 중 기둥의 배흘림이 가장 강한 기둥을 가진 것에서 연유한 것으로 판단된다.

② 축부 물량 비율

축부의 물량 비율은 최소 10%에서 22%의 범위에 분포하고, 평균은 약15% 정도이다. 일반재는 0%에서 18%의 범위에 분포하며, 특수재는 9%에서 100%의 범위에 분포하고, 특대재는 0%에서 91%의 범위에 분포한다. 강릉 객사문과 정수사 법당을 제외하면, 봉정사 극락전과 화엄강당을 경계로, 봉정사 극락전보다 건축면적이 작은 건물은 특수재의 비율이 크고, 이상의 건물은 특대재의 비율이 크다.

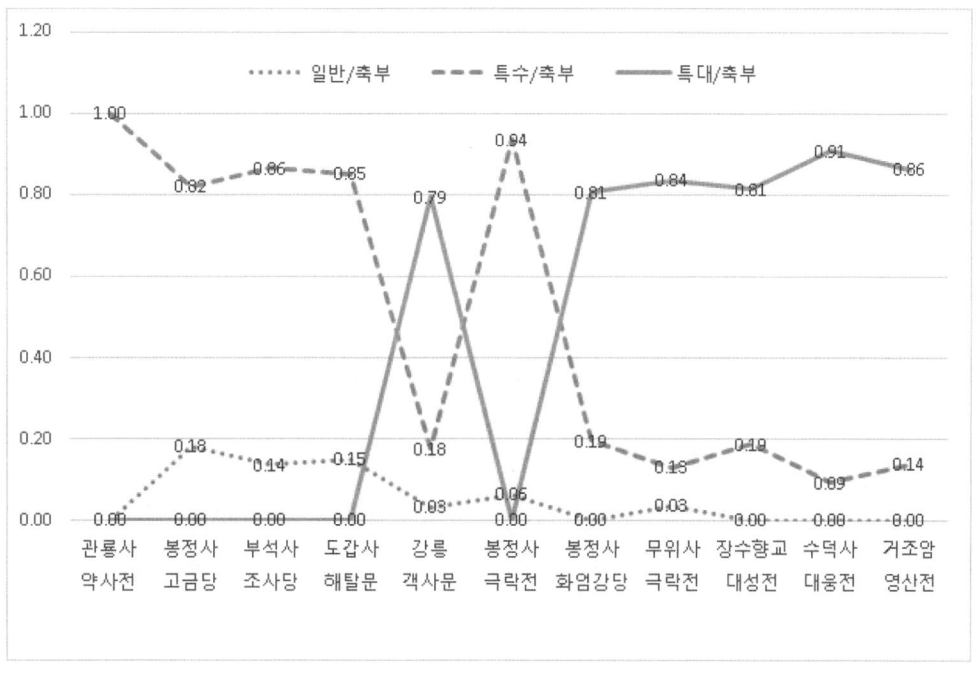

[그림 3-15] 축부 규격별 물량 비율

축부의 물량 비율은 봉정사 화엄강당을 경계로 건축면적이 작은 건물은 특수재가 주를 이루고, 봉정사 화엄강당부터는 특대재가 주를 이룬다. 예외적인 것은 강릉 객사문의 경우는 20평 이하의 건물이지만, 축부의 구성 비율을 보면 80% 이상이 특대재이다. 봉정사 극락전의 경우는 동 사찰의 화엄강당과 면적이 같지만, 각부 구성 비율은 확연한 차이를 보이는데, 고려시대 건물과 조선 중기 건물의 차이로 생각된다.

③ 부재개수와 부재별 체적 및 재적

[표 3-9] 축부 부재 개수

명칭	전체 부재수	수장 제외 전체 부재수	축부 부재수/ 전체	축부 부재수	기둥 수	주칸 수	부재 개수 축부 1순위	부재 개수 축부 2순위
관룡사 약사전	321	287	0.03	8	4	1×1	기둥	창방
봉정사 고금당	1,000	367	0.05	20	10	3×2	기둥	창방
부석사 조사당	590	555	0.03	16	8	3×1	기둥	창방
도갑사 해탈문	953	770	0.03	22	12	3×2	기둥	창방
강릉 객사문	819	734	0.04	33	12	3×2	기둥	창방
봉정사 극락전	1,168	1,123	0.03	33	16	3×4	기둥	창방
봉정사 화엄강당	1,482	767	0.02	16	10	3×2	기둥	창방
무위사 극락전	1,357	1,023	0.02	24	12	3×3	기둥	창방
장수향교 대성전	1,716	913	0.03	28	16	3×4	기둥	창방
수덕사 대웅전	1,851	1,289	0.02	30	18	3×4	기둥	창방
거조암 영산전	1,326	1,203	0.05	58	32	7×3	기둥	창방

㉠ 축부 부재개수

축부의 부재개수는 8개에서 58개의 범위에 분포하며 평균 27개 정도이다. 전체 부재수에서 축부 부재수의 비율은 2~5%의 범위이며, 평균은 3% 정도이다. 정측면 1칸인 건물인 관룡사 약사전이 8개이며, 정면7칸, 측면3칸인 거조암 영산전이 58개이다. 부재개수는 각 건물의 전체 기둥수, 주칸수와 관계성이 높으며, 건축면적과 관계가 강한 편은 아니다. 축부 기둥의 배치를 어떻게 하느냐에 따라 축부의 부재개수가 달라지며, 이는 기둥의 배치와 상관성이 높은 가구부의 부재개수와 물량과도 상관이 있을 것으로 생각된다. 봉정사 화엄강당의 경우 면적은 중위권인데, 부재개수가 작은 이유는 내주를 사용하지 않는 기둥배치에 따른 것이며, 동일 면적인 봉정사 극락전에 비하면 부재수가 훨씬 많으며, 작은 면적인 강릉 객사문 보다도 부재수가 작다. 이는 내주를 배치한 것과 배치하지 않은 차이라고 할 수 있으며, 축부의 부재수는 정면과 측면의 칸수, 그리고 내주의 배치에 따라 달라진다는 것을 보여준다.

축부 부재중 개수가 가장 많은 부재는 기둥이며, 두 번째는 창방이다. 1순위의 대부분은 기둥이 차지하며, 2순위의 대부분은 창방이 차지한다. 이것은 모든 건물에서 동일한 경향이다. 축부에서 부재 개수적으로 가장 주가 되는 부재는 기둥과 창방이라 할 수 있다.

ⓒ 단일부재 체적과 부재재적

단일부재의 길이와 단면의 곱을 체적이라고 하는데, 축부에서는 기둥과 창방이 압도적인 1위와 2위를 차지하고 있으며, 기둥은 특수재나 특대재가 대부분이며, 창방은 특수재나 일반재가 대부분이다. 축부에서는 기둥과 창방이 체적이 가장 큰 대표적인 부재이다.

[표 3-10] 축부 단일부재 체적과 부재합 재적

구분 건물명	단일부재 체적		부재합 재적	
	1순위	2순위	1순위	2순위
관룡사 약사전	기둥	창방	기둥	창방
봉정사 고금당	기둥	창방	기둥	창방
부석사 조사당	기둥	창방	기둥	창방
도갑사 해탈문	기둥	창방	기둥	창방
강릉 객사문	기둥	창방	기둥	창방
봉정사 극락전	기둥	창방	기둥	창방
봉정사 화엄강당	기둥	창방	기둥	창방
무위사 극락전	기둥	창방	기둥	창방
장수향교 대성전	기둥	창방	기둥	창방
수덕사 대웅전	기둥	창방	기둥	창방
거조암 영산전	기둥	창방	기둥	창방

재적은 단일부재의 체적과 개수의 곱을 말하는데, 모든 건물에서 기둥과 창방의 재적수가 가장 많았으며, 이것은 이 두 부재가 축부의 가장 대표적인 부재라는 것을 보여준다.

④ 축부 물량 특성

축부에서 주로 사용한 규격은 특수재와 특대재이며 건축면적이 15평 이하일 때는 일반재와 특수재를 주로 사용하고, 25평 이상일 때는 특대재와 특수재를 주로 사용하며, 특대재의 사용량이 많은 편이다. 규격별 비율은 15평 이하에서는 특수재의 사용이 80%를 넘고, 24평 이상에서는 특대재의 사용이 80%를 넘는다.

전체부재에서 축부의 부재수는 약 3% 정도이며, 부재수가 가장 많은 부재는 기둥이며, 그다음이 창방이다. 단일부재의 체적도 기둥이 1순위이고 창방이 2순위이며, 단일부재 체적과 부재수의 곱인 재적도 기둥이 1순위, 창방이 2순위이다. 주심포식 맞배지붕 건축의 축부에서 기둥과 창방이 모든 면에서 가장 주된 부재라고 할 수 있다.

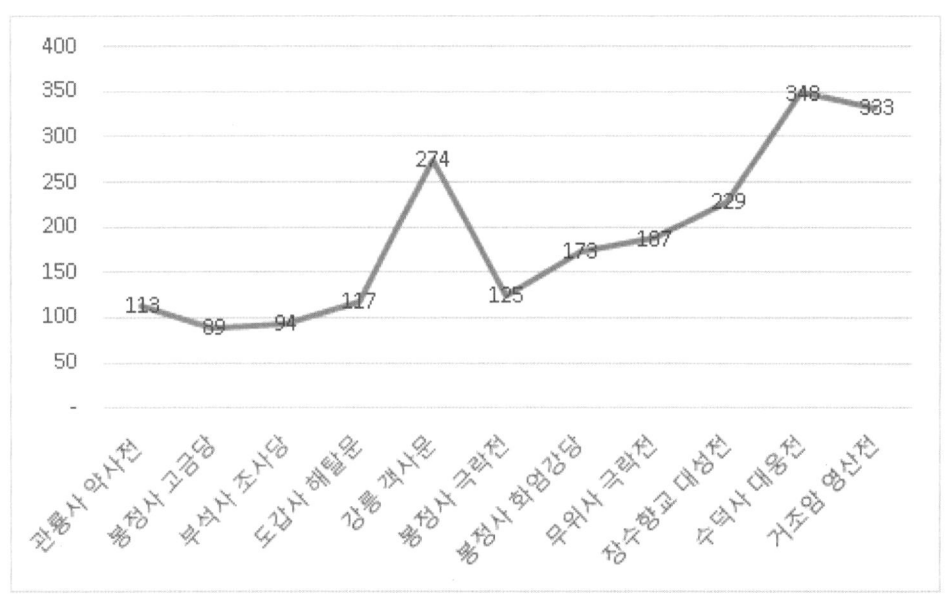

[그림 3-16] 기둥 1개당 물량

축부 물량을 기둥 수로 나눈 물량을 보면 건축면적이 증가할수록 그 수량도 증가하는 편이다. 이것은 축부 물량을 예측할 때 참고할 만한 사항이라 할 수 있으며, 건축유형별 기둥 물량을 산정하면 기둥수로 축부의 물량을 어느 정도 예측 가능할 것이라 생각된다.

(6) 벽체수장부

① 벽체수장부 물량

벽체수장 물량은 모든 건물에서 나타나며, 범위는 최소 0.75㎥(225재)에서 최대 12.53㎥(3,759재)의 범위에 분포하며, 평균은 약 3.43㎥(1,029재) 정도이다. 벽체수장 물량은 면적이 증가할수록 증가하는 경향이 있으며, 칸수가 크게 증가하는 거조암 영산전은 정면 3칸형 건물보다 크게 증가하는 경향을 보여주고 있다. 이것은 주칸의 수 또한 벽체 물량과 밀접한 관계를 보여주는 요소이다.

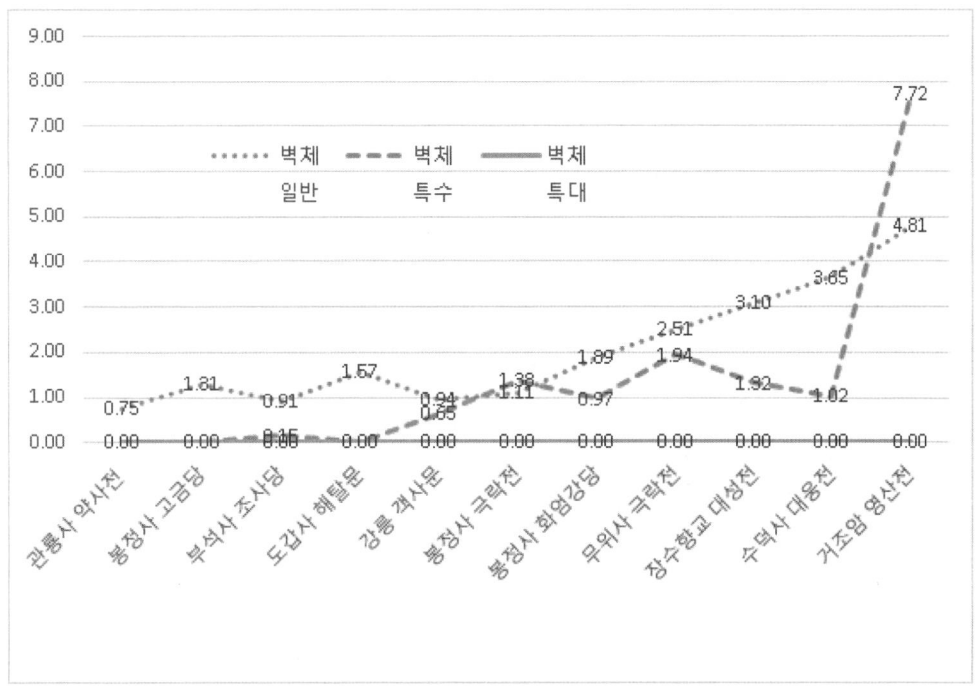

[그림 3-17] 벽체수장부 규격별 물량

벽체 수장을 구성하는 주요 목재 규격은 일반재와 특수재이며, 주로 일반재의 비중이 특수재보다 큰 경우가 대부분인데, 거조암 영산전의 경우는 예외의 경우이다.

② 벽체수장부 물량 비율

벽체수장은 주로 일반재와 특수재로 구성되며, 특대재는 전혀 사용되지 않았다. 일반재는 38%에서 100%의 범위에 분포하면 평균은 73% 정도이다. 일반재의 비율이 상당히 높은 편이며, 봉정사 극락전과 거조암 영산전을 제외하면 최저가 56% 이상이다. 벽체수장의 부재는 수평재인 인방재, 수직재인 벽선, 주선, 문선 등이다. 이들 부재들은 단면이 작은 편이며 길이는 주간과 주고를 넘지 않기 때문에 일반재의 비율이 높은 이유라 생각된다.

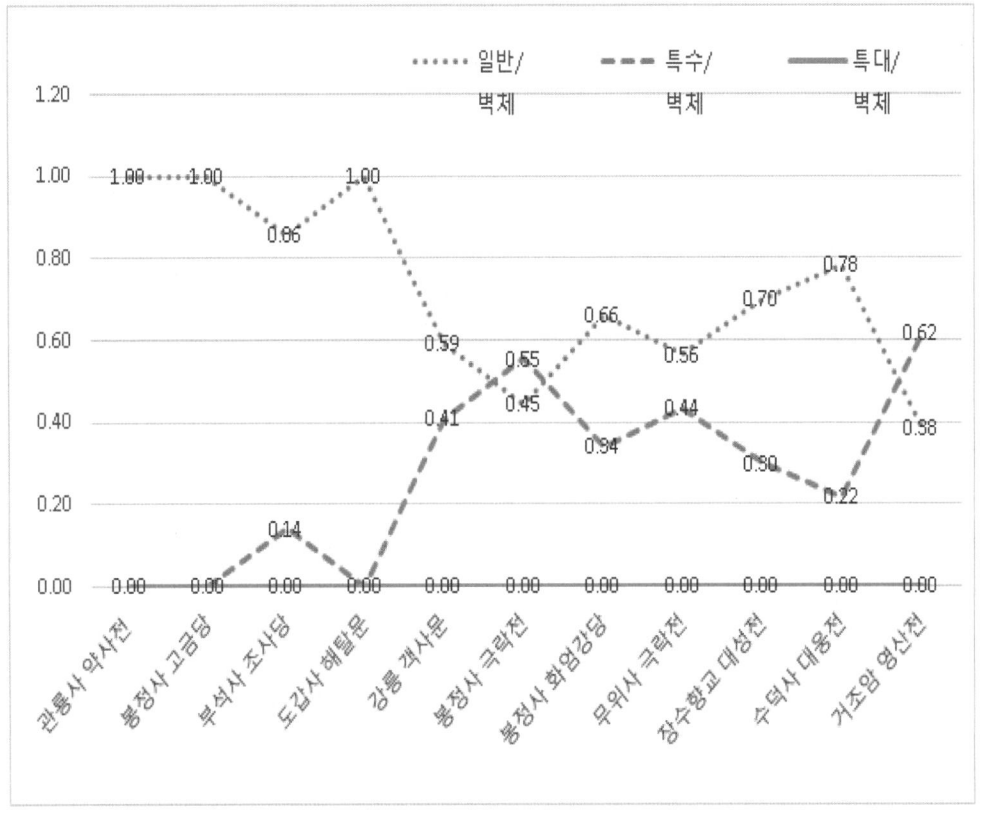

[그림 3-18] 벽체수장부 규격별 물량 비율

③ 부재개수와 부재별 물량 순위

[표 3-11] 벽체수장부 부재개수

명칭	전체 부재수	수장 제외 전체 부재수	벽체부재/ 전체부재	벽체수장 부재수	벽체수장 부재수 1순위	벽체수장 부재수 2순위
관룡사 약사전	321	287	0.05	15	주선	하인방
봉정사 고금당	1,000	367	0.05	48	주선	하인방
부석사 조사당	590	555	0.06	35	주선	하인방
도갑사 해탈문	953	770	0.19	183	홍살	주선
강릉 객사문	819	734	0.10	85	홍살	주선
봉정사 극락전	1,168	1,123	0.04	45	주선	하인방
봉정사 화엄강당	1,482	767	0.04	64	주선	벽선
무위사 극락전	1,357	1,023	0.04	60	주선	하인방
장수향교 대성전	1,716	913	0.14	233	벽선	중인방
수덕사 대웅전	1,851	1,289	0.04	72	주선	벽선
거조암 영산전	1,326	1,203	0.09	123	주선	문인방

㉠ 부재개수

벽체수장의 부재수는 15개에서 233개의 범위에 분포하며, 평균은 86개 정도이다. 수장부 부재수에서 벽체수장 부재수의 비율은 8%에서 100%의 범위에 분포하며, 평균은 약 53% 정도이다. 100%의 비율은 수평수장이 없는 건물에서 나타난다.

벽체수장은 1순위는 주선이며, 2순위는 인방재라고 할 수 있다. 도갑사 해탈문과 강릉 객사문은 문건축의 특성상 홍살의 개수가 많았으나 홍살 다음이 주선과 인방이다. 이것으로 미루어 봤을 때 벽체수장부의 개수가 많은 부재는 주선과 인방재라고 할 수 있다.

[표 3-12] 벽체수장부 단일부재 체적과 부재합 재적

구분 건물명	단일부재 체적		재적	
	1순위	2순위	1순위	2순위
관룡사 약사전	주선	벽선	주선	하인방
봉정사 고금당	문선	하인방	하인방	주선
부석사 조사당	하인방	주선	하인방	주선
도갑사 해탈문	하인방	주선	주선	하인방

건물명 \ 구분	단일부재 체적		재적	
	1순위	2순위	1순위	2순위
강릉 객사문	하인방	문선	문선	하인방
봉정사 극락전	하인방	주선	주선	하인방
봉정사 화엄강당	하인방	문선	하인방	주선
무위사 극락전	하인방	상인방	주선	문인방
장수향교 대성전	하인방	중인방	벽선	중인방
수덕사 대웅전	하인방	주선	주선	하인방
거조암 영산전	상인방	하인방	주선	상인방

ⓒ 단일부재 체적과 부재재적

벽체수장에서 단일부재 체적 1순위는 하인방이며 2순위는 주선과 인방 부재이며, 전체적으로 보았을 때 벽체수장에서 수평부재가 수직부재보다 순위가 높게 나타난다. 하인방의 경우는 통상 상인방이나 중인방보다 단면이 같거나 큰 경우가 대부분인데, 이것이 반영된 결과로 볼 수 있다.

벽체수장에서 재적의 1순위는 하인방과 주선이며, 2순위에서는 상인방, 하인방, 주선 등인데, 1순위와 2순위를 합쳐서 보면, 하인방과 주선이라고 할 수 있다.

④ 벽체수장부 물량특성

벽체수장 물량은 건축면적과 주칸수와의 상관성이 높다고 판단되며, 목재 규격은 일반재와 특수재가 주를 이루며, 사용 비율은 일반재의 비율이 높은 편이다. 그리고 벽체수장의 주요 부재는 개수, 체적, 재적을 고려 해봤을 때 주선과 인방이다.

(7) 수평수장부

① 수평수장부 물량

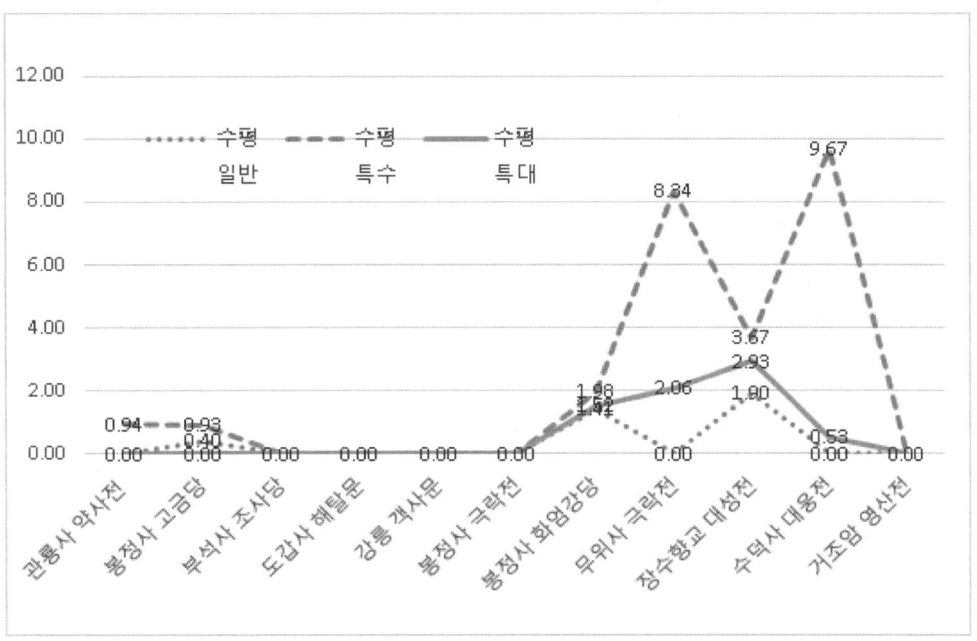

[그림 3-19] 수평수장부 규격별 물량 비율

수평수장 물량의 범위는 0에서 10.40㎥(3,120재)의 범위에 분포하며 평균은 약 3.30㎥ (990재)이다.

수평수장부의 물량이 있는 건물도 있지만, 없는 건물도 5동에 달한다. 수평수장 물량이 없는 건물은 부석사 조사당, 도갑사 해탈문, 강릉 객사문, 봉정사 극락전, 거조암 영산전 등이다. 이들은 마루와 천장이 설치되지 않은 건물이다. 부석사 조사당과 봉정사 극락전, 거조암 영산전은 바닥이 전돌로 되어 있고. 강릉 객사문과 도갑사 해탈문은 바닥이 강회 다짐으로 되어 있다. 그리고 마루는 설치되지 않았는데, 천장만 설치되어 있는 건물은 봉정사 고금당, 봉정사 화엄강당 등이 있다. 천장이 있는 건물은 대부분 조선시대 건물이며, 천장이 없는 건물은 여말선초의 건물이 대부분이다. 시대마다 문화, 종교, 철학 등의 차이가 있는데, 이것에 따라 건물의 용도, 의례의 유형이 달라져 바닥이나 천장의 형식이 다르게 반영된 결과라 할 수 있다.

② 수평수장부 물량 비율

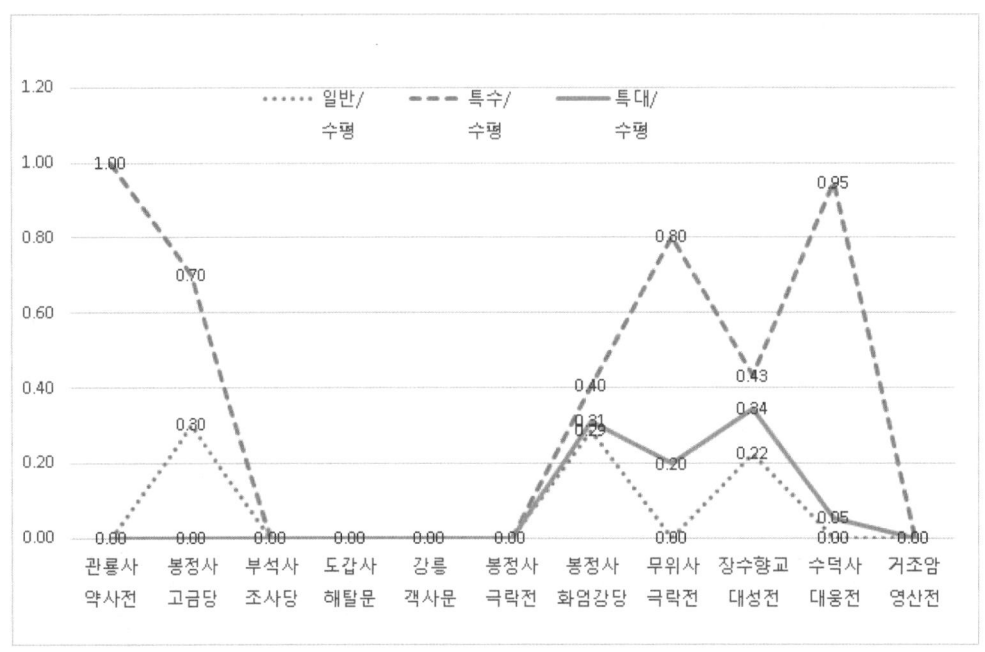

[그림 3-20] 수평수장부 규격별 물량 비율

수평수장부는 목재 물량의 비율보다는 수평수장의 유무가 주목할 점이라 할 수 있다. 수평수장 물량이 없는 건물은 부석사 조사당 외 4동이 있는데, 이들 건물은 천장과 마루바닥이 없는 건물들이며, 수평수장 물량이 있는 건물들도 마루와 반자 중 하나만 있는 것도 있다. 마루와 반자의 유무는 물량에 차이를 나타나게 하는 요인이다.

③ 부재개수와 부재별 물량 순위
㉠ 수장부 부재수

수평수장의 부재수는 0개에서 651개의 범위에 분포하며, 평균은 약 266개 정도이다. 수장부 부재수에서 수평수장 부재수의 비율은 0에서 92%의 범위에 분포하면 평균은 약 47% 정도이다. 수평수장이 0%인 건물은 수평수장인 마루와 천장이 없는 건물이며, 부석사 조사당 외 4동이 있다.

수평수장에서 1순위는 청판이 주로 많고 2순위는 귀틀과 소란대가 많다. 봉정사 고금당에서 천장 소란이 1순위인데, 당해 건물은 바닥이 온돌이고 천장이 우물반자인 경우라 소란이 1순위인 경우인데 이것을 제외하면 마루 청판이 1순위가 압도적인 부재라고 할 수 있다.

그리고 봉정사 화엄강당 또한 바닥은 온돌이고 반자가 우물반자이므로 천장 부재가 1순위로 된 것이다.

[표 3-13] 수평수장부 부재개수

명칭	전체 부재수	수장 제외 전체 부재수	수평수장/ 전체부재	수평 부재수	수평수장부 부재수 1순위	수평수장부 부재수 2순위
관룡사 약사전	321	287	0.06	19	청판	귀틀
봉정사 고금당	1,000	367	0.59	585	천장소란	천장청판
부석사 조사당	590	555	—	—	—	—
도갑사 해탈문	953	770	—	—	—	—
강릉 객사문	819	734	—	—	—	—
봉정사 극락전	1,168	1,123	—	—	—	—
봉정사 화엄강당	1,482	767	0.44	651	우물반자	청판
무위사 극락전	1,357	1,023	0.20	274	청판	귀틀
장수향교 대성전	1,716	913	0.33	570	청판	소란대
수덕사 대웅전	1,851	1,289	0.26	490	청판	귀틀
거조암 영산전	1,326	1,203	—	—	0	0

ⓒ 단일부재 체적과 재적

수평수장에서는 1순위는 귀틀이 주목되며, 2순위에서는 청판과 반자틀이 두드러진다. 수평수장을 바닥과 천장으로 나눠 보면, 마루에서는 귀틀과 청판이며, 천장에서는 우물반자의 경우 반자 귀틀과 반자 청판이다. 요약하면 수평수장에서는 주요 부재는 청판과 귀틀이라 할 수 있다.

수평수장에서 재적의 1순위는 귀틀과 청판이며, 2순위에는 청판과 귀틀이다. 이것을 바닥인 마루와 천장인 목재 반자로 나누어 살펴보면, 마루의 경우는 귀틀과 청판이며, 목재반자는 반자귀틀과 반자청판이다.

[표 3-14] 수평수장부 단일부재 체적과 부재합 재적

구 분 건물명	단일부재 체적		부재합 재적	
	1순위	2순위	1순위	2순위
관룡사 약사전	귀틀	청판	귀틀	청판
봉정사 고금당	반자틀	반자청판	천장 청판	반자귀틀
부석사 조사당	-	-	-	-
도갑사 해탈문	-	-	-	-
강릉 객사문	-	-	-	-
정수사 법당	귀틀	달동자	청판	동귀틀
봉정사 극락전	-	-	-	-
봉정사 화엄강당	고미혀	반자틀	천장 청판	반자귀틀
무위사 극락전	귀틀	청판	귀틀	청판
장수향교 대성전	귀틀	반자틀	귀틀	청판
수덕사 대웅전	귀틀	청판	청판	귀틀
거조암 영산전	-	-	-	-

④ 수평수장부 물량특성

수평수장의 물량은 바닥과 천장에 의해 물량이 좌우되는데, 바닥은 마루인 경우와 마루가 아닌 경우에 물량 차이가 크게 나타난다. 그리고 천장은 천장의 유무와 설치 범위에 따라 물량이 달라진다.

마루귀틀과 청판, 반자 청판 등의 부재는 특수재의 비중이 높은 부재이며, 마루와 반자가 있는 건물은 특수재의 비율이 높아진다. 수평수장 부재중 개수, 체적, 재적을 종합해서 보았을 때 주요부재는 반자에서는 반자 귀틀과 반자 청판이며, 마루에서는 마루 귀틀과 마루 청판이다.

2. 다포식 맞배지붕 건축의 목부재 물량구조

1) 다포식 맞배지붕형식의 건축물

다포식 맞배지붕 건축형식의 건물은 맞배지붕이면서 기둥 위와 기둥 사이에도 출목이 있는 공포를 배치한 건물을 대상으로 선정하였다. 연구 대상은 총 12동이며, 건축세기는 15세기부터 18세기의 건물이 주를 이루며, 17세기 건물이 가장 많으며, 그다음이 18세기의 건물인데, 가장 건축 시기가 빠른 건물은 개심사 대웅전으로서 15세기에 건립된 건물이다.

[표 3-15] 다포 맞배지붕 건축물의 형식 1

명칭	건축년도	건축현황	건축세기	정면칸수	측면칸수	기둥수	외출목수	내출목수	공포수	도리수(량)	보의중첩
개심사 대웅전	1484	중창	15	3	3	12	2	3	20	9	3
불영사 응진전	1578	중건	16	3	2	10	2	2	22	7	2
용문사 대장전	1608	중건	17	3	2	10	2	2	20	7	3
기림사 대적광전	1629	중창	17	5	3	22	3	4	28	11	4
참당암 대웅전	1642	중건	17	3	3	14	3	3	16	7	2
신흥사 대광전	1653	중건	17	3	3	14	3	4	16	9	2
대전사 보광전	1672	중건	17	3	3	14	2	2	20	9	2
보경사 적광전	1677	중창	17	3	2	12	2	2	26	9	3
대비사 대웅전		중건	17	3	3	14	2	3	14	9	2
동화사 수마제전	1702	중창	18	1	1	4	2	2	8	7	2
통도사 영산전	1714	중건	18	3	3	12	3	4	23	9	3
범어사 조계문	1720	중수	18	3	1	4	3	0	14	5	1

칸수는 정면칸수와 측면칸수로 나눠서 살펴보면, 정면칸수는 3칸이 주를 이루고 측면은 1칸에서 3칸의 범위에 분포하는데, 주로 3칸이 많은 수를 차지하고 있다. 도리수는 5량에서 11량의 범위에 분포하지만, 주로 7량과 9량이 주를 이룬다. 보의 중첩은 2중량과 3중량이 주를 이루며 4중량과 단일량의 건물도 일부 있다.

[표 3-16] 다포 맞배지붕 건축의 형식 2

명칭	계량	천장	바닥	정면 주간장	측면 주간장	건축 면적 (M2)	건축 면적 (평수)	실내 체적 (㎥)
개심사 대웅전	유	연등	마루	11.04	8.04	88.8	26.9	554.41
불영사 응진전	-	우물	마루	7.71	4.41	34.0	10.3	172.82
용문사 대장전	유	우물	우물	9.86	4.95	48.8	14.8	251.74
기림사 대적광전	유	우물	마루	19.46	10.47	203.7	61.7	1333.35
참당암 대웅전	유	우물	마루	10.49	8.03	84.2	25.5	516.71
신흥사 대광전	-	우물	마루	13.30	9.47	126.0	38.1	963.42
대전사 보광전	유	우물	마루	11.47	6.85	78.6	23.8	544.63
보경사 적광전	유	연등	마루	10.06	5.86	58.9	17.8	296.28
대비사 대웅전	유	우물	마루	10.59	7.44	78.8	23.9	480.91
동화사 수마제전	-	우물	우물	4.29	4.35	18.7	5.6	91.33
통도사 영산전	유	우물	마루	15.14	7.35	111.3	33.7	747.16
범어사 조계문	-	널	무	7.82	1.16	9.1	2.7	40.21

공포의 출목은 외출목수는 2출목에서 3출목이며, 내출목은 2에서 4출목의 범위에 분포한다. 내외 출목수 차이는 1출목 나는 것과 동일한 경우가 있는데, 거의 비슷한 수로 나타나고 있다.

계량은 연결보의 일종인데, 내목도리와 동자주를 연결하는 보의 일종이며, 조사 대상 건물 중 불영사 응진전, 신흥사 대광전, 동화사 수마제전, 범어사 조계문을 제외하고는 모두 사용되고 있다. 천장은 개심사 대웅전과 보경사 적광전을 제외하고는 천장이 있으며, 범어사 조계문의 널반자를 제외하고는 모두 우물반자로 되어 있다.

건축면적은 평수를 기준으로 가장 작은 면적은 범어사 조계문으로 2.7평이며, 가장 큰 평수의 건물은 61.7평의 기림사 대적광전이다. 면적을 기준으로 보았을 때 20평에서 30평 규모의 건물이 6동으로 절반 정도를 차지하고 있다.

2) 전체물량과 일반재, 특수재, 특대재의 물량과 그 구성 비율

(1) 전체물량의 범위

전체물량은 19.94㎡(5,982재)에서 220.68㎡(66,204재)의 범위에 분포하며, 평균은 97.72㎡(29,316재) 정도이다. 1분위(25%) 값은 51.74㎡(15,552재)이고 중간값(50%)은 83.78㎡(25,134재), 3분위 값은 148.45㎡(44,535재) 이다.

가장 작은 물량은 일주문식 건축인 범어사 조계문이며, 가장 물량이 큰 건물은 주불전으로 사용된 기림사 대적광전이다. 다포식 맞배지붕 형식의 건물은 면적이 증가할수록 전체 물량이 증가하는 경향을 보이는데, 특이한 것은 개심사 대웅전의 경우는 비슷한 건축면적의 건물들과 물량의 차이가 확연히 난다는 것이다. 개심사 대웅전의 건축면적은 26.9평 정도인데, 18평 정도의 보경사 적광전과 목재 물량이 비슷하다. 이것은 목재 규격의 적절한 구성에 따라 공간의 크기를 조절할 수 있음을 보여주는 사례라 할 수 있다.

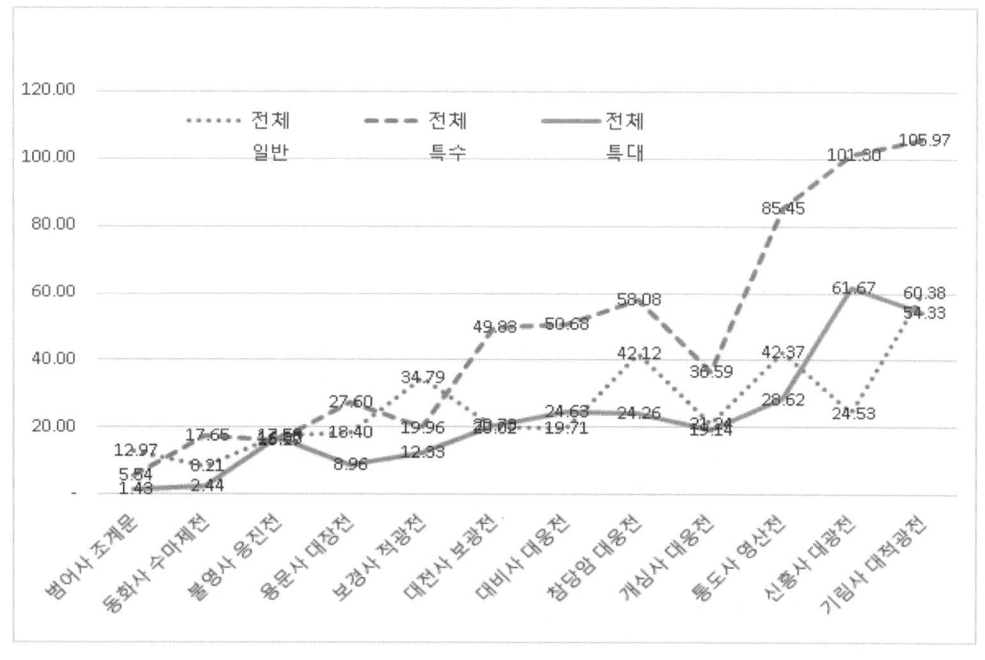

[그림 3-21] 다포식 맞배지붕 전체물량에서 규격별 물량

(2) 전체 목부재 물량에서 규격별 목재의 사용량과 구성 비율

① 일반재의 사용량과 비율

전체물량에서 일반재의 물량은 8.21㎥(2,463재)에서 60.38㎥(18,114재)의 범위에 분포하며, 평균은 26.86㎡(8,058재) 정도이다. 1분위는 17.79㎡이고, 중간값은 20.63㎡, 3분위는 40.29㎡이다.

보경사 극락전과 선운사 참당암 대웅전의 경우는 비슷한 면적의 불전보다 일반재의 사용량이 많은 편에 속하는 경우라 할 수 있으며, 지붕부에서 규격별 물량의 사용량을 보면 일반재의 사용량은 특수재의 사용량보다 적은 경우가 대부분인데, 범어사 조계문과 불영사 응진전, 보경사 적광전은 특수재의 사용량이 일반재의 사용량보다 작은 경우에 해당한다.[16]

전체물량에서 일반재의 사용 비율을 보면 13%에서 65%의 범위에 분포하며, 평균은 약 32% 정도이다. 1분위는 23%이고, 중간값은 28%, 3분위는 35% 정도이다. 일반재의 사용 비율이 가장 높은 건물은 범어사 조계문과 보경사 적광전이며 사용 비율은 각각 65%와 52% 정도이다. 이 둘을 제외하면 일반재의 사용 비율은 13%에서 35%의 범위에 분포한다. 건축면적 증가와는 큰 관련성이 없어 보이며, 조사대상 건물들로만 봤을 때 30% 이내의 범위에 분포하고 있다고 할 수 있다.

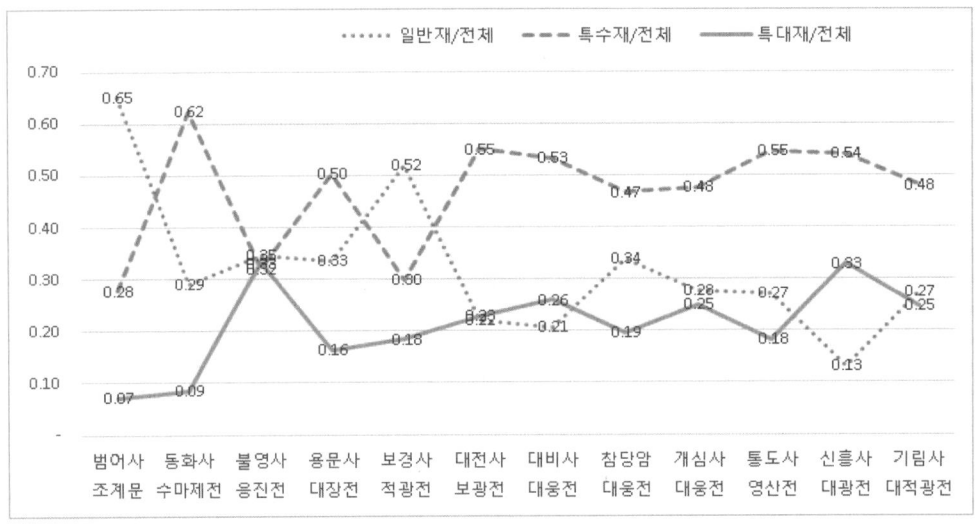

[그림 3-22] 다포식 맞배지붕 전체물량에서 규격별 물량 비율

---

16) 범어사 조계문의 경우는 일주문 건축형식이고, 보경사 적광전은 다포식 맞배지붕 건축형식이지만 공포 배열의 전후좌우에 모두 배치된 사면배치형 불전 형식이다. 다른 다포식 맞배지붕 건물과 차이점을 갖는 건축형식의 건물이다.

② 특수재의 사용량과 비율

특수재의 사용 물량은 5.54㎥(1,662재)에서 105.97㎥(31,791재)의 범위에 분포하며, 평균은 47.91㎥(14,373재) 정도이다. 1분위(25%)는 18.23㎡이고, 중간값은 43.21㎡, 3분위(75%)는 78.61㎡이다.

특수재의 물량은 일반재와 달리 건축면적과 상관성이 높은 편인데, 개심사 대웅전과 용문사 대웅전을 제외하면 건축면적이 증가할수록 특수재 사용량도 증가하는 것으로 볼 수 있다. 용문사 대장전은 비슷한 면적의 건물보다 특수재 사용량이 많은 편이고 개심사 대웅전은 비슷한 건물보다 특수재 사용량이 작은 편에 속한다.

특수재의 사용 비율은 28%에서 62%의 범위에 분포하며, 평균은 47% 정도이다. 1분위(25%)는 36%이고, 중간값은 49%, 3분위(75%)는 54%이다. 건축면적이 20평을 넘는 건물에서는 사용량이 47% 이상으로 나타나며, 그 아래 건축면적의 건물에서는 다양한 비율을 보이는데, 비율의 범위는 28%에서 62%의 범위에 분포하며, 일정한 경향성은 보이지 않으나 변화의 폭은 큰 편이다. 특수재는 목재 규격 중에 가장 많이 사용되는 부재이며 건축면적 20평 이상의 건물에서 약 50% 내외의 비율을 보인다.

③ 특대재의 사용량과 비율

특대재의 사용량은 최소 1.43㎥(429재)에서 최대 61.67㎥(18,501재)의 범위에 분포하며, 평균은 22.95㎥(6,885재) 정도이다. 1분위(25%)는 9.80㎡(2,940재)이고, 중간값은 19.94㎡(5,982재), 3분위(75%)는 27.62㎡(8,286재)이다.

특대재를 최소로 사용한 건물은 범어사 조계문이며, 최대로 사용한 건물은 신흥사 대광전인데, 신흥사 대광전의 경우는 건축면적이 가장 큰 기림사 대적광전보다 7.34㎡ (2,200재)정도를 더 많이 사용하였다. 두 건물의 면적 차이가 20평 정도가 나는데, 전체물량은 기림사 대적광전이 많지만, 일부 목재 규격의 사용량이 두드러지는 것은 주목할 만한 사항이다. 신흥사 대광전은 3×3칸의 평면 유형인데, 조사대상 건물에서 정면과 측면이 3칸형인 건물 중에는 특대재를 가장 많이 사용한 건물로, 전체적으로 목재 규격을 여유롭게 사용한 건물로 보인다.

특대재의 사용량은 전체적으로 보았을 때, 면적이 증가할수록 그 사용량은 증가하는 경향을 보이고 있으며, 건축면적이 비슷할 때 그 사용량도 유사하게 나타나고 있다. 신흥사 대광전과 불영사 응진전을 제외한다면, 특대재의 사용량은 건축면적과 상관성이 높게 나타난다고 할 수 있다. 특대재의 사용 비율은 7%에서 33%의 범위에 분포하며 평균은 21% 정도이다. 1분위(25%)는 17%이고, 중간값은 21%, 3분위(75%)는 26%이다. 17%와 26% 사이에 대상의 절반이 분포하고 있다.

특대재의 사용 물량은 건축면적과 관련성이 있어 건축면적 증가에 따라 증가하는 양상을 보이는데 비해, 비율은 20평 정도의 건물까지는 증가하지만. 그보다 큰 면적의 건물에서는 건축면적과는 상관없이 20에서 25%의 범위에 집중되어 있다.

④ 종 합

건축면적을 기준으로 목재규격의 물량 특성을 살펴보았을 때, 일반재의 물량은 전체적으로는 증가하지만, 건축면적과의 상관성이 높은 편은 아니다. 특수재의 경우는 개심사 대웅전을 제외한다면, 건축면적이 증가할수록 그 물량 또한 증가하는 경향을 보이며, 특대재의 경우도 특수재와 같이 두드러지지는 않지만, 전체적으로 건축면적이 증가할수록 물량 또한 증가한다.

규격별 목재의 비율은 일반재의 경우 30% 내외의 범위에 분포하며, 특수재는 건축면적 20평을 넘으면 50% 내외의 범위에 분포한다. 그리고 특대재는 20% 내외 정도의 범위에 분포하고 있다. 목재의 사용 비율은 특수재가 가장 많으며, 그다음이 일반재와 특대재 순이다.

(3) 면적당 물량과 체적당 물량

면적당 물량은 평당 최소 859재에서 최대 2,178재의 범위에 분포하며, 평균은 약 1,334재 정도인데, 평당 물량이 가장 작은 건물은 개심사 대웅전이며, 가장 큰 건물은 범어사 조계문이다. 1분위(25%)는 1,120재이고, 중간값은 1,294재, 3분위(75%)는 1,477재이다.

평당 물량의 특성은 개심사 대웅전을 제외하면, 다포식 맞배지붕 건축형식은 평당 1,000재 이상의 물량을 가지고 있어, 평당 1,000재 이하인 주심포식 맞배지붕 건축형식과는 확연한 차이를 보이고 있다. 평당 목재 물량은 범어사 조계문과 개심사 대웅전을 제외하면, 1,100재에서 1,500재 사이에 분포하여 상하 400재 사이의 구간에 일정하게 분포하고 있다.

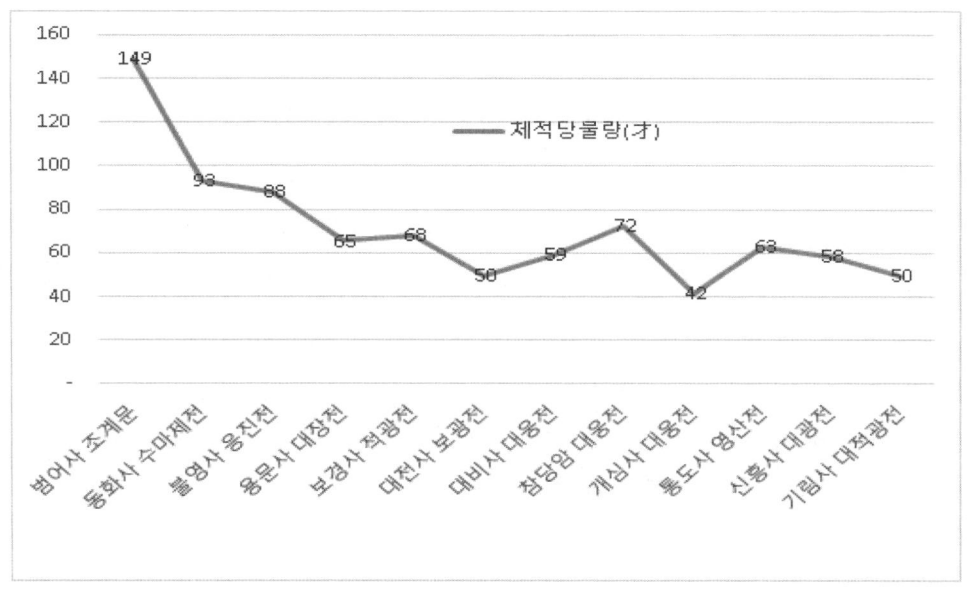

[그림 3-24] 체적당 물량

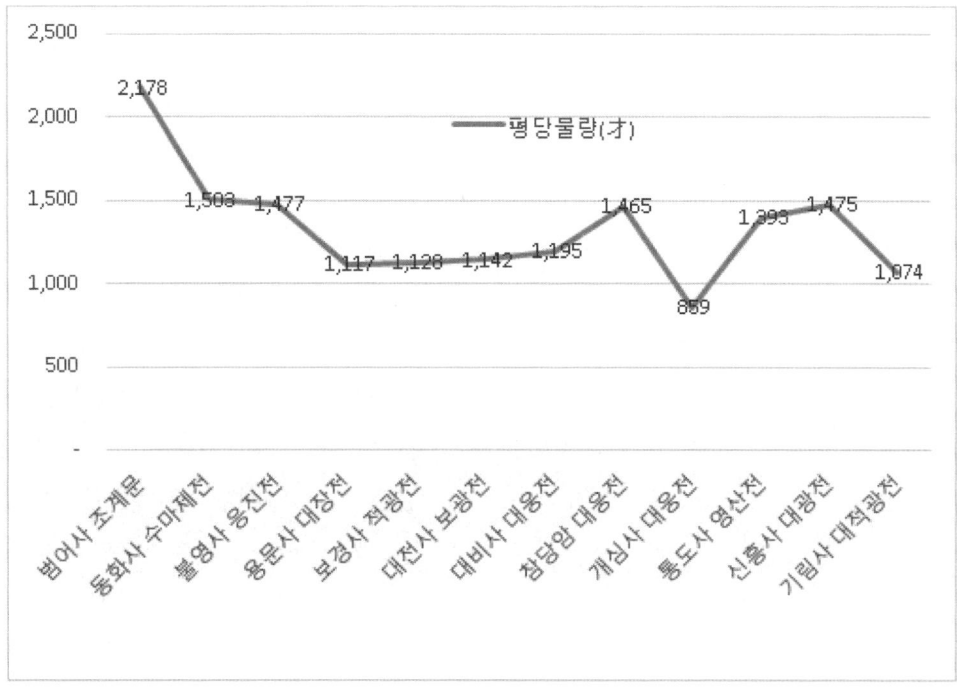

[그림 3-23] 면적당 물량

Ⅲ. 맞배지붕 건축의 목부재 물량구조

실내공간 체적 1㎥당 물량을 비교해 보면, 체적은 면적에 비례하여 증가하는데, 단위 체적당 물량은 체적이 증가할수록 감소하는 경향을 보인다. 이것은 주심포식 맞배지붕형식 건물의 체적당 물량과 건축면적의 관계와도 같은 경향을 보이는 현상이라고 할 수 있다. 면적이 증가할수록 체적당 물량은 전체적으로 감소하는 경향을 보인다. 1㎡당 목재 물량은 건축면적이 가장 작은 범어사 조계문이 1㎡당 149재로 가장 크고, 개심사 대웅전이 1㎡당 42재로 가장 작다. 개심사 대웅전은 조선 초기 건물로서 다른 다포식 건물과 달리 수평수장인 천장이 생략된 건물이라 전체적으로 단위체적과 단위면적당 물량이 적게 나타난다고 판단된다.

3) 다포식 맞배지붕 형식 건물의 각 부분 물량 고찰

건물을 지붕부, 가구부, 공포부, 축부, 벽체수장부, 수평수장부로 나누어 그 부분의 물량과 전체물량에 대한 구성 비율에 대해서 분석해 보기로 하며, 각 부분의 목재 규격별 물량구조에 대해서도 고찰해 보기로 한다. 분석의 순서는 전체물량에서 부분의 물량구조 특성 순으로 진행하였다.

(1) 전체물량에서 각 부분별 물량과 비율

① 각 부분별 물량의 범위

지붕부의 물량 범위는 5.13㎥(1,746재)에서 49.72㎥(14,916재)의 범위에 분포하며, 평균은 약 26.17㎥(8,955재) 정도이다. 지붕부 물량이 최소인 건물은 범어사 조계문이며, 최고인 건물은 참당암 대웅전인데, 건축면적이 제일 큰 기림사 대적광전보다 지붕부의 물량이 많이 사용되었다. 참당암 대웅전의 지붕 수평투영면적은 181.69㎥이며, 기림사 대적광전은 385.21㎥인데, 이들의 면적 차이는 203.52㎥(약60평) 정도이며 이렇게 지붕 면적이 작은데도 물량이 큰 것은 지붕부의 부재치수를 크게 사용한 것으로 판단된다.

가구부의 물량 범위는 3.45㎥(1,035재)에서 52.75㎥(15,825재)의 범위에 분포하며, 가구부의 평균 물량은 20.82㎥(6,246재)이다. 가구부의 물량은 대전사 보광전을 제외하면 건축면적이 증가하면 가구부 목재 물량도 증가하는 경향을 보이는데, 건축면적과 높은 관련성이 있다고 할 수 있다.

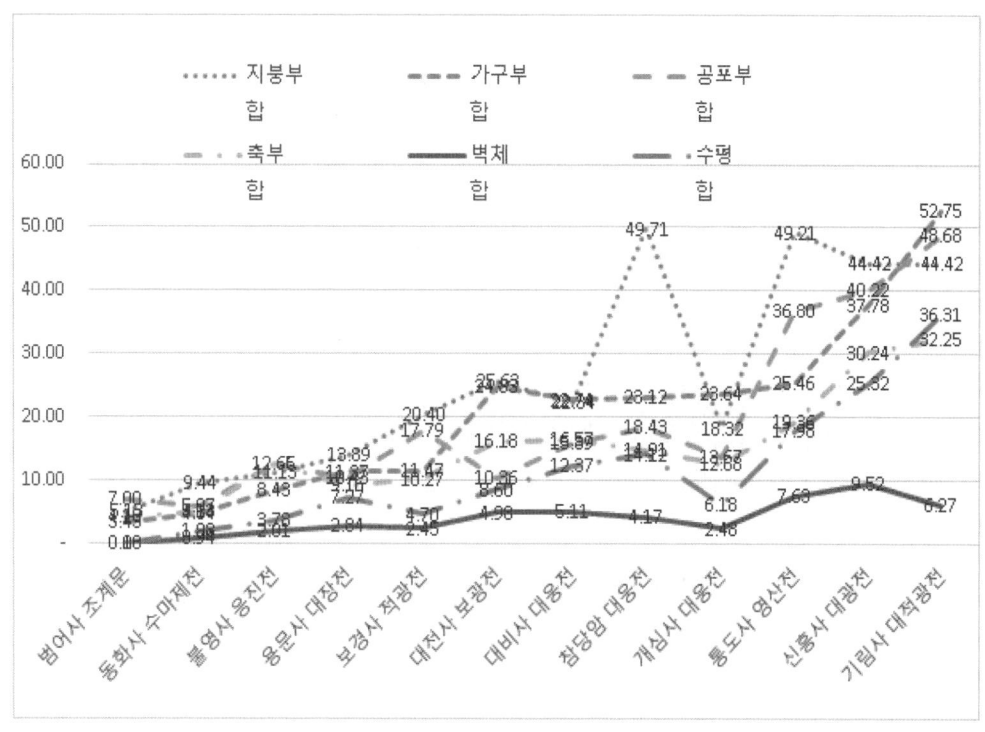

[그림 3-25] 각 부분 규격별 물량

공포부의 물량 범위는 5.97㎥(1,791재)에서 48.68㎥(14,604재)의 범위에 분포하며, 평균 19.82㎥(5,946재)이다. 공포부의 물량은 불영사 응진전, 보경사 적광전, 개심사 대웅전을 제외하면, 건축면적의 증가에 따라 공포부의 물량도 증가하는 경향을 보인다. 보통 다포계 맞배집은 공포가 전후면 기둥열에 배치되는데, 비해 불영사 응진전과 보경사 적광전은 공포가 전후좌우 기둥에 모두 배치되는 형식이라 비슷한 면적에 비해 공포부 물량이 크게 나타난다.

축부의 물량 범위는 4.18㎥(1,254재)에서 32.25㎥(9,675재)의 범위에 분포하며, 평균 15.30㎥(4,590재)이다. 9.44㎡에서 18.66㎡의 범위에 대상 건축물 절반이 분포하고 있으며, 10평대 건물은 10㎡정도, 20평형대 건물은 15㎡, 30평형대 건물은 20㎡ 이상의 물량분포를 보이고 있다. 건축면적이 38평인 신흥사 대광전은 20평 이상 차이나는 기림사 대적광전과는 거의 비슷한 물량이며, 5평 차이가 나는 통도사 영산전과는 10㎡ 정도의 물량 차이를 보이는 것이 눈에 띄는데, 전체적인 경향을 봤을 때 신흥사 대광전은 부재를 다른 건물에 비해 넉넉하게 사용한 것으로 보인다.

벽체 수장 물량의 범위는 0㎡에서 9.52㎡(2,856재)의 범위에 분포하며, 평균은 4.03㎡

(1,209재)이다. 가장 적은 건물은 범어사 조계문이고 가장 많은 건물은 신흥사 대광전인데, 개심사 대웅전과 참당암 대웅전, 기림사 대적광전을 제외하면 건축면적에 비례하여 물량이 증가하는 경향을 보인다. 기림사 대적광전은 칸수와 면적이 다른 건물에 비해 월등한 데 비해 벽체 수장 물량은 적게 나타나며, 개심사 대웅전도 유사 면적의 건물에 비해 물량이 훨씬 적게 나타나고 있다.

수평 수장 물량의 범위는 0.18㎡(54재)에서 36.31㎡(10,893재)의 범위에 분포하며, 평균은 11.57㎡(3,471재)이다. 개심사 대웅전을 제외하면, 건축면적이 증가할수록 수평 수장의 물량도 증가하는 경향을 보인다. 수평 수장의 물량은 천장의 유무, 마루의 유무에 따라 물량에 영향을 미친다. 개심사 대웅전과 보경사 적광전은 반자가 설치되지 않은 연등천장이라 물량의 차이가 있는 것으로 보인다.

② 각 부분의 전체에 대한 물량 비율

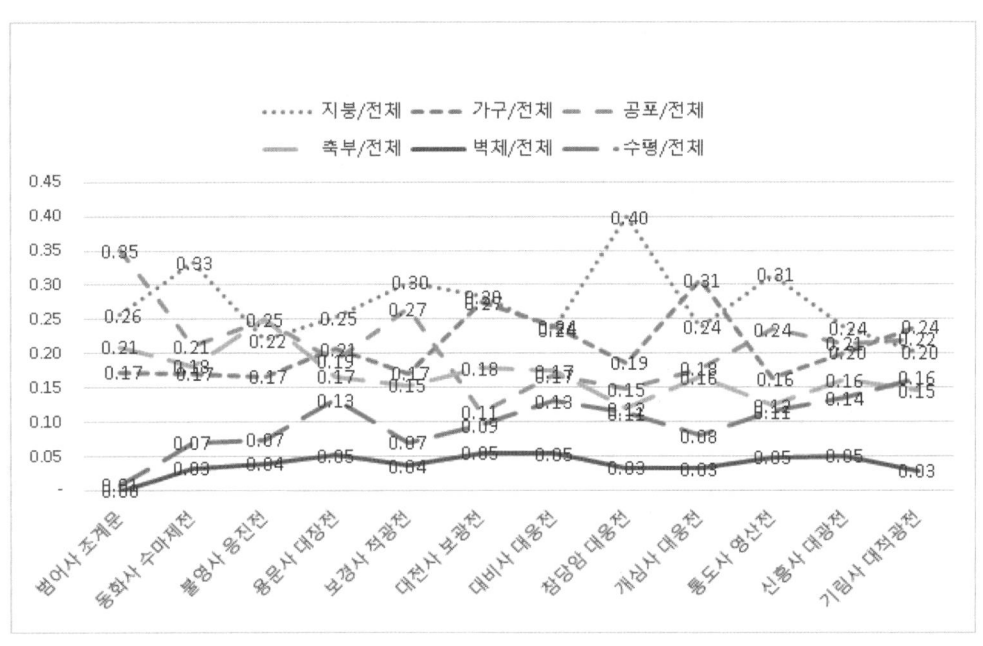

[그림 3-26] 각 부분 규격별 물량 비율

지붕부의 물량 비율은 20%에서 40%의 범위에 분포하며, 평균은 27% 정도인데, 24%와 31% 사이에 대상건축물의 절반이 분포하고 있다. 지붕부 물량 비율이 가장 큰 참당암 대웅전과 가장 적은 기림사 대적광전을 제하고 보면, 22%에서 33%의 범위 내에 거의 분포하고 있는데, 이것은 평균의 상하 ±5% 범위에 분포하고 있어, 일정 비율을 유지하고 있다고 볼 수 있다.

가구부의 물량 비율은 1.6%에서 31%의 범위에 분포하며, 평균은 21% 정도인데, 1분위는 17%, 3분위는 24%, 중간값은 19%이다. 17%와 24% 사이 7% 범위에 대상 건물의 절반이 분포하고 있다.

공포부의 물량 비율은 11%에서 35%의 범위에 분포하며, 평균은 21% 정도이며, 중간값도 21% 정도이다. 1분위 값은 17%이며, 3분위 값은 25%인데, 이들 값의 차이인 8% 구간에 조사대상 건물의 절반이 분포하고 있다.

축부의 물량 비율은 12%에서 25%의 범위에 분포하며, 평균은 17% 정도이며, 중간값 17% 정도이다. 1분위는 15%이며, 3분위는 18%인데, 3%의 범위 내에 대상 건물 절반이 분포하고 있다.

벽체수장부는 0에서 5%의 범위에 분포하며 평균은 4% 정도이고, 중간값도 4% 정도이다. 1분위는 3%이며, 3분위는 5%인데, 2%의 범위에 조사대상 절반의 건물이 분포하고 있다.

수평수장부는 1%에서 16%의 범위에 분포하며, 평균은 10%의 범위에 분포하며, 중간값도 10%이다. 1분위는 7%이고, 3분위는 13%인데, 6% 범위 내에 절반 이상의 건물이 분포하고 있다.

(2) 지붕부

① 지붕부 물량

지붕부의 물량 범위는 5.13㎡(1,746재)에서 49.71㎡(14,916재)의 범위에 분포하며, 평균은 약 26.17㎡(8,955재)정도이다. 1분위는 11.82㎡(3,546재)이고, 중간값은 26.17㎡(7,851재), 3분위는 44.42㎡(13,326재)이다.

지붕부의 물량 증감은 건축면적 24평까지는 비례하여 증가하고, 그 이상의 면적에서는 특별한 경향성을 보이지 않고 작은 면적의 건물이 큰 면적의 건물보다 더 많은 물량을 가진 경우도 있고, 건축면적은 가장 크지만, 물량은 작은 예도 보인다. 개심사 대웅전은 전체적인 물량과 지붕부의 물량이 비슷한 건축면적의 건물들보다 적은 편에 속한다. 이에 비해 참당암 대웅전은 건축면적은 25평인데, 그 이상 면적의 건물들보다 물량이 많다. 이것은 참당암 대웅전의 연목들의 굵기 다른 건물들보다 훨씬 크고 굵기 때문인 것으로 보인다.

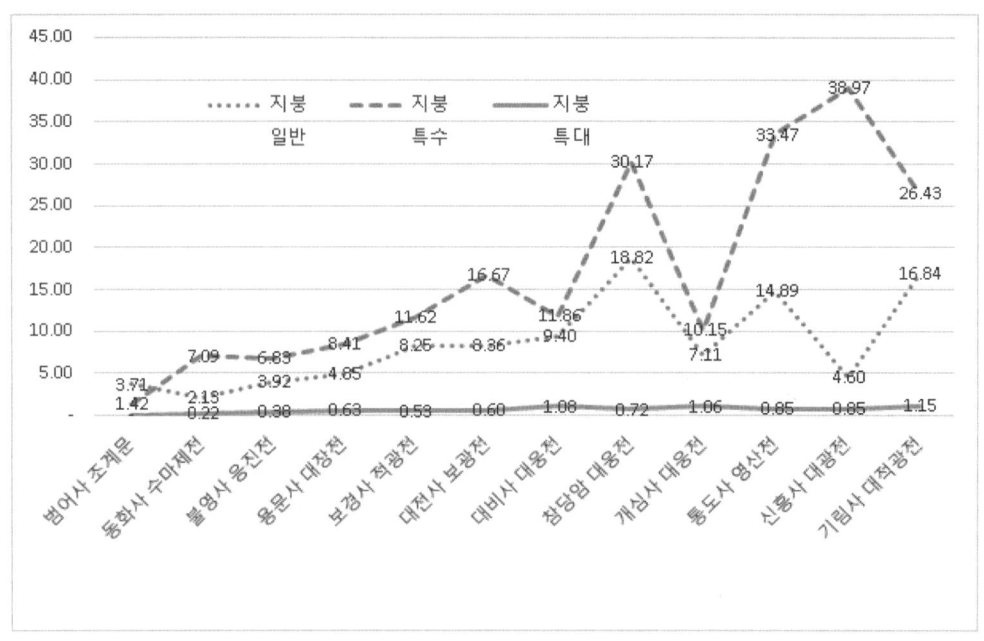

[그림 3-27] 지붕부 규격별 물량

지붕부를 구성하는 주요 규격은 일반재와 특수재이며, 특대재의 사용량은 적은 편이다. 일반재는 건축면적에 따라 증가하지만, 사용 물량이 20㎥를 넘지는 않는 데 비해, 특수재는 건축면적에 따라 증가하면서, 사용량도 30㎥ 이상인 일도 있어 물량의 사용 범위는 일반재보다 큰 폭으로 나타난다.

② 지붕부 물량 비율

지붕부의 물량 비율은 일반재와 특대재가 주를 이루며 특대재가 일부분을 차지한다. 일반재의 비율은 최저 10%와 72%의 범위에 분포하며 평균은 36% 정도이며, 1분위는 31%이고 3분위는 40% 정도이다. 그리고 특수재는 최저 28%와 88%의 사이에 분포하며 평균은 62% 정도인데, 1분위는 56%, 3분위는 67% 정도이다. 마지막으로 특대재는 0에서 6% 사이에 분포하며, 평균은 3% 정도이다. 지붕부 물량에서 주요 목재 규격은 일반재와 특대재이며 부재 간의 비율은 1:2 정도를 보이고 있다.

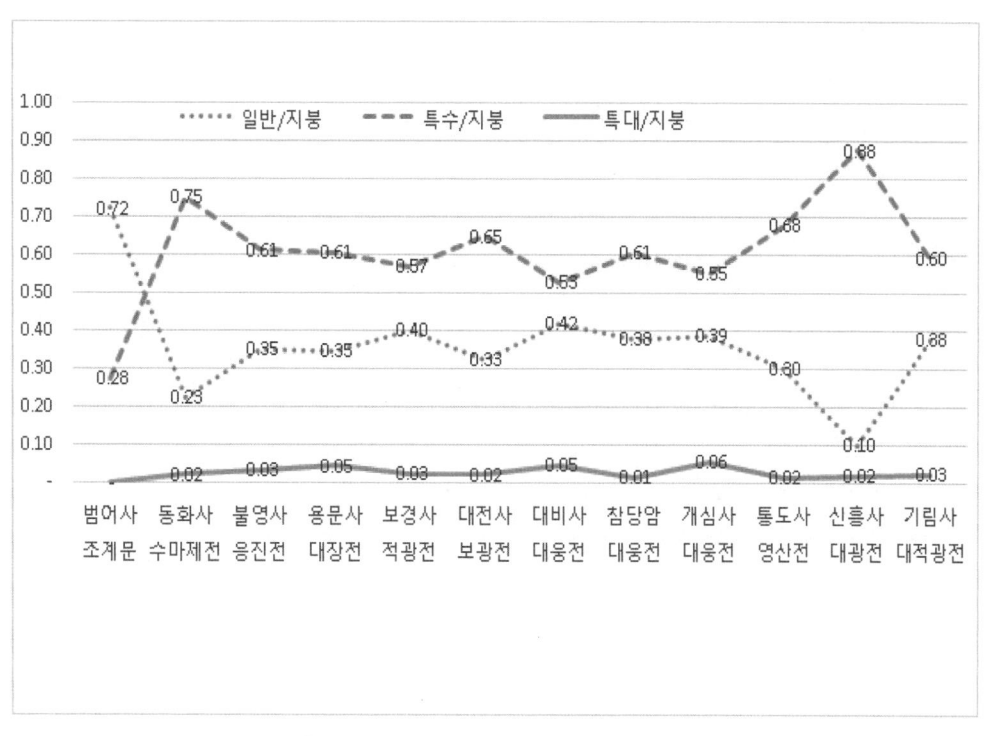

[그림 3-28] 지붕부 규격별 물량 비율

③ 부재 개수와 부재별 물량 순위

㉠ 지붕부 부재수

지붕부 부재수는 278개에서 924개의 범위에 분포하면 평균은 약 540개 정도이다. 전체 부재 개수에서 지붕부 부재의 비율은 22%에서 43%의 범위에 분포하며, 평균은 32% 정도이다. 불영사 응진전이 가장 낮은 비율을 보이고, 동화사 수마제전이 가장 높은 비율을 보이고 있는데 이들 두 건물을 제외하면, 30% 내외의 범위에 분포하고 있다. 지붕부에서 부재수가 가장 많은 부재는 장연이며, 그다음을 잇는 부재는 단연과 부연이다. 장연과 단연, 부연은 그 개수가 같다고 할 수 있다.

[표 3-17] 지붕부 부재수

명칭 \ 구분	전체 부재수	수장부 제외 부재수	지붕 부재수/ 전체 부재수	지붕부 부재수	지붕부 부재수 1순위	지붕부 부재수 2순위
범어사 조계문	907	879	0.35	305	연목	부연
동화사 수마제전	1238	704	0.43	300	연목	부연
불영사 응진전	1493	1249	0.22	278	장연	단연
용문사 대장전	1574	1289	0.30	390	장연	단연
보경사 적광전	2056	1750	0.30	533	장연	단연
대전사 보광전	3475	1528	0.34	512	장연	단연
대비사 대웅전	2292	1635	0.35	575	장연	단연
참당암 대웅전	3399	2003	0.35	708	장연	단연
개심사 대웅전	2103	1802	0.29	523	장연	단연
통도사 영산전	4498	2737	0.34	924	장연	단연
신흥사 대광전	4751	2282	0.30	679	장연	단연
기림사 대적광전	5150	3457	0.22	758	장연	단연

ⓛ 단일부재 체적과 부재 재적

지붕부 단일부재중 체적이 가장 큰 부재는 장연과 박공이라 할 수 있다. 장연은 범어사 조계문과 용문사 대장전을 제외한 건물에서 체적이 가장 큰 부재이다. 그리고 장연이 1순위일 때 그다음 순위의 부재는 박공이 주를 이루고 있다. 지붕부에서 체적이 가장 큰 대표적인 부재는 장연과 박공이 대표적이라 할 수 있다.

재적은 단일부재의 체적과 개수의 곱을 뜻하는데, 모든 건물에서 연목인 장연이 1순위를 차지하고 있으며, 2순위는 대부분이 단연으로 나타났다. 지붕부에서 물량의 최고순위는 장연과 단연이 차지하고 있다.

[표 3-18] 지붕부 단일부재 체적과 부재하 재적

구분 명칭	단일부재 체적		재적(단일부재의 체적의 합)	
	1순위	2순위	1순위	2순위
범어사 조계문	박공	연목	연목	풍판
동화사 수마제전	연목	박공	연목	연개판
불영사 응진전	장연	박공	장연	단연
용문사 대장전	박공	장연	장연	단연
보경사 적광전	장연	박공	장연	단연
대전사 보광전	장연	박공	장연	단연
대비사 대웅전	박공	장연	장연	단연
참당암 대웅전	장연	박공	장연	단연
개심사 대웅전	장연	박공	장연	단연
통도사 영산전	장연	박공	장연	단연
신흥사 대광전	장연	박공	장연	단연
기림사 대적광전	장연	박공	장연	단연

④ 지붕부 물량의 특성

전체물량에서 지붕부의 물량 비율은 22%에서 33%의 범위에 분포하며 평균 27%의 ±5%의 범위 내에 분포하고 있으며, 지붕부를 구성하는 목재의 주요 규격은 일반재와 특수재이며 특수재는 건축면적이 증가하면 그 물량도 함께 증가하는 경향을 보인다. 지붕부에서 부재개수가 많은 부재는 연목재이며, 체적이 큰 부재는 연목재와 박공을 들 수 있는데, 개수와 체적의 곱인 재적이 큰 부재도 연목재인 장연이다.

(3) 가구부

① 가구부 물량

가구부의 물량 범위는 3.45㎡(1,035재)에서 52.75㎡(15,825재)의 범위에 분포하며, 평균은 약 20.82㎡(6,246재)정도이다. 1분위는 9.17㎡ (2,751재)이고, 중간값은 22.93㎡(6,879재), 3분위는 25.30㎡(7,590재)이다. 가구부는 일반재, 특수재, 특대재 모두를 사용하여 구성되어 있으며, 주로 특수재와 특대재가 많은 비중을 차지하고 있다. 특히 특수재는 가구부를 구성하는 주요 규격이며, 면적이 증가하면 그 물량이 같이 증가한다. 24평과 27평 사이의 건축면적인 대전사 보광전, 대비사 대웅전, 참당암 대웅전, 개심사 대웅전은 가구부의 물량이 비슷하게 나타난다. 이들은 정면 길이와 측면길이가 유사하고, 가구의 구조가 유사한 특징17)을 가지고 있다.

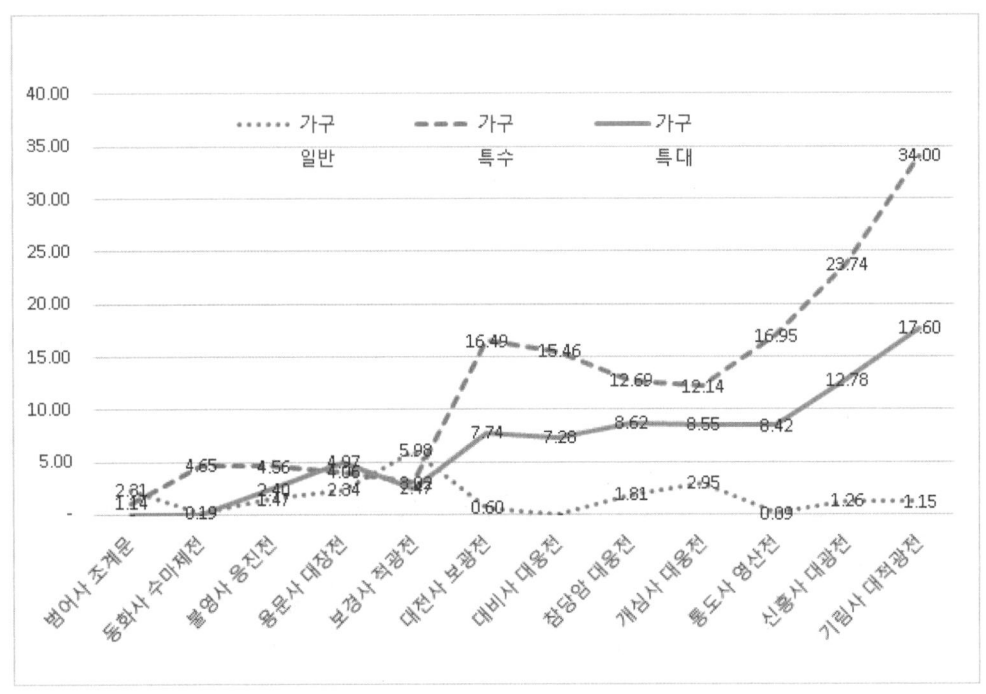

[그림 3-29] 가구부 규격별 물량

각 규격별 목재의 평균 사용량은 일반재 1.68m³, 특수재 12.41m³, 특대재 6.74m³이며, 특수재의 평균사용량이 가장 크고, 그 절반 정도를 특대재가 차지하고 있다.

② 가구부 물량 비율

가구부의 물량 비율은 주로 특수재와 특대재가 주를 이루며, 20평 이하와 20평 이상의 건축면적에서 구분된다. 20평 이하에서는 특별한 경향을 보이지 않고 있으며, 눈에 띄는 것은 20평 이상보다 일반재의 사용 비율이 크다는 것이다. 20평 이상의 건물을 보면 특수재와 특대재의 비율이 유사한 비율을 보인다. 특대재는 31%에서 37%의 범위에 분포하며, 특수재는 51%에서 68%의 범위에 분포한다. 특수재의 평균비율은 57%, 특대재는 28% 정도인데, 특수재의 비율이 특대재의 약 2배에 해당한다.18)

---

17) 도리의 수와 중첩된 보의 수가 같다. 참당암의 경우 내목도리가 생략된 경우인데, 내목도리가 있다고 보면, 모두 도리의 수와 중첩된 보의 수가 같아 같은 구조의 가구로 볼 수 있다.

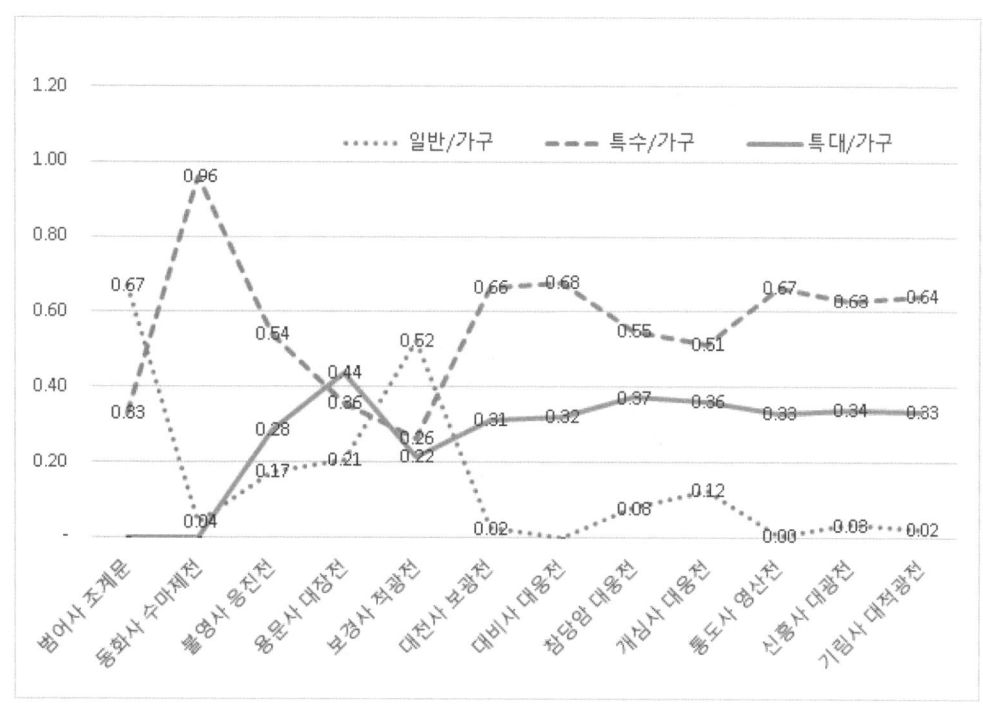

[그림 3-30] 가구부 규격별 물량 비율

③ 부재개수와 부재별 물량 순위
㉠ 가구부 부재수

가구부 부재수는 39개에서 399개의 범위에 분포하며, 평균은 168개이다. 수장부 제외 전체 부재수에서 지붕부 부재의 비율은 4.6%에서 19.3%의 범위에 분포하며, 평균은 9% 정도이다. 통도사 영산전이 가장 낮은 비율이며, 용문사 대장전이 가장 높은 비율을 보인다. 용문사 대장전의 경우 가구부 내부의 공포대의 부재수가 추가되어 다른 건물들보다 가구부의 부재가 많은 것으로 생각된다. 가구부에서 부재수가 가장 많은 부재는 1순위에서 도리와 소로가 차지하며 2순위는 받침장여와 도리가 차지한다. 가구부에서 부재수는 도리가 가장 많은 수를 차지하며, 받침장여와 소로가 그다음 많은 수를 차지한다.

---

18) 지붕부에서는 일반재와 특수재의 비율이 약 1:2 정도이다.

[표 3-19] 가구부 부재수

구분 명칭	전체 부재수	수장부 제외 전체 부재수	가구/전체	가구부 합계	가구부 부재수 1순위	가구부 부재수 2순위
범어사 조계문	907	879	0.049	43	도리	받침장여
동화사 수마제전	1238	704	0.055	39	도리	받침장여
불영사 응진전	1493	1249	0.044	55	도리	장여
용문사 대장전	1574	1289	0.193	249	소로	도리
보경사 적광전	2056	1750	0.091	159	소로	도리
대전사 보광전	3475	1528	0.113	172	소로	도리
대비사 대웅전	2292	1635	0.072	117	도리	받침장여
참당암 대웅전	3399	2003	0.082	164	받침장여	도리
개심사 대웅전	2103	1802	0.159	287	화반	도리
통도사 영산전	4498	2737	0.046	127	도리	받침장여
신흥사 대광전	4751	2282	0.091	207	도리	받침장여
기림사 대적광전	5150	3457	0.115	399	도리	받침장여

ⓛ 단일부재 체적과 부재재적

가구부 단일 체적의 1순위는 대량이 가장 많으며, 2순위는 도리와 종량으로, 전체적으로 보면 대량과 도리가 가장 큰 체적의 부재라 할 수 있다. 그리고 부재체적의 합인 재적을 비교해 보면, 1순위에서는 도리와 보이며, 도리가 우세를 보이며, 2순위에서는 보와 도리인데, 보가 우세를 보이고 있다. 전체적으로 보면 도리와 보가 가장 많은 재적을 차지하는 부재이며, 가구부에서 가장 많은 물량을 차지하는 주요한 부재라고 할 수 있다.

[표 3-20] 가구부 단일부재 체적과 부재합 재적

구분 명칭	단일부재 체적		재적(단일부재의 체적의 합)	
	1순위	2순위	1순위	2순위
범어사 조계문	도리	보	도리	보
동화사 수마제전	대량	도리	도리	보
불영사 응진전	대량	도리	도리	보
용문사 대장전	대량	도리	보	도리
보경사 적광전	대량	도리	보	도리
대전사 보광전	대량	도리	도리	보

구분 명칭	단일부재 체적		재적(단일부재의 체적의 합)	
	1순위	2순위	1순위	2순위
대비사 대웅전	대량	종량	도리	보
참당암 대웅전	대량	도리	보	도리
개심사 대웅전	대량	종량	도리	보
통도사 영산전	대량	종량	도리	보
신흥사 대광전	대량	종량	도리	보
기림사 대적광전	대량	중량	도리	보

④ 가구부 물량의 특성

가구부 물량의 특성을 보면 특수재의 평균 사용량이 가장 크고 그 절반 정도를 특대재가 차지하고 있다. 특수재와 특대재의 사용물량 비율은 약 2:1정도이다. 규격별 비율의 평균도 특수재는 57%, 특대재는 28% 정도로서 사용물량의 비율과 동일한 결과로 나타났고, 20평 이상의 건물에서는 일정 구간의 범위에 특수재와 특대재 사용량의 비율을 보인다.

가구부의 부재개수는 전체 부재수의 평균 9% 정도이며, 부재수가 가장 많은 부재는 도리를 들 수 있다. 단일부재의 체적은 보와 도리가 가장 크며, 이들 부재의 합에서도 도리가 보가 가장 많은 재적을 보이고 있어 가구부의 가장 대표적인 부재는 도리와 보라고 할 수 있다.

(4) 공포부

① 공포부 물량

공포부의 물량 범위는 5.97㎥(1,791재)에서 48.68㎥(14,604재)의 범위에 분포하며, 평균은 19.82㎥(5,964재) 정도이다. 1분위는 10.38㎥(3,114재), 중간값은 14.78㎥(4,434재), 3분위는 32.21㎥(9,663재)이다.

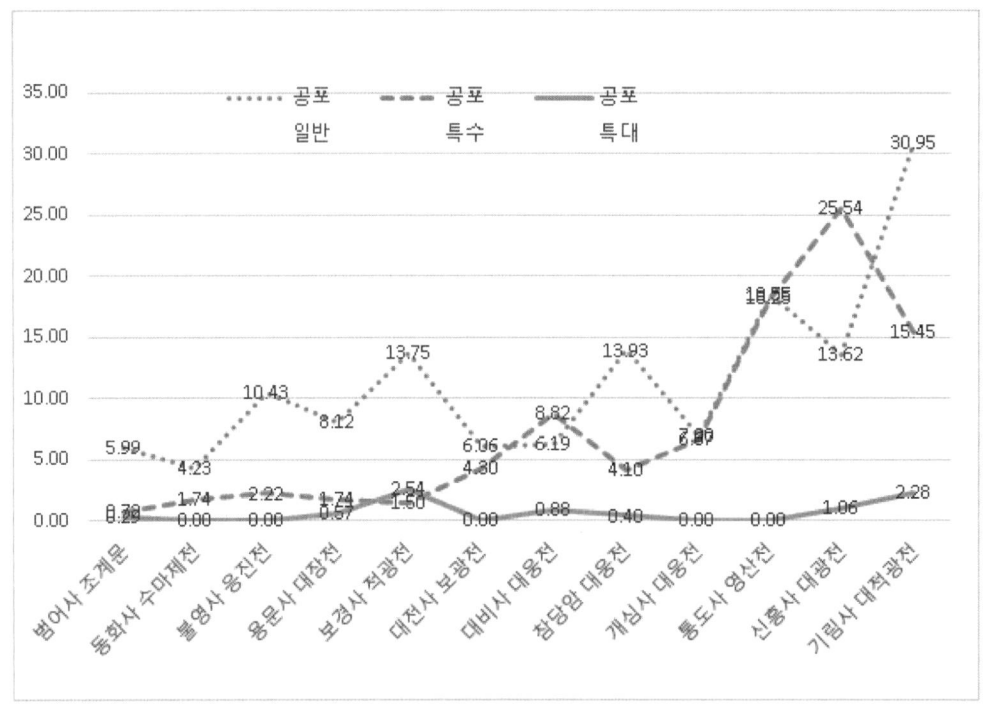

[그림 3-31] 공포부 규격별 물량

불영사 응진전, 보경사 적광전, 개심사 대웅전을 제외하면, 전체적으로 건축면적이 증가하면 물량도 증가하는 경향을 보인다. 불영사 응진전과 보경사 적광전은 다포식 맞배지붕 불전이지만, 공포가 전후면에만 배열되어 있는 다른 맞배지붕 불전과는 달리 전후좌우에 모두 배치되어 있으므로 비슷한 면적의 건물보다는 공포부 부재 사용량이 크다고 할 수 있다. 개심사 대웅전은 비슷한 면적의 건물보다 공포부 물량의 사용이 확연히 적다는 것을 알 수 있다. 이것은 출목수와 공포부 재폭 및 운두가 여타 건물보다 작기 때문인 것으로 추측된다. 그리고 동일 면적의 대전사 보광전과 대비사 대웅전의 공포부 물량의 차이가 나는데, 내출목수의 차이[19]를 반영한 것으로 추측된다.

공포부에서의 목재 규격은 주로 일반재와 특수재이며, 특대재의 사용량은 일반재나 특수재에 비해 미미한 수준이다. 일반재와 특수재의 사용량을 보면 신흥사 대광전을 제외하면, 일반재의 사용량은 특수재의 사용량에 비해 많거나 같은 편이 대부분이다. 이는 공포부에서는 일반재의 사용이 가장 보편적인 사용 규격이었다는 것을 짐작게 해주며, 특수재는 건물이 커지거나 출목수가 증가하면 그 사용량이 늘어나는 것으로 추측된다.

---

19) 대전사 보광전은 내외 2출목이고, 대비사 대웅전은 내3출목, 외2출목의 출목수를 가진다.

② 공포부 물량 비율

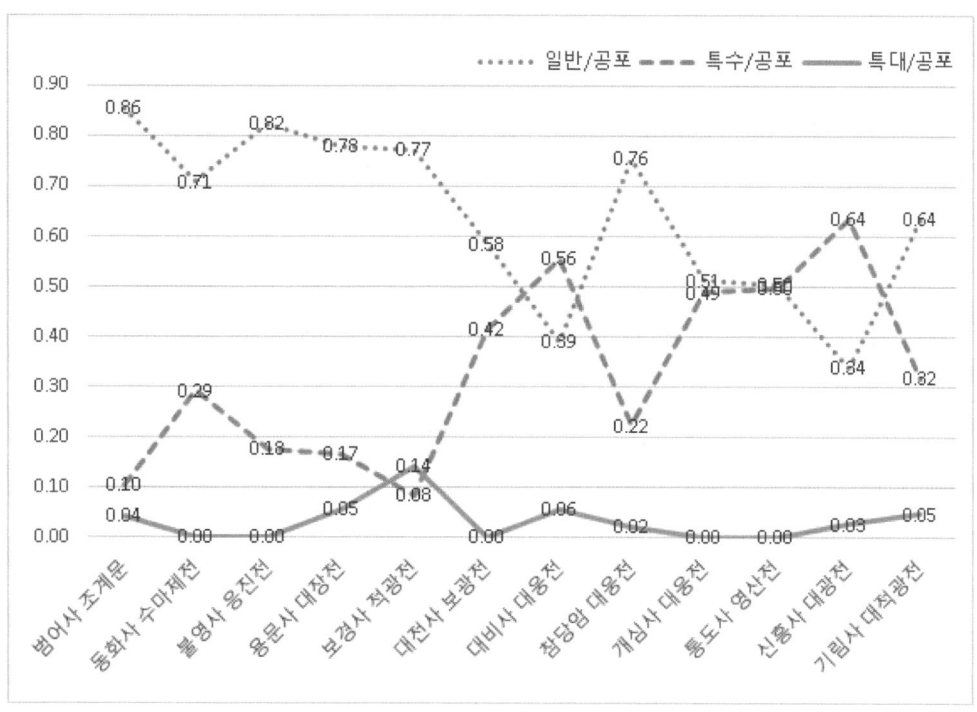

[그림 3-32] 공포부 규격별 물량 비율

공포부에서 일반재의 사용 비율은 34%에서 86%의 범위에 분포하며 평균은 약 64% 정도이고, 특수재는 8%에서 64%의 범위에 분포하고 평균은 약 33% 정도이다. 그리고 특대재는 5% 내외의 사용률을 보인다. 공포부에서는 일반재와 특수재의 사용 비율이 높으며 이들 두 규격은 2:1정도의 사용 비율을 보인다.

공포부의 물량 비율은 20평 이하와 이상에서 명확하게 나누어 구분되는데, 20평 이하 건물에서는 일반재의 사용 비율이 70% 이상이며, 20평 이상에서는 특수재의 사용량이 증가하여 일반재의 사용 비율은 34%에서 76%의 범위에 분포한다. 이것은 20평을 기준으로 일반재는 사용량이 줄어들고 특수재는 사용량이 늘어나고 있다는 것을 말해준다. 이에 반해 특대재는 보경사 적광전을 제외하며 5% 내외의 범위로 되어 있는데, 이것은 공포부에서는 특대재의 사용량이 상당히 미미한 수준인 것을 말해주는 것이다. 공포부의 주사용 목재규격은 일반재와 특수재라고 할 수 있다.

③ 부재개수와 부재별 물량 순위

㉠ 부재개수

[표 3-21] 공포부 부재수

구분 명칭	전체부재수	수장부 제외부재수	공포/전체	공포부 합계	공포부 부재수 1순위	공포부 부재수 2순위
범어사 조계문	907	879	0.56	489	소로	첨차
동화사 수마제전	1238	704	0.50	350	소로	순각판
불영사 응신선	1493	1249	0.71	886	소로	첨차
용문사 대장전	1574	1289	0.48	620	소로	첨차
보경사 적광전	2056	1750	0.59	1026	소로	첨차
대전사 보광전	3475	1528	0.53	810	소로	첨차
대비사 대웅전	2292	1635	0.55	907	소로	첨차
참당암 대웅전	3399	2003	0.55	1097	소로	첨차
개심사 대웅전	2103	1802	0.53	964	소로	첨차
통도사 영산전	4498	2737	0.60	1654	소로	첨차
신흥사 대광전	4751	2282	0.60	1362	소로	첨차
기림사 대적광전	5150	3457	0.65	2248	소로	첨차

공포의 부재수는 350개에서 2,248개의 범위에 분포하며 평균은 약 1,034개 정도이다. 공포부의 부재수가 가장 적은 건물은 동화사 수마제전이며, 가장 많은 건물은 기림사 대적광전인데, 이들 두 건물은 주칸수와 면적, 출목수에 차이가 있다. 공포 부재 수의 차이는 주간포와 주상포의 수, 출목수 등이 영향을 미치는 주요 요소라고 볼 수 있다.

공포부 부재수와 수장부를 제외한 전체 부재수의 비율은 48%에서 71%의 범위에 분포하며, 평균은 약 57% 정도이다. 53%와 60% 사이에 절반의 대상 건축물이 포함되어 있으며, 중간값은 56%이다. 다포식 맞배지붕의 공포부 부재수는 수장부를 제외한 부재수에서 절반이상의 비율을 차지하며, 주심포식 맞배지붕의 30% 정도의 비율과도 차이를 보인다.

공포부에서 부재수가 가장 많은 부재는 대상 건물에서 모두 소로가 1순위이며, 2순위는 첨차와 순각판이 나타나는데, 첨차가 압도적인 2순위이다. 다포식 맞배 건물에서는 소로와 첨차가 가장 많은 수를 차지하는 부재라고 할 수 있다.

ⓛ 단일부재 체적과 부재재적

[표 3-22] 공포부 단일부재 체적과 부재재적

명칭 \ 구분	단일부재 체적		재적(단일부재 체척의 합)	
	1순위	2순위	1순위	2순위
범어사 조계문	살미	뜬장여	살미	뜬장여
동화사 수마제전	뜬장여	귀한대	뜬장여	좌우대
불영사 응진전	뜬장여	귀한대	살미	뜬장여
용문사 대장전	뜬장여	살미	살미	뜬장여
보경사 적광전	뜬장여	귀한대	뜬장여	살미
대전사 보광전	뜬장여	살미	첨차	뜬장여
대비사 대웅전	뜬장여	살미	뜬장여	살미
참당암 대웅전	뜬장여	살미	첨차	살미
개심사 대웅전	뜬장여	살미	뜬장여	살미
통도사 영산전	뜬장여	살미	뜬장여	살미
신흥사 대광전	뜬장여	살미	살미	소로
기림사 대적광전	뜬장여	살미	살미	뜬장여

공포부의 단일부재 체적이 가장 큰 부재는 1순위는 뜬장여와 살미인데, 살미는 한곳에서만 나타나며, 나머지는 모두 뜬장여이다. 2순위는 뜬장여, 귀한대, 살미 등인데, 대부분의 건물이 살미가 2순위이다. 살미가 2순위인 건물의 대부분은 1순위가 뜬장여이다. 그리고 귀한대가 2순위에 나타나는 것은 귀포가 전각포인 건물인데, 조사대상 건물 중 동화사 수마제전, 불영사 응진전, 보경사 적광전 등은 귀포가 귀한대가 있는 전각포형식[20]의 건물이다.

공포부에서 재적의 1순위는 살미와 뜬장여, 그리고 첨차를 들 수 있는데, 뜬장여와 살미가 주로 나타나며, 첨차는 참당암 대웅전에서 나타난다. 2순위는 뜬장여, 좌우대, 살미, 소로 등이 다양하게 나타난다. 2순위에서는 살미와 뜬장여가 가장 많은 예에 속한다고 할 수 있다. 1순위와 2순위를 종합해서 살펴보면, 재적이 가장 큰 부재는 뜬장여와 살미라고 할 수 있다.

---

20) 공포의 형태에 따라 구분한 용어, 평포는 주상포, 주간포에 사용되며, 전각포는 주상포이지만, 모퉁이 기둥에 사용된다. 평포의 구성 부재는 살미와 첨차, 소로, 뜬장여 등으로 구성되지만, 전각포의 구성 부재는 좌대, 우대, 귀한대, 뜬장여, 소로 등으로 구성된다. 위치의 용어인 귀포에는 평포가 올 수도 있고 전각포가 올수도 있다.

④ 공포부 물량의 특성

공포부에서 주로 사용한 목재규격은 일반재와 특수재이며, 사용 비율은 건축면적 20평을 기준으로 나눌 수 있는데, 20평 이하에서는 일반재의 사용 비율이 높고, 20평 이상에서는 특수재의 사용 비율이 증가하는 경향을 보인다.

공포부의 부재는 수장부를 제외한 전체 부재수에서 57%를 차지하며 부재수가 가장 많은 부재는 첨차와 소로이며, 단일부재 체적이 가장 큰 부재는 뜬장여와 살미, 단일부재 체적과 부재수의 곱인 재적이 가장 큰 부재는 뜬장여와 살미 부재이다. 공포부를 구성하는 가장 대표적인 부재는 뜬장여와 살미라고 할 수 있다.

(5) 축부

① 축부 물량

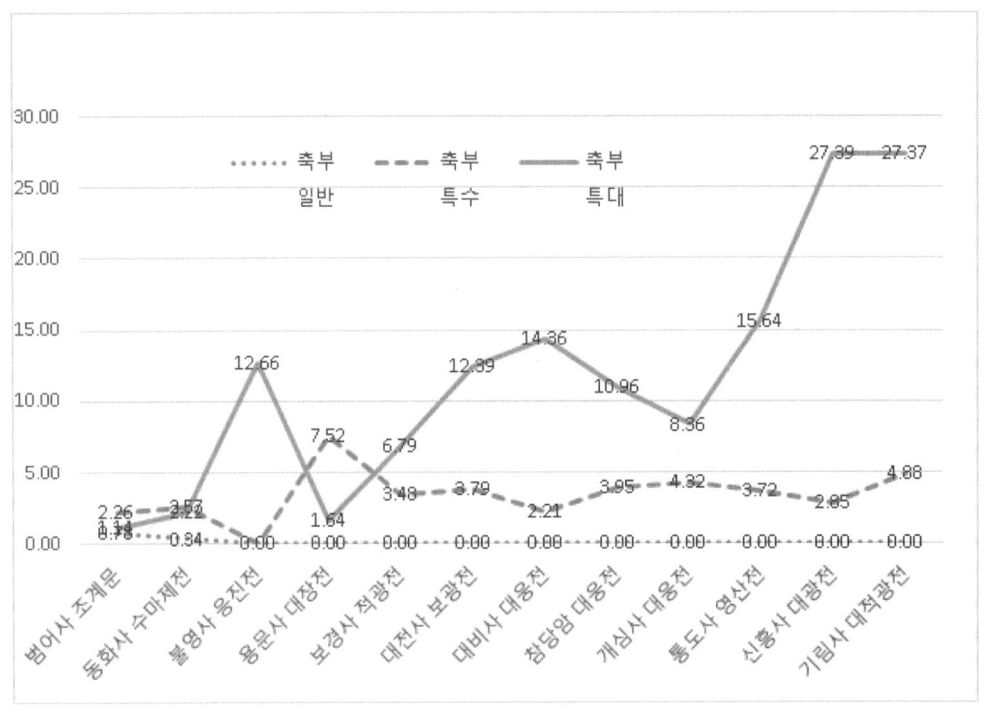

[그림 3-33] 축부 규격별 물량

공포부의 물량 범위는 4.18m³(1,254재)에서 32.25m³(9,675재)의 범위에 분포하며, 평균은 15.30m³(4,590재) 정도이다. 1분위(25%)는 9.44m³(2,832재), 중간값(50%)은 13.80m³(4,140재), 3분위(75%)는 18.66m³(5,598재)이다.

건축면적과 축부 물량과의 관계를 보면, 불영사 응진전, 참당암 대웅전, 개심사 대웅전을 제외하면, 건축면적이 증가할수록 물량도 증가하는 경향을 보인다. 개심사 대웅전의 경우는 모든 부분의 목재 물량이 비슷한 건축면적의 건물보다 적게 나타나고 있다.[21]

축부에서 주로 사용된 목재규격은 특대재이며, 그다음이 특수재이다. 일반재는 범어사 조계문을 제외하면, 모두 사용되지 않았다. 축부는 건축물의 각 부분을 비교해 봤을 때 가장 많은 특대재의 사용이 이뤄지고 있는 부분이다. 특수재의 사용량은 0m³에서 7.52m³의 범위에서 사용되고 있으며, 평균은 3.46m³ 정도이다. 특대재는 1.14m³에서 27.39m³의 범위에 분포하며, 평균은 11.74m³ 정도이다.

② 축부 물량 비율

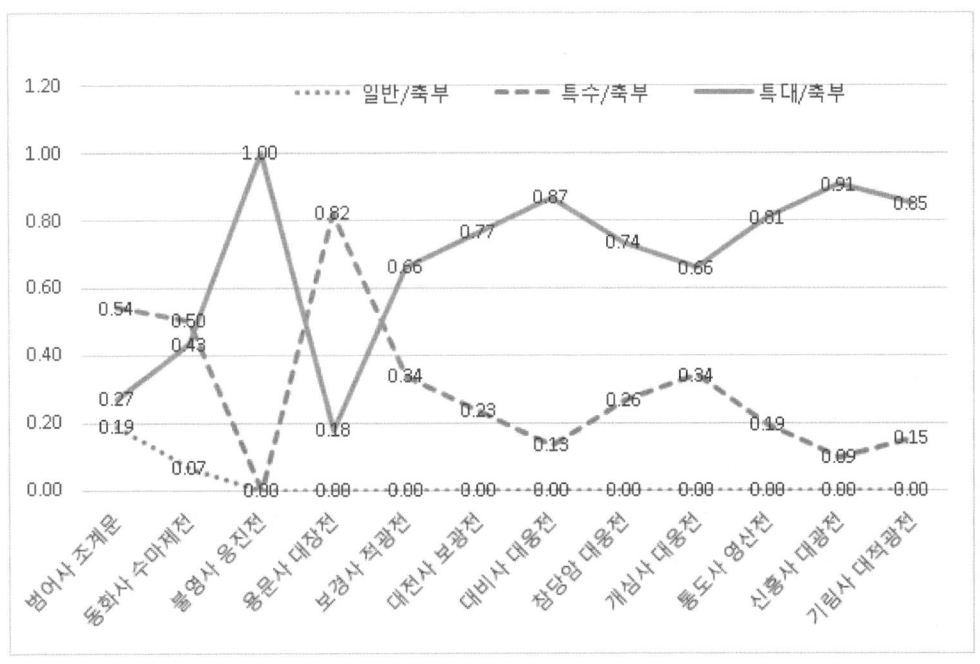

[그림 3-34] 축부 규격별 물량 비율

---

21) 개심사 대웅전의 경우는 목재 물량 특성에 관해서 개별적인 건물 차원의 연구가 필요하다고 생각된다.

축부에서 특수재의 사용 비율은 0%에서 82%의 범위에 분포하며 평균은 약 30% 정도이며, 14%와 46% 사이에 절반의 조사대상 건물이 속해 있다. 그리고 특대재는 18%와 100% 사이에 분포하며 평균은 약 68% 정도인데, 49%와 86% 사이에 과반의 건물이 속해 있다.

조사대상 건물 중 불영사 응진전의 축부는 100%가 특대재로 구성되어 있으며, 용문사 대장전은 특수재의 비율이 가장 높은 경우이다. 이들 두 건물을 제외하면, 건축면적이 증가할수록 특수재의 물량은 줄어들고 특대재의 물량은 증가하는 경향을 보인다.

축부는 건축면적이 10평 이상이 되면 일반재는 거의 사용하지 않고 특수재와 특대재만 사용하며, 비율도 특대재가 지배적이며, 10평 이상의 건물 중에 용문사 대장전을 제외하면 특수재는 35%를 넘지 않는 범위에서 사용되고 있다. 축부에서는 특대재의 사용이 지배적이라고 할 수 있다.

③ 부재개수와 부재별 물량 순위
㉠ 축부 부재개수

[표 3-23] 축부 부재수

구분 명칭	전체부재수	수장부 제외부재수	축부/ 전체	축부 합계	축부 부재수 1순위	축부 부재수 2순위
범어사 조계문	907	879	0.048	42	창방	평방
동화사 수마제전	1238	704	0.021	15	기둥	창방
불영사 응진전	1493	1249	0.024	30	기둥	창방
용문사 대장전	1574	1289	0.023	30	기둥	창방
보경사 적광전	2056	1750	0.018	32	기둥	창방
대전사 보광전	3475	1528	0.022	34	기둥	창방
대비사 대웅전	2292	1635	0.022	36	기둥	창방
참당암 대웅전	3399	2003	0.017	34	기둥	창방
개심사 대웅전	2103	1802	0.016	28	기둥	창방
통도사 영산전	4498	2737	0.012	32	기둥	창방
신흥사 대광전	4751	2282	0.015	34	기둥	창방
기림사 대적광전	5150	3457	0.015	52	창방	기둥

축부의 부재수는 15개에서 52개의 범위에 분포하며 평균은 약 33개이다. 축부에서 부재수가 가장 적은 건물은 동화사 수마제전이며, 가장 많은 건물은 기림사 대적광전이다. 동화

사 수마제전은 정면 1칸, 측면 1칸의 건물이며, 기림사 대적광전은 정면 5칸, 측면 3칸의 건물이다. 면적이 작은 건물인 범어사 조계문의 축부 부재수가 많은 이유는 일주문 건축의 특징상 축부 구성 부재가 많은 이유이다. 일주문식 건축인 범어사 조계문의 예를 제외한다면, 축부의 부재수는 주칸수에 비례한다고 할 수 있으며, 주칸수는 기둥과 상관이 있으므로, 축부의 부재수와 상관성이 높은 요소는 주칸수와 기둥수라고 할 수 있다.

축부 부재수와 수장부를 제외한 전체 부재수의 비율은 1.2%에서 4.8%의 범위에 분포하며 평균은 2.1% 정도이다. 물량 비율이 12%에서 21% 범위에 분포하는 데 비해, 부재수 범위는 적은 편에 속하는 것은 축부에서는 주로 대구경재가 사용되기 때문이다.

축부에서 부재수가 가장 많은 부재중에 1순위에서는 기둥과 창방, 2순위는 창방, 평방과 기둥순이다. 1순위와 2순위를 통틀어 가장 많은 부재수는 기둥이며 그다음이 창방이고, 다음 순위는 평방이다.

ⓒ 단일부재 체적과 부재재적

[표 3-24] 축부 단일부재 체적 및 재적

구분 명칭	단일부재 체적		재적(단일부재 체적의 합)	
	1순위	2순위	1순위	2순위
범어사 조계문	기둥	평방	평방	기둥
동화사 수마제전	기둥	창방	기둥	창방
불영사 응진전	기둥	창방	기둥	창방
용문사 대장전	기둥	창방	기둥	창방
보경사 적광전	기둥	평방	기둥	평방
대전사 보광전	기둥	평방	기둥	평방
대비사 대웅전	기둥	평방	기둥	평방
참당암 대웅전	기둥	평방	기둥	창방
개심사 대웅전	기둥	평방	기둥	평방
통도사 영산전	기둥	평방	기둥	평방
신흥사 대광전	기둥	평방	기둥	창방
기림사 대적광전	기둥	평방	기둥	평방

축부에서 단일부재 체적이 가장 큰 부재를 보면, 1순위에서는 기둥이고 2순위에서는 평방과 창방을 들 수 있다. 2순위에서는 평방이 창방보다 수가 많은데, 전체적으로 보면 기둥,

평방, 창방의 순으로 단일부재의 체적 순위를 매길 수 있다. 단일부재 체적의 합인 재적은 1순위는 기둥과 평방, 2순위에서는 평방과 창방 기둥 등을 들 수 있는데, 1순위에서 기둥이 가장 많으며, 2순위에서는 평방이 가장 많고, 그다음이 창방이다. 이를 종합해서 보면, 재적의 순위는 기둥, 평방, 창방의 순으로 매길 수 있다. 축부에서 가장 대표적인 부재는 기둥이라 할 수 있으며, 기둥과 함께 평방과 창방은 다포식 맞배지붕 형식 건물에서 축부의 중심되는 부재라고 할 수 있다.

④ 축부 물량의 특성

축부에서 주로 사용한 목재규격은 특수재와 특대재인데, 특수재보다 특대재의 사용 물량이 훨씬 높은 편이다. 규격별 사용 비율은 15평을 기준으로 구분되는데, 15평 이하에서는 불영사 응진전을 제외하며 특수재의 물량이 50% 이상인데, 15평 이상이 되며 특수재의 물량은 9%와 35%의 범위에 분포한다. 그리고 축부의 물량과 건축면적과의 상관성을 보면 전체적으로 면적이 증가하면 축부 물량도 증가하는 경향을 보인다.

축부의 부재수 비율은 전체 부재수에 차지하는 비율은 5%보다 작은 비율이지만, 물량의 비율은 약 15% 정도로 사용된 규격이 다른 부분보다 큰 편에 속한다. 축부에서는 부재수, 단일부재 체적, 재적 등에 있어 기둥, 창방, 평방이 가장 대표적인 부재라고 할 수 있다.

(6) 벽체수장부

벽체수장부는 상방, 하방, 주선, 벽선, 문선 등으로 이뤄지며, 기둥과 기둥 사이 벽체에 위치한 부재들로 구성된다.

① 벽체수장부 물량

벽체수장부 물량의 범위는 0에서 9.52m^3의 범위에 분포하며, 평균은 4.03m^3 정도이다. 1분위는 2.12m^3, 중간값은 3.51m^3, 3분위는 5.98m^3이다. 벽체수장부는 일반재와 특수재를 사용하여 구성되어 있으며, 신흥사 대광전을 제외하며, 일반재가 주로 사용된 규격이다.

벽체수장부에서 일반재의 물량 범위는 0에서 3.96m^3의 범위에 분포하며 평균은 2.32m^3 정도이고 특수재의 물량 범위는 0에서 7.07m^3의 범위에 분포하며 평균은 1.67m^3 정도이다.

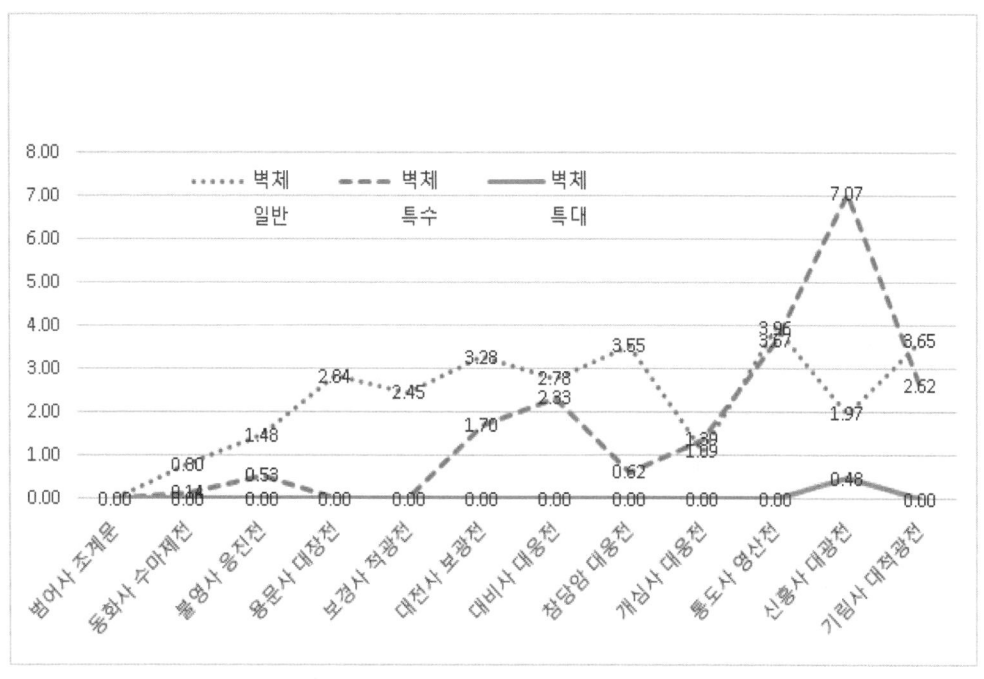

[그림 3-35] 벽체수장부 물량

벽체수장부에서 물량과 건축면적과의 관계는 참당암 대웅전과 개심사 대웅전, 기림사 대웅전을 제외하면 전체적으로 증가하는 경향을 보인다. 구성 규격재인 일반재는 건축면적과는 큰 상관성이 있지는 않으며, 특대재도 일반재와 마찬가지이다. 특징적인 것은 개심사 대웅전의 물량이 비슷한 면적의 건물들에 비해 두드러지게 작은 것과 신흥사 대광전의 경우 면적이 훨씬 큰 기림사 대적광전보다 물량 사용이 많은 점이다.

② 벽체수장부 물량 비율

벽체수장부의 물량 비율은 주로 일반재와 특수재가 주를 이루며 개심사 대웅전과 신흥사 대광전을 제외하면 일반재는 모든 건물에서 50% 이상의 비율을 차지하고 있으며, 특수재는 50%를 넘지 않는 범위에서 사용되었다. 특대재는 신흥사 대광전을 제외하며 모든 건물에서 사용하지 않고 있다.

일반재의 사용 범위는 0에서 100%이며, 평균은 62% 정도이고 특수재는 0에서 74%의 범위에 분포하며 평균은 30% 정도이다. 벽체 물량에서 일반재와 특수재의 평균 비율의 비는 2:1정도라고 할 수 있다.

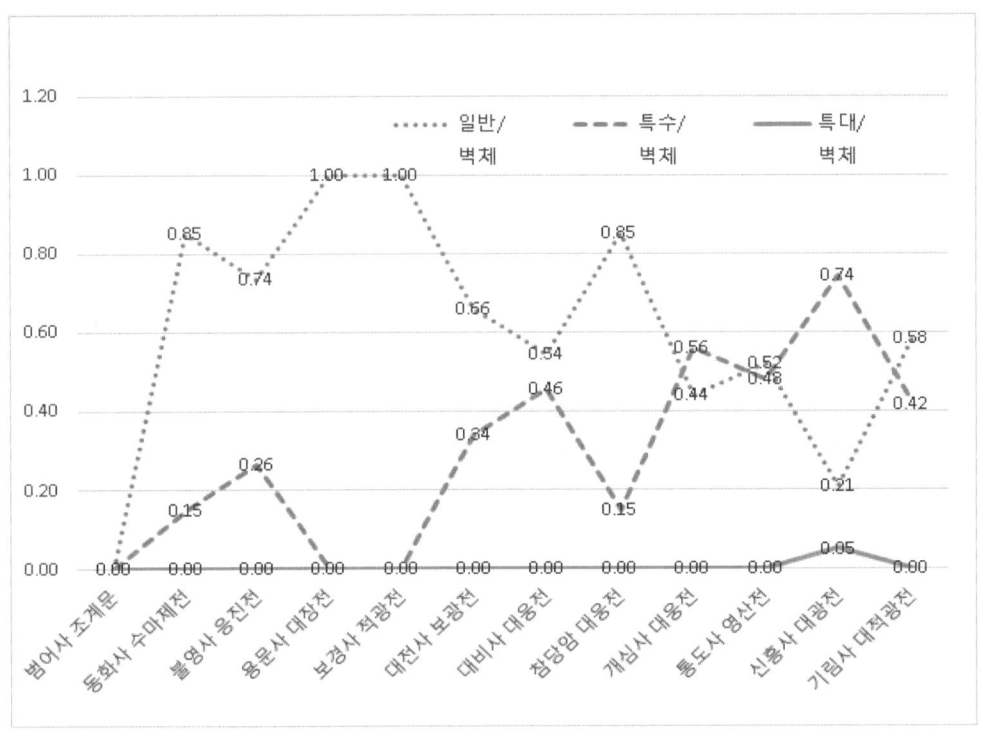

[그림 3-36] 벽체수장부 물량 비율

③ 부재개수와 부재별 물량 순위

㉠ 벽체수장부 부재수

벽체수장부 부재수는 0에서 113개에 분포하며 평균 부재수는 63개 정도이다. 전체 부재수에서 벽체수장부 부재의 비율은 0%에서 3.4%의 범위에 분포하면 평균은 2.3% 정도이다. 범어사 조계문22)이 가장 낮은 비율이며 가장 비율이 큰 건물은 불영사 응진전과 용문사 대장전을 들 수 있다.

벽체수장에서 가장 많은 부재는 1순위에서는 주선과 하방이며, 2순위에서는 하방과 상방, 벽선 등이다. 1순위에서는 주선이 다수를 차지하며 그다음이 하방과 상방이며, 2순위에서는 하방과 상방, 벽선, 주선, 문선 등으로 다양하다. 종합해서 보면 주선, 하방, 상방 순이다. 벽체수장부에서 주된 부재는 주선과 상하방으로 볼 수 있다.

---

22) 범어사 조계문의 일명 '낙양각'이라는 부재는 주선으로 볼 수도 있으나 본 연구에서는 일주문 축부재의 구성재인 상부 사재로 보아, 축부에 포함시켰다.

[표 3-25] 벽체수장부 부재수

명칭 \ 구분	전체부재수	수장부 제외부재수	벽체/전체	벽체부 합계	벽제수장부 부재수 1순위	벽체수장부 부재수 2순위
범어사 조계문	907	879	0.000	0	–	–
동화사 수마제전	1238	704	0.021	26	상방	하방
불영사 응진전	1493	1249	0.034	51	주선	하방
용문사 대장전	1574	1289	0.034	54	주선	상방
보경사 적광전	2056	1750	0.027	56	주선	하방
대전사 보광전	3475	1528	0.027	93	주선	벽선
대비사 대웅전	2292	1635	0.024	54	주선	하방
참당암 대웅전	3399	2003	0.033	113	주선	벽선
개심사 대웅전	2103	1802	0.019	39	하방	상방
통도사 영산전	4498	2737	0.021	93	주선	하방
신흥사 대광전	4751	2282	0.017	79	하방	주선
기림사 대적광전	5150	3457	0.019	98	주선	문선

ⓒ 단일부재 체적과 부재체적

[표 3-26] 벽체수장부 단일부재 체적과 재적

명칭 \ 구분	단일부재 체적		재적(단일부재 체적의 합)	
	1순위	2순위	1순위	2순위
범어사 조계문	–	–	–	–
동화사 수마제전	하방	상방	하방	상방
불영사 응진전	하방	문인방	하방	주선
용문사 대장전	하방	상방	주선	하방
보경사 적광전	상방	하방	하방	상방
대전사 보광전	하방	상방	주선	하방
대비사 대웅전	상방	하방	상방	하방
참당암 대웅전	중방	하방	주선	하방
개심사 대웅전	상방	하방	상방	하방
통도사 영산전	상방	하방	주선	하방
신흥사 대광전	하방	주선	주선	하방
기림사 대적광전	하방	중방	하방	주선

벽체수장부 단일부재 체적 1순위에서는 하방과 상방이 주를 이루며, 2순위에서는 하방과 상방이 주를 이룬다. 전체적으로 봤을 때 단일부재 체적에서 하방과 상방이 가장 단면이 큰 부재인 것으로 나타난다. 재적에서는 1순위는 하방, 상방, 주선이 고루 나타나며, 2순위에서도 하방, 상방, 주선이 고르게 나타난다. 종합해서 보면 하방과 주선이 가장 많은 재적을 차지하는 부재이다.

벽체수장부에서는 수평재인 하방과 상방, 수직재인 주선이 단면 크기가 크고 재적이 가장 큰 주요 부재라고 할 수 있다.

④ 벽체수장부 물량 특성

벽체수장부에서 사용 목재규격은 일반재와 특수재이며, 주로 사용된 규격은 일반재이다. 사용 비율은 일반재가 주로 사용되며, 대부분의 건물에서 50% 이상의 비율이며, 특수재는 이보다 작은 범위에서 사용되고 있다. 일반재와 특수재간의 사용 비율은 약 2:1정도의 비율을 보이고 있다. 건축면적과 벽체수장부 물량의 관계를 보면 면적이 증가할수록 사용 물량은 증가하는 경향을 보이나, 사용된 규격별 물량은 큰 상관성을 보이고 있지 않다.

벽체수장부의 부재수는 전체 부재수에 대해 비율은 낮은 편이며, 가장 많은 수의 부재수 순위를 보면 주선과 상방, 하방 등이다. 그리고 단일부재 체적과 재적은 하방과 상방, 주선이 상위 순위이다. 전체적으로 보면 벽체수장부의 대표적인 부재는 하방과 상방, 주선이라고 할 수 있다.

(7) 수평수장부

수평수장부는 마루와 반자로 구성되며 마루는 귀틀, 청판 등이 구성 부재이며, 반자는 반자틀과 반자판으로 구성된다.

① 수평수장부 물량

수평수장부 물량의 범위는 0.18㎥(54재)에서 36.31㎥(10,893재)의 범위에 분포하며 평균은 11.57㎥(3,471재)정도이다. 1분위는 4.01㎥(1,203재), 중간값은 7.94㎥(2,382재), 3분위는 17.02㎥(5,106재)이다. 수평수장부에서 사용된 규격은 일반재, 특수재, 특대재이며, 특수재의 사용량이 두드러져 보인다. 물량은 개심사 대웅전을 제외하면 건축면적의 증가에 따라 수평 수장 물량도 증가하는 경향을 보인다.

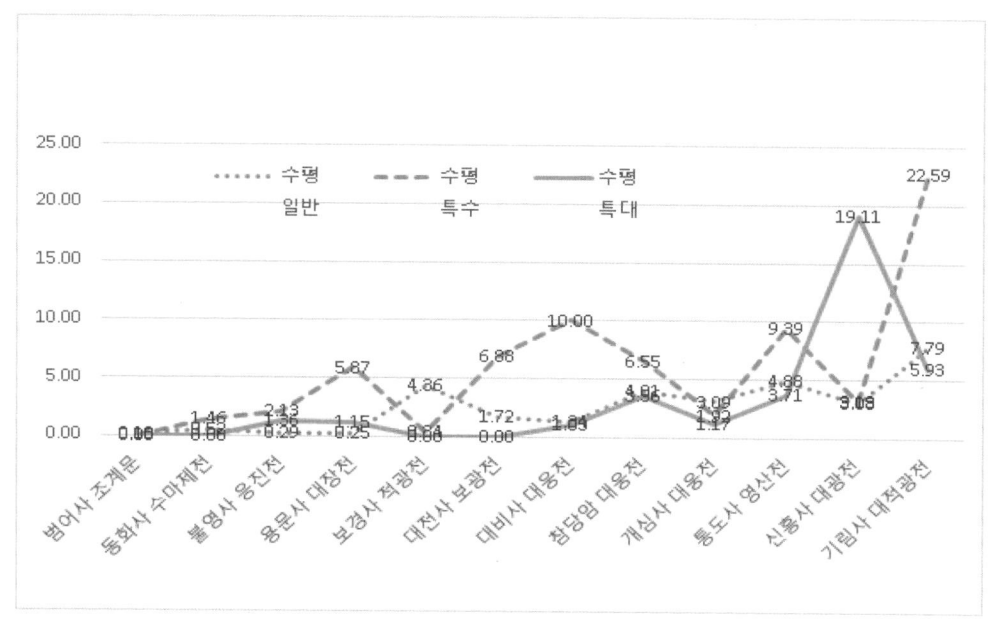

[그림 3-37] 수평수장부 규격별 물량

일반재 물량의 범위는 0.18m³에서 7.79m³의 범위에 분포하며 평균은 2.63m³ 정도이고, 특수재는 0에서 10m³ 정도의 범위에 분포하며 평균은 5.86m³ 정도이다. 특대재의 물량은 신흥사 대광전을 제외하면 건축면적이 증가할수록 함께 증가하는 경향을 보인다.

수평수장부의 전체물량에 대한 비율은 1%에서 16%의 범위에 분포하며, 평균은 10%이며, 1분위는 7%, 중간값은 10%, 3분위는 13% 정도이다.

② 수평수장부 물량 비율

수평수장부의 규격별 목재의 물량 비율은 일반재가 3%에서 100%의 범위에 분포하며 평균은 33% 정도이며, 특수재는 0%에서 81%의 범위에 분포하며 평균은 49% 정도이다. 그리고 특대재는 0%에서 36%의 범위에 분포하며 평균은 18% 정도이다. 규격별 목재 비율의 중간값은 일반재가 24%, 특수재가 54%, 특대재가 16%이다. 일반재의 평균값이 중간값에 7% 정도 떨어졌으며 특수재와 특대재는 5%의 범위 내에 분포한다.

일반재의 비율이 높은 대상 건물은 보경사 적광전과 범어사 조계문이며 나머지는 특수재와 특대재의 비중이 높은 편이다. 보경사 적광전과 범어사 조계문, 개심사 대웅전을 제외하면 수평수장부재의 주요 규격 구성 비율은 특수재와 특대재가 주를 이루며 일반재의 비율은 30%를 넘지 않는 수준이다.

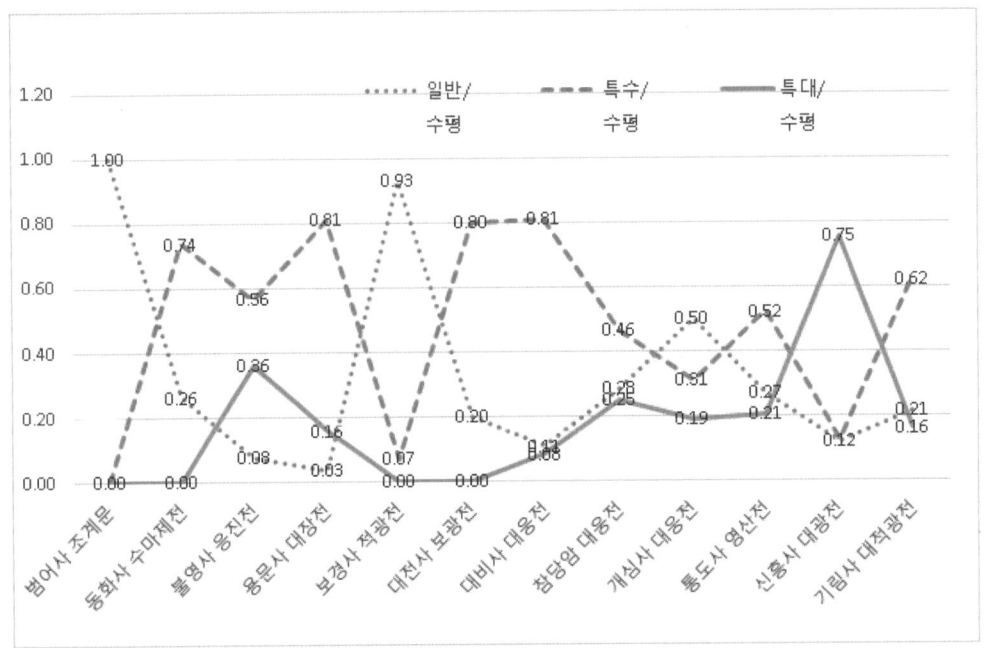

[그림 3-38] 수평수장부 규격별 물량 비율

③ 부재개수와 부재별 물량 순위

㉠ 부재수

　수평수장부의 개수는 28개에서 2,390개의 범위에 분포하며 평균은 905개 정도이다. 1분위는 236개 중간값은 556개, 3분위는 1,650개이다. 수평수장부 부재수가 가장 많은 건물은 신흥사 대광전이며, 가장 적은 건물은 범어사 조계문이다. 부재수는 이들 두 건물을 제외하면 200개에서 1,800개 사이에 분포하며, 이들 중 반자가 없거나 일부분에만 설치된 건물인 개심사 대웅전, 용문사 대장전, 보경사 적광전을 제외하면, 500개에서 1,800개의 범위에 분포한다고 할 수 있다. 부재수에 영향을 미치는 것은 반자의 유무, 설치 범위, 바닥의 종류에 따라 다르며, 건축면적도 많은 영향을 미치는 것으로 보인다.

[표 3-27] 수평수장부 부재수

명칭 \ 구분	전체부재수	수장부 제외부재수	수평/전체	수평부 합계	수평 수장부 부재수 1순위	수평 수장부 부재수 2순위
범어사 조계문	907	879	0.03	28	반자	-
동화사 수마제전	1238	704	0.41	508	소란대	청판
불영사 응진전	1493	1249	0.13	193	소란대	청판
용문사 대장전	1574	1289	0.15	231	마루청판	소란대
보경사 적광전	2056	1750	0.12	250	마루청판	귀틀
대전사 보광전	3475	1528	0.53	1854	소란대	반자틀
대비사 대웅전	2292	1635	0.26	603	소란대	마루청판
참당암 대웅전	3399	2003	0.38	1283	소란대	반자청판
개심사 대웅전	2103	1802	0.12	262	마루청판	귀틀
통도사 영산전	4498	2737	0.37	1668	소란대	청판
신흥사 대광전	4751	2282	0.50	2390	소란대	반자틀
기림사 대적광전	5150	3457	0.31	1595	마루청판	소란대

전체 부재수에 대한 수평수장부 부재수의 비율은 3%에서 53%의 범위에 분포하며, 평균은 28% 정도이다. 수평수장부의 부재수 비율의 범위가 큰 것은 천장의 유무, 설치 범위, 천장의 형식 등이 영향을 미쳤다고 생각된다.

수평수장부에서 부재수 1순위는 소란대와 마루청판이며, 2순위는 마루청판, 귀틀, 소란대 등 다양하며, 전체적으로 보면, 소란대와 마루청판이 가장 많은 부재수를 차지하는 부재라고 할 수 있다.

ⓛ 단일부재 체적과 부재재적

[표 3-28] 수평수장부 단일부재 체적과 부재재적

구분 명칭	단일부재 체적		재적(단일부재 체적의 합)	
	1순위	2순위	1순위	2순위
범어사 조계문	반자	-	반자	-
동화사 수마제전	동귀틀	반자틀	마루청판	반자틀
불영사 응진전	장귀틀	동귀틀	마루귀틀	마루청판
용문사 대장전	장귀틀	변귀틀	마루귀틀	마루청판
보경사 적광전	장귀틀	동귀틀	마루청판	마루귀틀
대전사 보광전	장귀틀	동귀틀	마루귀틀	마루청판
대비사 대웅전	장귀틀	동귀틀	마루청판	마루귀틀
참당암 대웅전	장귀틀	동귀틀	마루귀틀	마루청판
개심사 대웅전	장귀틀	동귀틀	마루귀틀	마루청판
통도사 영산전	장귀틀	동귀틀	마루귀틀	반자틀
신흥사 대광전	장귀틀	동귀틀	마루귀틀	마루청판
기림사 대적광전	장귀틀	동귀틀	마루귀틀	마루청판

수평수장부 단일부재 체적의 1순위에서는 장귀틀이 주를 이루며 2순위에서는 동귀틀과 변귀틀, 반자틀이 있지만 2순위에서는 동귀틀이 주를 이룬다. 종합해서 보면 단일부재 체적은 장귀틀과 동귀틀 가장 대표적인 부재라고 할 수 있다. 재적은 1순위에서는 마루귀틀과 마루청판이, 2순위에서는 마루청판, 반자틀, 마루귀틀이 나타난다. 단일부재의 체적과 부재수의 곱인 재적은 마루귀틀과 마루청판이 대표적이라고 할 수 있다.

④ 수평수장부 물량특성

수평수장부에서 일반재와 특수재, 특대재를 모두 사용하였으며, 주로 사용된 규격은 특수재이다. 특히 특수재와 특대재를 일반재에 비해 많이 사용하였다. 목재 규격의 사용 비율은 몇몇 특수한 경우를 제외하면, 30% 범위를 넘지 않는 범위에서 사용되고 있다. 수평수장부의 목재 물량과 건축면적의 상관성은 매우 높은 편이라 할 수 있는데, 조사대상 한두 개를 제외하고 나면 건축면적에 정비례하는 경향을 보인다.

수평수장부의 부재수는 전체부재수에 대해 약 30%의 비율을 보이고 있으며, 물량 비율이 10%인 것에 비해 높은 비율을 보인다. 부재수가 많은 순으로 살펴보면, 소란대와 마루청판이 가장 많은 부재수를 차지하는 부재이며, 소란대는 반자 부재이고 마루청판은 바닥인 우물마루의 부재이다. 단일부재 체적 및 재적에서는 마루귀틀과 마루청판이 가장 많은 재적을 차지하고 있는 대표적인 부재이다.

3. 소 결

주심포 맞배지붕 건축과 다포식 맞배지붕 건축의 물량구조를 전체와 각 부분으로 나누어 고찰한 결과를 정리하면 아래와 같다.

맞배지붕의 건축물은 건축면적이 증가할수록 전체물량은 증가하는 경향이 있다. 목재규격은 일반재의 경우는 면적 증가와 큰 상관성은 없어 보이지만, 특수재와 특대재는 증가하는 경향이 있다. 그리고 특수재는 주심포식 맞배 건축에서는 10평 이상의 건물에서 사용량이 증가하며, 다포식 맞배 건축에서는 20평이 넘어갈 때, 사용량이 증가하며 그 비율은 50%를 넘어선다. 특대재의 경우는 특수재의 사용과 함께 건축면적이 증가할수록 증가하는 경향이 있으며, 그 사용 비율은 주심포식 맞배지붕 건축에서는 15%, 다포식 맞배지붕 건축에서는 20% 정도이다.

면적당 물량은 주심포식 맞배지붕 건축은 평당 700~900재 정도이며, 다포식 맞배지붕 건축은 1,000~1,500재 정도이다. 그리고 체적당 물량은 주심포식 맞배지붕 건축은 입방미터당 30~120재 사이이며, 다포식 맞배지붕 건축은 42~149재 사이에 분포하고 있다. 그리고 전체적으로 건축면적이 증가할수록 체적당 물량은 감소하는 경향을 보인다.

맞배지붕형 목조건축은 각 부분의 목재사용량이 일정한 비율을 보이고 있는데, 주심포식 맞배지붕 건축은 지붕부 35%, 가구부 32%, 공포부 7%, 축부 18%, 벽체수장부 5%, 수평수장부 10% 정도이며, 다포식 맞배지붕 건축은 지붕부 27%, 가구부 21%, 공포부 21%, 축부 17%, 벽체수장부 4%, 수평수장부 10% 정도의 비율을 보이고 있다. 맞배지붕 건축은 지붕부와 가구부, 공포부에 약 70% 정도의 물량이 분포되어 있으며, 주심포식 맞배 건축은 지붕부와 가구부의 두 부분에 물량을 집중시켰고, 다포식 맞배 건축은 지붕부, 가구부, 공포부에 세 부분에 물량을 집중시켰다.

지붕부 물량의 주요 규격은 일반재와 특수재이며, 10평 이하의 작은 건축면적에서는 일반재의 사용량이 많으나 10평 이상의 건축물에는 면적이 증가할수록 특수재의 사용량이 증가하는 경향이 있다. 특수재의 사용량은 가구부에 비해 많지 않은 편이라 할 수 있으며, 대표적인 부재는 부재수나 부재물량을 고려해 봤을 때 연목과 박공이라 할 수 있다.

가구부의 주요 물량규격은 특수재와 특대재이며, 특수재의 사용량이 50% 정도이며, 특내재는 득수재의 절반 정도의 비율을 보인다. 주심포식 및 나포식 맞배지붕 건축의 가구부의 대표적인 부재는 보와 도리이며, 많은 부재수와 물량을 차지하고 있다.

공포부는 맞배 건축인 주심포식과 다포식의 형식을 가장 극명하게 나타내는 부분으로 두 형식의 차이는 외형적인 건축형식의 차이 및 물량의 차이도 두드러지게 나타나는 부분이다. 먼저 공통점은 사용 부재의 규격인데, 두 형식 모두 일반재와 특수재를 주로 사용하였으며, 대표적인 부재는 주심포식 맞배 건축은 뜬장여와 소로, 주두이며, 다포식 맞배 건축은 뜬장여와 살미와 첨차를 들 수 있다.

축부는 다포식과 주심포식의 차이가 있는 부분인데, 다포식에는 평방을 사용하고 주심포식은 평방을 사용하지 않는 형식이다. 두 형식 모두 목재 규격은 특수재와 특대재가 주 사용 규격이다. 주심포식 맞배 형식은 15평 이하에서 일반재와 특수재의 비율이 2:8 정도이며 24평 이상에서는 특수재와 특대재의 비율이 2:8 정도이다. 그리고 다포식 맞배 형식은 15평 이하에서는 특수재와 특대재의 비율이 5:5 정도이며, 15평 이상에서는 3:7 이상으로 특대재의 비율이 올라간다. 축부의 대표적인 부재는 기둥이며, 주심포식 맞배 건축에서는 창방이며, 다포식 맞배 건축에서는 창방과 평방이다.

벽체수장부는 주심포식 맞배지붕, 다포식 맞배지붕의 건축형식 모두 비슷한 물량구조를 보인다. 주로 사용된 목재 규격은 일반재와 특수재이며 두 형식 모두 일반재의 비율이 특수재의 비율보다 높은 편이며, 일반재와 특수재의 서로 간의 비율은 약 2:1정도이다. 벽체수장부의 대표적인 부재는 주선과 인방이 대표적이며, 이들 부재는 건축면적이 증가할수록 물량도 증가하는 경향을 보인다.

수평수장부는 주심포식 맞배지붕 건축과 다포식 맞배지붕 건축의 차이가 큰 부분 중의 하나이다. 여말선초의 주심포식 건물의 경우 천장과 마루가 설치되지 않은 경우가 많아 수평수장부의 물량 비율이 아주 낮은 대상이 있는데 비해, 다포식 맞배지붕 건축의 경우는 개심사 대웅전을 제외하면 건물 대부분에서 마루와 천장 있는 유형이라 수평수장부의 물량 비율이 어느 정도 유지되고 있다. 수평수장부는 목재 규격은 일반재와 특수재, 특대재를 모두 사용하고 있으며, 천장의 경우는 일반재와 특수재를 마루의 경우는 특수재와 특대재가 주를 이룬다. 수평수장부의 대표적인 부재는 천장이 있는 경우는 반자귀틀과 반자청판이며, 마루의 경우는 마루귀틀과 마루청판이다. 그리고 다포식 맞배 건축의 수평수장부 물량은 건축면적에 비례하는 경향을 보인다.

IV. 맞배지붕 건축의 통계분석 및 산출모델

1. 물량 상관관계 분석 방법

통계학적 분석 방법을 사용하여 일차적으로 각 부분의 물량산출량과 실측 치수를 바탕으로 한, 길이, 면적, 체적 등을 바탕으로 하여 1차원적 분석(길이), 2차원적 분석(면적), 3차원적 분석(체적)을 시행하였다.

상관성을 살펴보기 위하여 먼저 일차적으로 목재 물량에 영향을 줄 가능성이 큰 길이, 면적, 체적 등의 요소를 바탕으로 상호관련성을 규명해 보기로 하였다. 상관성을 알아보기 위하여 먼저 상관분석을 통해 길이, 면적, 체적 등과의 상관관계 분석을 시행하고, 상관관계 계수가 높은 순서로 정리하여, 이들 요소 중 상위 요소는 회귀분석을 통해 회귀방정식을 세우고 회귀방정식으로 산출한 물량과 실제 물량과의 차이를 분석하였다.

1) 독립변수의 설정 기준

물량산출의 기준을 찾기 위하여 독립변수의 설정이 우선 과제인데, 5가지 측면에서 변수를 설정하였다.

① 독립변수는 1차원적 요소인 길이, 2차원적인 요소인 면적, 3차원적인 요소인 체적으로 나누어 설정하였다.
② 1차원적 요소는 주간장, 지붕장, 건물고, 주심둘레길이 등이 있고, 2차원적 요소는 건축면적과 지붕면적, 입면면적 등이 있다. 그리고 3차원적인 요소는 건축면적에 기둥높이를 곱한 축부체적과, 가구부 공간의 체적인 가구부체적, 그리고 이들의 합인 실내

체적으로 구분하여 변수를 설정하였다.

③ 1차원적 요소는 길이 요소와 부재수로 나눌 수 있는데, 길이 요소는 다시 수평길이 요소와 수직길이 요소로 나눌 수 있다. 수평길이 요소는 정면주간장, 측면주간장, 정면지붕장, 측면지붕장, 주심기둥열 둘레길이 등이 있다. 그리고 수직길이 요소는 건물고, 기둥고, 공포고, 가구고 등이 있다. 끝으로 부재수는 도리의 전체 개수와 기둥의 전체수로 구분할 수 있다.

④ 2차원적 요소는 면적 요소로서, 건축면적과 지붕평면적, 입면면적으로 나눌 수 있는데, 건축면적은 정면과 측면 길이의 곱으로 나타나며, 지붕평면적은 정면지붕장과 측면 지붕장의 곱, 입면면적은 주심둘레길이에다 기둥고와 공포고의 합을 곱한 값이다.

⑤ 3차원적 요소는 체적요소로서, 축부체적과 가구부체적, 그리고 이들의 합인 실내체적으로 구분할 수 있다. 축부체적은 건축면적과 주고와 공포고의 합의 곱이며, 가구부체적은 지붕 내부의 공간체적의 값이다.

2) 통계분석방법

본 연구에서는 이변량 상관분석을 기준으로 하였으며 선형회귀분석, 분산분석, 모수추정치분석 등을 통하여 상관분석자료를 검정하였다. 2개의 각기 다른 독립변수인 측정치들 간의 상관관계는 항상 -1과 1 사이의 값을 가지며, 극단적인 값 $r=-1$과 $r=1$은 正 또는 負의 완전한 연관관계를 의미한다.

상관분포도에 있어서 각 측정치의 좌표점들이 X로부터 Y를 예측하는 추세선 주변에 가까이 흩어져 있을수록 R의 절대값이 커지며 이는 독립변수인 X와 종속변수인 Y, 2개 변수 간의 상호관련성이 높다는 것을 의미한다.

따라서 본 연구에서는 이러한 상호계수가 높은 측정치 조합을 추적하여 물량산출체계에 대한 개괄을 시도하였다.

본 연구의 수행에 사용된 프로그램은 MS-Office Excel을 기반으로 서울대학교 통계학과에서 개발된 KESS 통계프로그램이다.

2. 맞배지붕 건축의 물량상관관계 및 산출모델

본 절에서는 맞배지붕 건축의 물량과 변수들 간의 상관관계 및 산출모델에 대해서 분석 및 검토해 보기로 한다. 맞배지붕 건축은 총 23개 동으로 주심포식 맞배지붕 건축이 11개 동, 다포식 맞배지분 건축이 12개 동으로 구성된다.

1) 목재 물량 상관관계 분석

상관분석에서 얻어진 변수들 간의 상관계수는 0.3보다 작으면 관계가 적다고 하고, 0.3 이상부터 0.7 미만이면 어느 정도 관계가 있다고 한다. 그리고 0.7 이상이면 서로의 변수들 간에 관계가 크다고 할 수 있다.

(1) 전체물량 물량 상관관계

[표 4-1] 맞배 건축 전체물량의 상관계수

종속변수	차원	독립변수	상관계수
전체물량 (m³)	2	입면면적	0.8922
	1	측면지붕장	0.8665
	2	지붕평면적	0.8561
	3	축부체적	0.8500
	3	실내체적m³	0.8355
	1	측면주간장	0.8282
	1	주심둘레길이	0.8170
	1	가구고	0.8082
	2	건축면적(M2)	0.7970

전체물량은 1차원적 변수인 측면지붕장, 측면주간장, 주심둘레길이, 가구고와 상관관계가 있으며, 2차원적 변수는 입면면적, 지붕평면적, 건축면적과 상관관계가 있다. 그리고 3차원적 변수는 축부체적과 실내체적과 상관관계가 있다.

각 차원별 변수들 중 상관관계가 가장 큰 변수는 1차원은 측면지붕장, 2차원은 입면면적, 3차원은 축부체적이다. 전체적으로는 입면면적, 측면지붕장, 지붕평면적, 축부체적, 실내체적의 순이다. 상관계수들 중 0.9를 넘는 것은 없으며, 상위 9개의 변수들은 0.79에서 0.89의 범위에 분포하고 있다. 1차원 변수가 가장 많으며, 그다음이 2차원과 3차원 변수이다.

상관관계 분석에서 나타난 각 변수의 관계를 바탕으로 전체물량에 대한 다른 부분과의 변화를 알아보기 위해, 차원적 변수에 대한 회귀분석을 실시하였다.

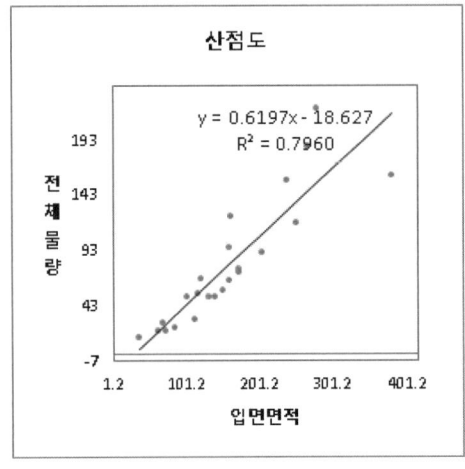 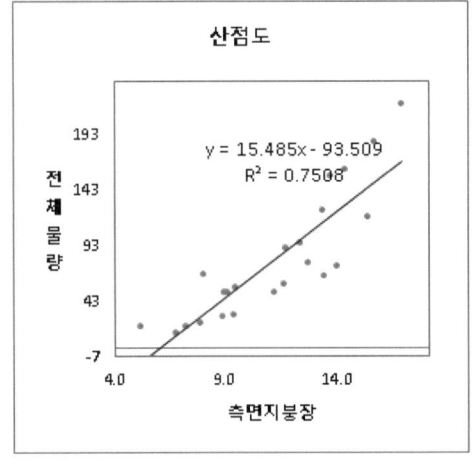

[그림 4-1] 맞배건축 전체물량 산점도 1

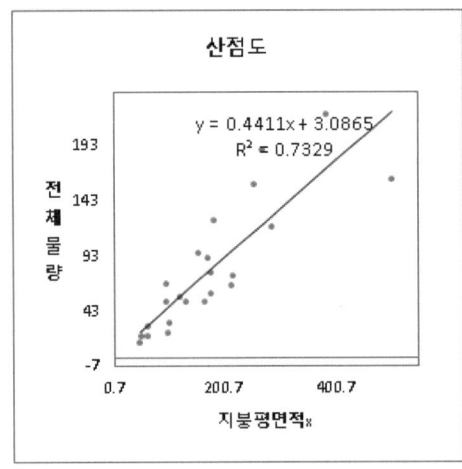 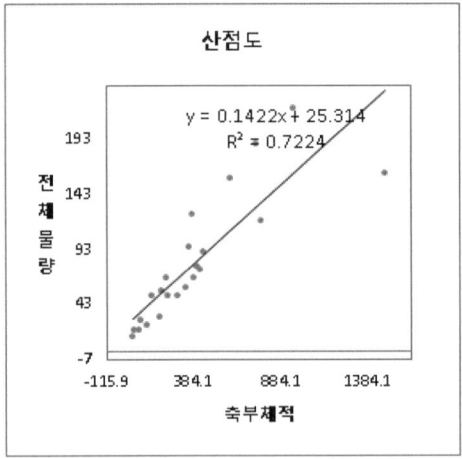

[그림 4-2] 맞배건축 전체물량 산점도 2

상호 연관성이 인정되는 부분에 대하여 상관비례를 분석해 본 결과, 목조 맞배지붕 건축의 전체물량은 입면면적과는 18.6269㎥ 정도의 음의 기본값을 가지며, 0.61971의 비례값을 가지고 있고, 측면지붕장과는 93.5091㎥의 기본값과 15.4853의 비례값을 가진다. 그리고 지붕평면적과는 3.0865㎥의 기본값과 0.4411의 비례값을 가지며, 축부체적과는 25.3140㎥의 기본값과 0.14219의 비례값을 가진다. 결정계수는 0.7224에서 0.7960의 범위에 분포하며, 0.80 이하의 설명력을 보인다.

[표 4-2] 주심포 맞배건축 전체물량 상관 분석표

부분	독립변수	회귀방정식	결정계수(R2)	유의확률
전체 물량	입면면적	Y=0.61971X-18.62692	0.7960	0.0000
	측면지붕장	Y=15.48533X-93.50907	0.7508	0.0000
	지붕평면적	Y=0.44110X+3.08654	0.7329	0.0000
	축부체적	Y=0.14219X+25.31401	0.7224	0.0000

(2) 지붕부 물량 상관관계

[표 4-3] 주심포 맞배 건축 지붕부 물량의 상관계수

종속변수	차원	독립변수	상관계수
지붕부물량 (㎥)	2	입면면적	0.8557
	2	지붕평면적	0.8207
	3	축부체적	0.8167
	1	주심둘레길이	0.8056
	3	실내체적㎥	0.8022
	1	측면지붕장	0.7911
	2	건축면적(M2)	0.7797
	1	측면주간장	0.7706
	1	정면지붕장	0.7598

지붕부 물량은 1차원적인 변수의 경우는 주심둘레길이, 측면지붕장, 정면지붕장, 측면주간장, 정면주간장과 관계가 있고, 2차원적인 변수는 입면면적, 지붕평면적, 건축면적등과 상관성이 있다. 그리고 3차원적인 변수는 축부체적, 실내체적 등과 상관성이 있다. 각 차원적 변수의 최상위 변수는 1차원적 변수는 주심둘레길이, 2차원적 변수는 입면면적, 3차원적 변수는 축부체적이다. 전체적으로는 입면면적, 지붕평면적, 축부체적, 주심둘레길이 순으로 상관성이 높다고 할 수 있다.

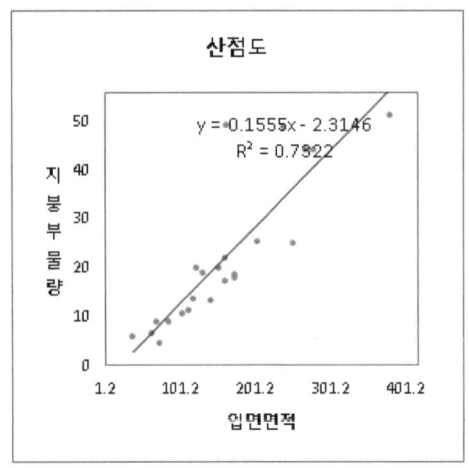
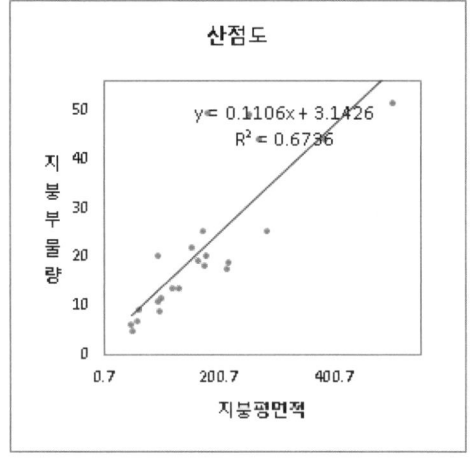

[그림 4-3] 맞배건축 지붕부 물량 산점도 1

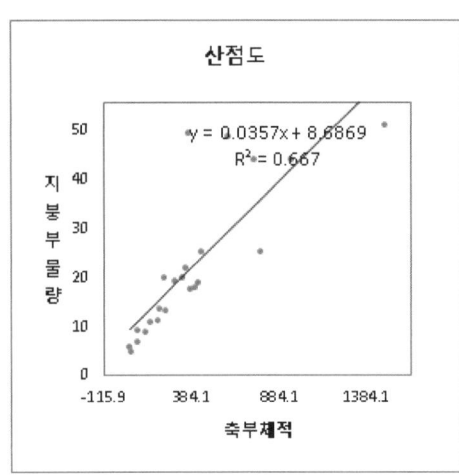
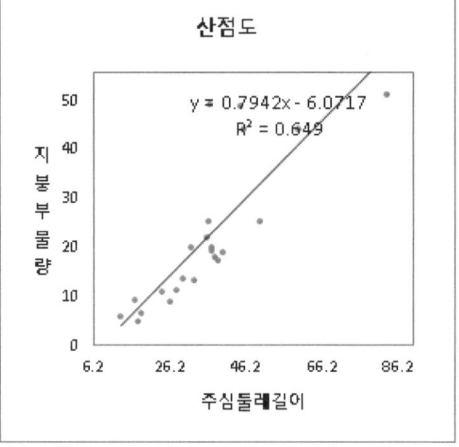

[그림 4-4] 맞배건축 지붕부 물량 산점도 2

[표 4-4] 맞배 건축 지붕부 물량 상관 분석표

부분	독립변수	회귀방정식	상관계수(R)	결정계수(R2)	유의확률
지붕부 물량	입면면적	Y=0.15550X−2.31456	0.8557	0.7322	0.0000
	지붕평면적	Y=0.11064X+3.14261	0.8207	0.6736	0.0000
	축부체적	Y=0.03575X+8.68689	0.8167	0.6670	0.0000
	주심둘레길이	Y=0.79416X−6.0717	0.8056	0.6490	0.0000

상관관계 분석에서 나타난 각 변수의 관계를 바탕으로 지붕부 물량에 대한 다른 부분과의 변화를 알아보기 위해, 차원적 변수에 대한 회귀분석을 실시하였다.

상호 연관성이 인정되는 부분에 대하여 회귀분석을 한 결과, 지붕부 물량은 입면면적에 2.3146㎥의 음의 기본값을 가지며, 0.1555의 비례값을 가지고 있고, 지붕평면적과는 3.1426㎥의 기본값과 0.1106의 비례값을 가진다. 그리고 축부체적과는 8.6869㎥의 기본값과 0.0358의 비례값을 가지고, 주심둘레 길이와는 6.0717㎥의 음의 기본값과 0.7942의 비례값을 가진다. 지붕부 물량과 상관성이 있는 독립변수 4개의 결정계수값은 0.65에서 0.73의 범위에 분포하고 있다.

(3) 가구부 물량 상관관계

[표 4-5] 맞배 건축 가구부물량의 상관계수

종속변수	차원	독립변수	상관계수
가구부물량 (㎥)	2	입면면적	0.9435
	2	지붕평면적	0.9380
	3	축부체적	0.9344
	3	실내체적㎥	0.9318
	1	주심둘레길이	0.9164
	3	가구부체적	0.9151
	1	측면주간장	0.9135
	2	건축면적(M2)	0.9076
	1	측면지붕장	0.8900

가구부 물량은 1차원적 변수인 주심둘레길이, 측면주간장, 측면지붕장 등과 관계가 있고, 2차원적인 변수는 입면면적, 지붕평면적, 건축면적 등과 상관성이 있다. 그리고 3차원적인 변수는 축부체적, 실내체적, 가구부체적 등과 상관성이 있다. 각 차원적 변수에서 1차원적 변수는 주심둘레길이, 2차원적 변수는 입면면적, 3차원적 변수는 축부체적이 가장 상관성이 높다.

상관관계 분석에서 나타난 각 변수의 관계를 바탕으로 가구부 물량에 대한 다른 부분과의 변화를 알아보기 위해, 차원적 변수에 대한 회귀분석을 실시하였다.

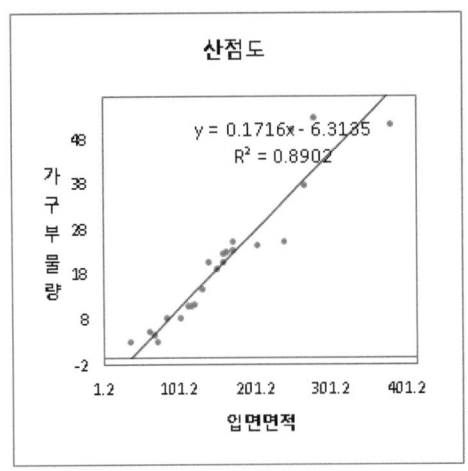
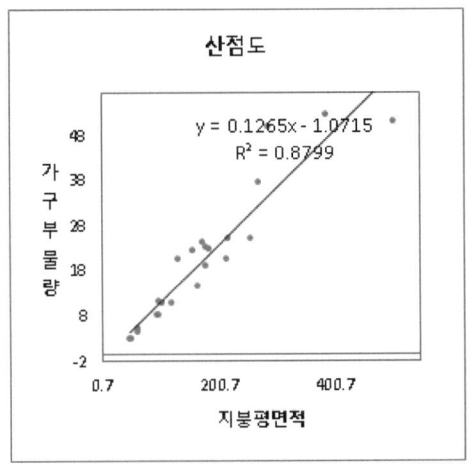

[그림 4-5] 맞배건축 가구부 물량 산점도 1

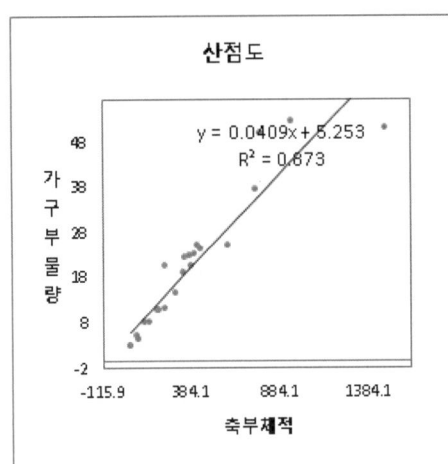
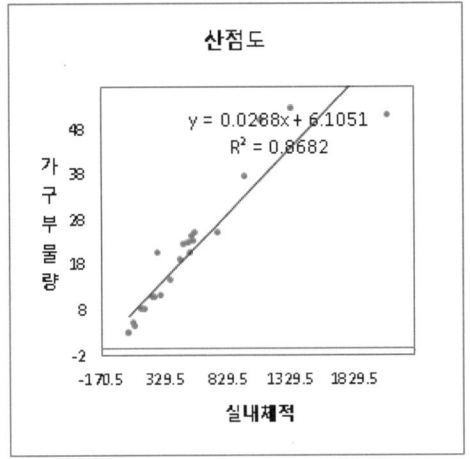

[그림 4-6] 맞배건축 가구부 물량 산점도 2

상호 연관성이 인정되는 부분에 대하여 회귀분석을 한 결과, 가구부 물량은 입면면적에 음의 6.3135㎥의 기본값과, 0.1716의 비례값을 가지고 있고, 지붕평면적과는 1.0715㎥의 음의 기본값을 가진다. 그리고 축부체적과는 5.2530㎥의 기본값과 0.0409의 비례값을 가지며, 실내체적과는 6.1051㎥의 기본값과 0.0288의 비례값을 가진다. 가구부 물량과 상관성이 있는 독립변수 4개의 결정계수 범위는 0.86에서 0.90의 범위에 분포하고 있다.

[표 4-6] 맞배 건축 가구부 물량 상관 분석표

부분	독립변수	회귀방정식	상관계수(R)	결정계수(R2)	유의확률
가구부 물량	입면면적	Y=0.17155X−6.31352	0.9435	0.8902	0.0000
	지붕평면적	Y=0.12652X−1.07151	0.9380	0.8799	0.0000
	축부체적	Y=0.04092X+5.25301	0.9344	0.8730	0.0000
	실내체적㎥	Y=0.02882X+6.10507	0.9318	0.8682	0.0000

(4)공포부 물량 상관관계

[표 4-7] 맞배 건축 공포부 물량의 상관계수

종속변수	차원	변수	상관계수
공포부 물량(m^3)	1	공포수	0.7337
	1	공포고	0.6666
	1	측면지붕장	0.5966
	2	입면면적	0.5664
	1	도리전체수	0.5419
	1	량수	0.5140
	2	지붕평면적	0.5093
	1	측면주간장	0.5032
	1	가구고	0.4995

공포부 물량은 1차원적인 변수인 공포수, 공포고, 측면지붕장, 도리전체수, 량수, 측면주간장, 가구고 등과 관계가 있고, 2차원적인 변수는 입면면적, 지붕평면적과 상관성이 있다. 그리고 3차원적인 변수 중에 상관계수가 0.5가 넘는 것은 하나도 없는 것으로 나타났다.

각 차원적 변수에서 1차원적 변수는 공포수, 2차원적 변수는 입면면적이 가장 상관성이 높은 변수이다. 상관계수의 범위는 0.49에서 0.74의 범위에 분포하고 있으며, 다른 부분의 상관계수 범위보다 낮은 편에 속한다.

상관관계 분석에서 나타난 각 변수의 관계를 바탕으로 공포부 물량에 대한 다른 부분과의 변화를 알아보기 위해, 차원적 변수에 대한 회귀분석을 실시하였다.

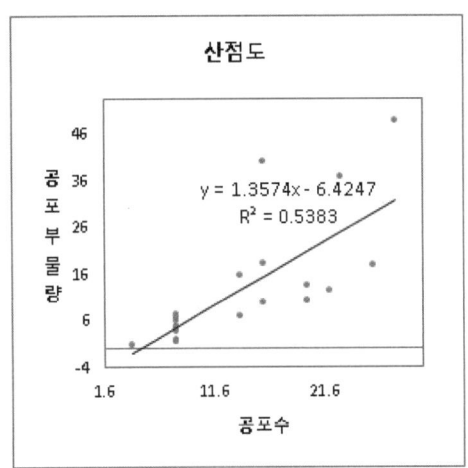 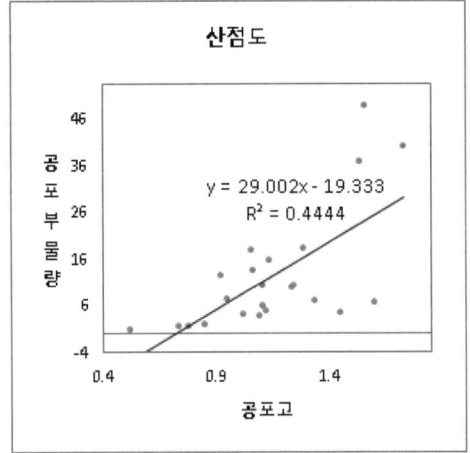

[그림 4-7] 맞배건축 공포부 물량 산점도 1

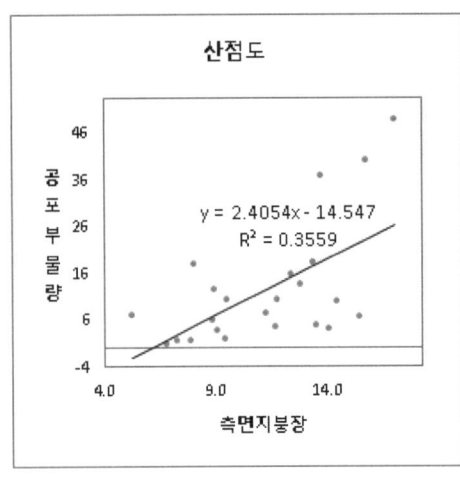 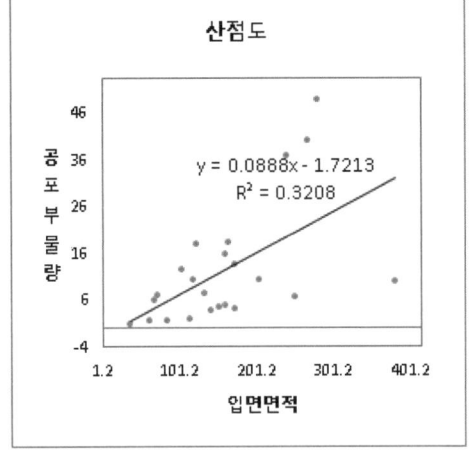

[그림 4-8] 맞배건축 공포부 물량 산점도 2

[표 4-8] 맞배 건축 공포부 물량 상관 분석표

부분	독립변수	회귀방정식	상관계수(R)	결정계수(R2)	유의확률
공포부 물량	공포수	Y = 1.35743X − 6.42472	0.7337	0.5383	0.0000
	공포고	Y = 29.00249X − 19.33285	0.6666	0.4444	0.0000
	측면지붕장	Y = 2.40540X − 14.54745	0.5966	0.3559	0.0000
	입면면적	Y = 0.08876X − 1.72134	0.5664	0.3208	0.0000

상호 연관성이 인정되는 부분에 대하여 회귀분석을 한 결과, 공포부 물량은 공포수에 음의 6.4247㎥의 기본값과 1.3574의 비례값을 가지고 있고, 공포고는 음의 19.3329㎥의 기본값과 29.0025의 비례값을 가진다. 그리고 측면지붕장과는 음의 14.5475㎥의 기본값과 2.4054의 비례값을 가지며, 입면면적과는 음의 1.7213㎥의 기본값과 0.0887의 비례값을 가진다. 상관성이 있는 변수들은 1차원적 변수들이 다수를 차지하며, 그중 상관성이 가장 높은 4개의 변수들의 결정계수 범위는 0.32에서 0.54의 범위에 분포하는데, 이 분포 범위는 다른 부분들 보다 결정계수가 낮은 편에 속하는데, 이는 주심포식 공포와 다포식 공포의 물량이 혼재되어 설명력이 떨어지는 것으로 판단된다.

(5) 축부 물량 상관관계

축부 물량은 1차원적인 변수인 주심둘레길이, 정면지붕장, 정면주간장과 관계가 있고, 2차원적 변수는 입면면적, 지붕평면적, 건축면적 등과 상관성이 있다. 그리고 2차원적인 변수는 축부체적, 실내체적, 가구부체적 등과 상광성이 있다. 상관성이 높은 변수는 2차원적 변수와 3차원적 변수들이며, 이들의 상관계수 범위는 0.87에서 0.94의 범위에 분포한다.

각 차원적 변수에서 1차원적 변수는 주심둘레길이, 2차원적 변수는 입면면적, 3차원적 변수는 축부체적이 가장 상관성이 크다. 전체적으로는 입면면적, 축부체적, 실내체적, 지붕평면적의 순이다.

[표 4-9] 맞배 건축 축부물량의 상관상관계수

종속변수	차원	변수	상관계수
축부물량(㎥)	2	입면면적	0.9348
	3	축부체적	0.9196
	3	실내체적㎥	0.9091
	2	지붕평면적	0.8922
	3	가구부체적	0.8739
	2	건축면적(M2)	0.8727
	1	주심둘레길이	0.8705
	1	정면지붕장	0.8296
	1	정면주간장	0.8274

상관관계 분석에서 나타난 각 변수의 관계를 바탕으로 축부 물량의 변화에 대한 다른 부분과의 관계를 알아보기 위해, 차원적 변수에 대한 회귀분석을 실시하였다.

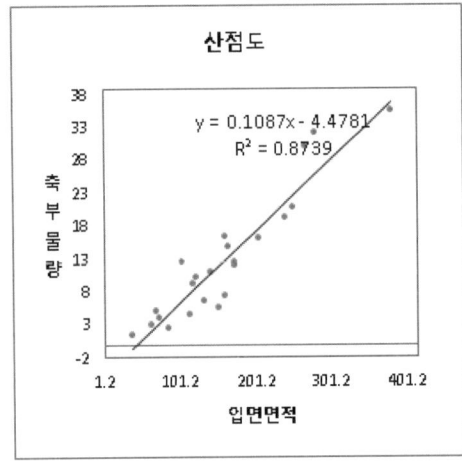 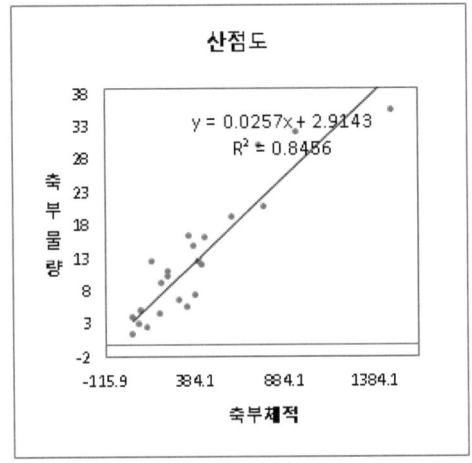

[그림 4-9] 맞배건축 축부 물량 산점도 1

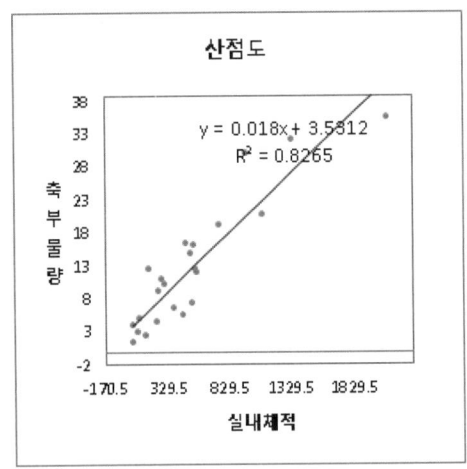 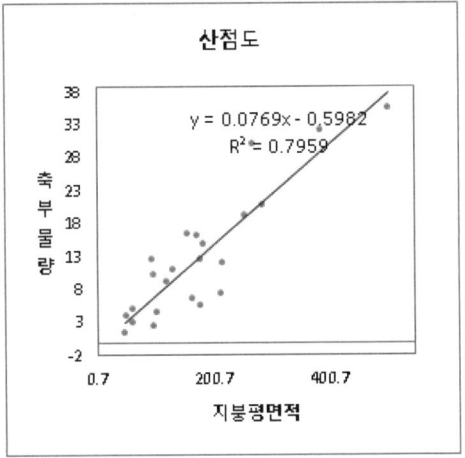

[그림 4-10] 맞배건축 축부 물량 산점도 2

상호 연관성이 인정되는 부분에 대하여 회귀분석을 한 결과, 축부물량은 입면면적과 4.4781㎥의 음의 기본값과 0.1087의 비례값을 가지고 있고, 축부체적과는 2.9143㎥의 기본값과 0.0165의 비례값을 가진다. 그리고 실내체적과는 3.5313㎥의 기본값과 0.0179의 비례값을 가지며, 지붕평면적과는 음의 0.5982㎥의 기본값과 0.0769의 비례값을 가진다. 상관성이 높은 상위 4개의 변수들을 살펴보면 2~3차원적 변수가 주를 이루며, 결정계수는 0.79에서 0.88의 범위에 분포하고 있다.

[표 4-10] 맞배 건축 축부 물량 상관 분석표

부분	독립변수	회귀방정식	상관계수(R)	결정계수(R2)	유의확률
축부 물량	입면면적	Y=0.10866X-4.47813	0.9348	0.8739	0.0000
	축부체적	Y=0.02574X+2.91428	0.9196	0.8456	0.0000
	실내체적m^3	Y=0.01798X+3.53125	0.9091	0.8265	0.0000
	지붕평면적	Y=0.07692X-0.59821	0.8922	0.7959	0.0000

(6) 벽체수장부 물량 상관관계

[표 4-11] 벽체수장부 물량의 상관계수

종속변수	차원	변수	상관계수
벽체수장부 물량(m^3)	2	입면면적	0.9309
	3	축부체적	0.9163
	3	실내체적m^3	0.9026
	2	지붕평면적	0.8985
	1	주심둘레길이	0.8851
	2	건축면적(M2)	0.8794
	1	정면지붕장	0.8666
	3	가구부체적	0.8599
	1	정면주간장	0.8521

 벽체수장부 물량은 1차원적인 변수인 주심둘레길이, 정면지붕장, 정면주간장 등과 관계가 있고, 2차원적 변수인 입면면적, 지붕평면적, 건축면적과도 상관성이 있다. 그리고 3차원적인 변수는 축부체적, 실내체적, 가구부체적과 상관성이 있다. 각 차원 변수와 고르게 상관성이 있으며, 2~3차원 변수가 상관성이 높은 편이다.
 각 차원적 변수에서 1차원적 변수는 주심둘레길이, 2차원적 변수는 입면면적, 3차원적 변수는 실내체적이 가장 상관성이 큰 변수이며, 전체적으로는 입면면적, 축부체적, 실내체적, 지붕평면적의 순서이다. 상관계수의 범위는 0.85에서 0.93의 범위에 분포하며 모두 관계가 큰 편에 속한다.

상관관계 분석에서 나타난 각 변수의 관계를 바탕으로 벽체수장부 물량변화에 대한 다른 부분과의 관계를 알아보기 위해, 차원적 변수에 대한 회귀분석을 실시하였다.

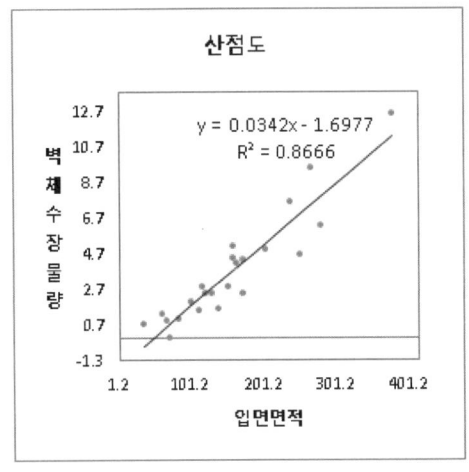 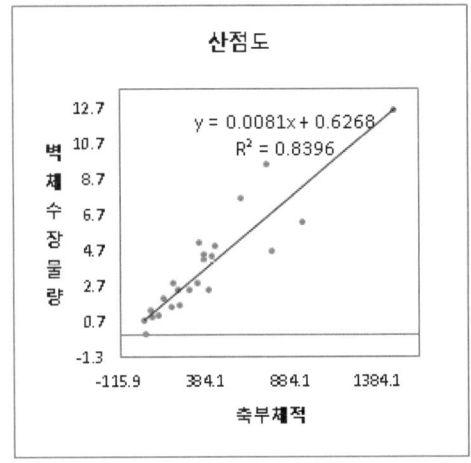

[그림 4-11] 맞배건축 벽체수장부 물량 산점도 1

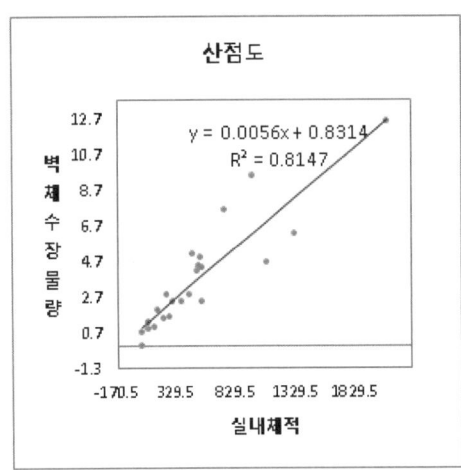 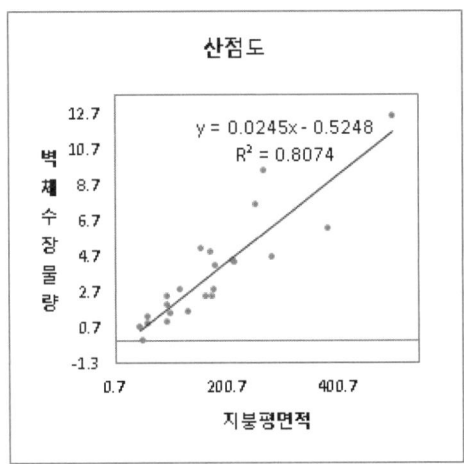

[그림 4-12] 맞배건축 벽체수장부 물량 산점도 2

상호 연관성이 인정되는 부분에 대하여 회귀분석을 한 결과, 벽체수장부 물량은 입면 면적과 음의 1.6977㎥의 기본값과 0.0342의 비례값을 가지고 있고, 축부체적과는 0.6268㎥의 기본값과 0.0081의 비례값을 가진다. 그리고 실내체적과는 0.8314㎥의 기본값과 0.0056의 비례값을 가지며, 지붕평면적과는 음의 0.52448㎥의 기본값과 0.0245의 비례값을 가진다.

[표 4-12] 맞배 건축 벽체수장부 물량 상관 분석표

부분	독립변수	회귀방정식	상관계수(R)	결정계수(R2)	유의 확률
벽체 수장 물량	입면면적	Y=0.03419X−1.69768	0.9309	0.8666	0.0000
	축부체적	Y=0.00811X+0.62678	0.9163	0.8396	0.0000
	실내체적㎥	Y=0.00564X+0.83142	0.9026	0.8147	0.0000
	지붕평면적	Y=0.02448X−0.52478	0.8985	0.8074	0.0000

상관성이 높은 상위 4개의 변수들을 살펴보면 2~3차원적 변수가 주를 이루며, 결정계수는 0.80에서 0.87의 범위에 분포하고 있다.

(7) 수평수장부 물량 상관관계

[표 4-13] 맞배 건축 수평수장부 물량의 상관계수

종속변수	차원	변수	상관계수
수평수장부 물량(㎥)	1	측면지붕장	0.7356
	1	공포고	0.6808
	1	량수	0.6538
	1	가구고	0.6330
	1	측면주간장	0.6204
	1	건물고	0.5752
	2	입면면적	0.5513
	1	도리전체수	0.5510
	1	공포수	0.5443

수평수장부 물량은 1차원적인 변수인 측면지붕장, 공포고, 량수, 가구고, 측면주간장, 건물고, 도리전체수, 공포수 순으로 관계가 있고, 2차원적인 변수는 입면 면적과 관계가 있다. 주로 1차원적 변수와 상관관계가 있고, 상관계수의 범위는 0.54에서 0.74의 범위에 분포하고 있는데, 관계가 큰 편이 아니고 어느 정도 관계가 있는 수준이다.

상관관계 분석에서 나타난 각 변수의 관계를 바탕으로 수평수장부 물량에 대한 다른 부분의 변화를 알아보기 위해, 차원적 변수에 대한 회귀분석을 실시하였다.

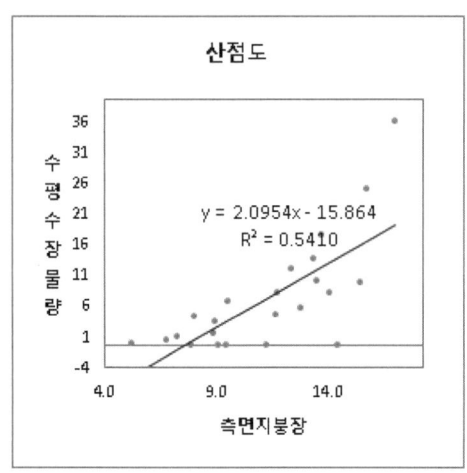 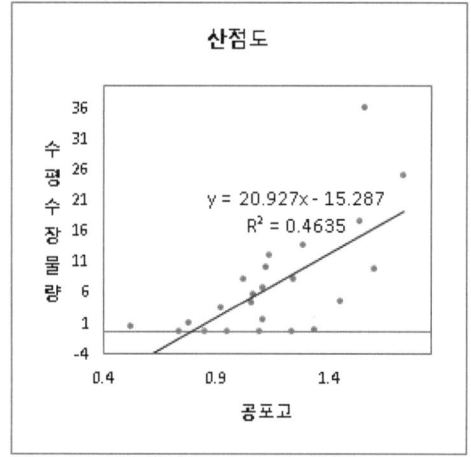

[그림 4-13] 맞배건축 수평수장부 물량 산점도 1

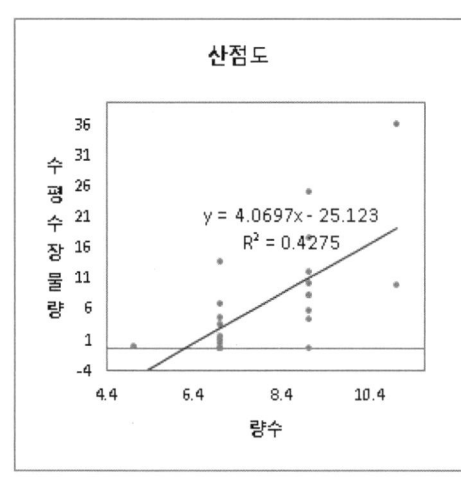 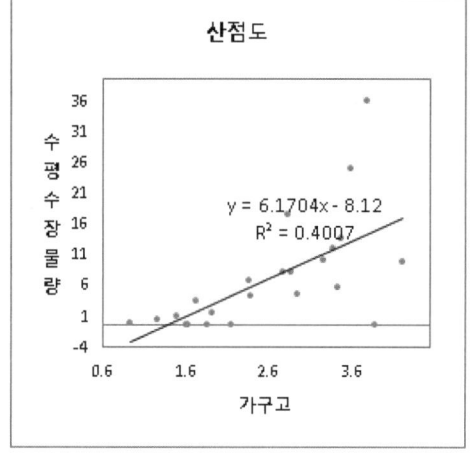

[그림 4-14] 맞배건축 수평수장부 물량 산점도 2

상호 연관성이 있는 부분에 대하여 회귀분석을 실시한 결과, 수평수장부 물량은 측면지붕장과 음의 15.8643㎥의 기본값과 2.0954의 비례값을 가지고 있고, 공포고와는 음의 15.2869㎥의 기본값과 20.9269의 비례값을 가진다. 그리고 량수와는 음의 25.1227㎥의 기본값과 4.0697의 비례값을 가지고, 가구고와는 음의 8.1200㎥의 기본값과 6.1704의 비례값을 가진다. 결정계수의 범위는 상위 4개 변수의 경우 0.4에서 0.54의 범위에서 설명력을 보여준다. 다른 부분에 비해 결정계수 값이 낮은 범위에 분포하고 있는데 이것은 마루와 천장이 있는 건물과 없는 건물이 혼재되어 있기 때문이라 판단된다.

[표 4-14] 맞배 건축 수평수장부 물량 상관 분석표

부분	독립변수	회귀방정식	상관계수(R)	결정계수(R2)	유의확률
수평수장물량	측면지붕장	Y=2.09537X−15.86432	0.7356	0.5410	0.0001
	공포고	Y=20.92694X−15.28688	0.6808	0.4635	0.0003
	량수	Y=4.06969X−25.12269	0.6538	0.4275	0.0007
	가구고	Y=6.17037X−8.12002	0.6330	0.4007	0.0012

2) 맞배 건축의 물량산출 모델 검토

(1) 전체물량 산출 및 검토

[표 4-15] 맞배건축 전체물량 상관 분석표

부분	독립변수	회귀방정식	상관계수(R)	결정계수(R2)	유의확률
전체물량 m³	입면면적	Y=0.61971X−18.62692	0.8922	0.7960	0.0000
	측면지붕장	Y=15.48533X−93.50907	0.8665	0.7508	0.0000
	지붕평면적	Y=0.44110X+3.08654	0.8561	0.7329	0.0000
	축부체적	Y=0.14219X+25.31401	0.8500	0.7224	0.0000

[표 4-16] 입면면적을 변수로 산출한 전체물량

명칭	입면면적	기산출 전체물량 (M3)	입면면적 산출 전체물량	물량 차이	오차율
봉정사 극락전	132.3	50.88	63.37	12.49	0.246
대비사 대웅전	160.2	95.02	80.65	−14.37	0.151
신흥사 대광전	267.5	187.50	147.17	−40.33	0.215
대전사 보광전	203.9	90.58	107.75	17.17	0.190
기림사 대적광전	279.9	220.68	154.82	−65.86	0.298
참당암 대웅전	163.8	124.46	82.87	−41.59	0.334
개심사 대웅전	173.8	76.97	89.05	12.08	0.157
통도사 영산전	239.5	156.44	129.79	−26.65	0.170
관룡사 약사전	35.7	13.62	3.48	−10.14	0.745
장수향교 대성전	172.9	74.12	88.51	14.39	0.194
봉정사 화엄강당	152.6	57.87	75.92	18.05	0.312

명칭	입면면적	기산출 전체물량 (M3)	입면면적 산출 전체물량	물량 차이	오차율
봉정사 고금당	60.8	19.87	19.08	-0.79	0.040
도갑사 해탈문	113.1	30.92	51.46	20.54	0.664
강릉 객사문	141.2	50.92	68.90	17.98	0.353
무위사 극락전	161.2	66.03	81.28	15.25	0.231
거조암 영산전	380.5	161.18	217.19	56.01	0.348
부석사 조사당	85.1	23.16	34.09	10.93	0.472
불영사 응진전	102.9	50.66	45.16	-5.50	0.108
보경사 적광전	123.0	67.08	57.57	9.51	0.142
수덕사 대웅전	251.5	118.50	137.26	18.76	0.158
범어사 조계문	71.7	19.94	25.78	5.84	0.293
동화사 수마제전	68.3	28.30	23.73	-4.57	0.162
용문사 대장전	118.4	54.96	54.77	-0.19	0.003
평균	159.13	79.99	79.99	0.00	0.26
최소값	35.67	13.62	3.48	-65.86	0.00
최대값	380.53	220.68	217.19	56.01	0.74
분산	6745.33	3254.34	2590.48	663.88	0.03
표준편차	82.13	57.05	50.90	25.77	0.18

입면면적을 독립변수로 하여 전체물량을 산출하면, 기산출 물량과의 차이는 -65.86m^3에서 $+56.01\text{m}^3$의 범위에 분포하며, 오차율은 약 26% 정도이다. 오차율이 30% 이상인 대상은 주로 주심포식 건물이 많으며 오차율은 0.3%에서 74%의 범위에 분포하고 있다.

[표 4-17] 측면지붕장을 변수로 산출한 전체물량

명칭	측면지붕장	기산출 전체물량 (M3)	측면지붕장 산출 전체물량	물량 차이	오차율
봉정사 극락전	11.19	50.88	79.77	28.89	0.568
대비사 대웅전	12.38	95.02	98.20	3.18	0.033
신흥사 대광전	15.71	187.50	149.72	-37.78	0.201
대전사 보광전	11.70	90.58	87.72	-2.86	0.032
기림사 대적광전	16.97	220.68	169.34	-51.34	0.233

명칭	측면지붕장	기산출 전체물량 (M3)	측면지붕장 산출 전체물량	물량 차이	오차율
참당암 대웅전	13.38	124.46	113.68	−10.78	0.087
개심사 대웅전	12.75	76.97	103.88	26.91	0.350
통도사 영산전	13.73	156.44	119.03	−37.41	0.239
관룡사 약사전	6.75	13.62	11.02	−2.60	0.191
장수향교 대성전	14.04	74.12	123.97	49.85	0.673
봉정사 화엄강당	11.63	57.87	86.57	28.70	0.496
봉정사 고금당	7.24	19.87	18.67	−1.20	0.061
도갑사 해탈문	9.43	30.92	52.49	21.57	0.697
강릉 객사문	9.07	50.92	46.97	−3.95	0.077
무위사 극락전	13.48	66.03	115.23	49.20	0.745
거조암 영산전	14.41	161.18	129.67	−31.51	0.196
부석사 조사당	7.87	23.16	28.36	5.20	0.225
불영사 응진전	8.93	50.66	44.74	−5.92	0.117
보경사 적광전	8.00	67.08	30.37	−36.71	0.547
수덕사 대웅전	15.42	118.50	145.26	26.76	0.226
범어사 조계문	5.20	19.94	−12.99	−32.93	1.651
동화사 수마제전	8.91	28.30	44.47	16.17	0.571
용문사 대장전	9.50	54.96	53.52	−1.44	0.026
평균	11.20	79.99	79.99	0.00	**0.36**
최소값	5.20	13.62	−12.99	−51.34	0.03
최대값	16.97	220.68	169.34	49.85	1.65
분산	10.19	3254.34	2443.40	810.95	0.13
표준편차	3.19	57.05	49.43	28.48	0.37

 측면지붕장을 독립변수로 하여 전체물량을 산출하며, 기산출 물량과 회귀방정식으로 산출된 물량의 차이는 −51.34㎥에서 49.85㎥의 범위에 분포하며, 오차율은 평균은 약 36% 정도이다. 그리고 오차율의 범위는 3%에서 165%의 범위에 분포하고 있다.

 전체물량을 단일 변수로 구할 때는 오차율이 25% 이상을 보이며, 이것은 주심포 맞배건축과 다포 맞배 건축의 형식상의 차이가 반영되는 것으로 보이는데, 특히 입면면적을 독립변수로 할 때 주심포 맞배지붕 건축의 오차율이 큰 것은 입면면적의 변수를 통한 회귀방정식은 주심포식 맞배 건축보다는 다포식 맞배 건축에 더 적합하다고 할 수 있다. 이는 형식상의 고유한 산출 방정식이 존재할 가능성을 보여주는 것이라 생각된다.

(2) 각 부분 물량산출 합을 통한 전체물량 산출검토

지붕부, 가구부, 공포부, 축부, 벽체수장부, 수평수장부로 나누어 이들 각 부분의 물량을 산출할 때 가장 상관성이 높은 독립변수와의 회귀분석을 통해 도출된 방정식으로 각 부분 물량을 산출하여 이들의 합과 기산출 전체물량과의 비교를 통해 산출 물량의 정도를 검토해 보았다.

각 부분 변수의 산징빙법은 첫째, 각 부분에서 1순위 상관계수를 가지는 독립변수의 관계방정식으로 부분 물량을 산출한 후 이를 합하는 방법, 둘째, 주심포식 맞배 건축과 다포식 맞배 건축은 수장부와 공포부에서 물량의 차이를 보이는데, 이 부분을 제거하였을 때, 회귀방정식으로 산출한 물량과 기산출된 물량과의 차이와 오차율을 비교해 보고 맞배지붕 건축의 물량산출 모델의 적정성을 검토해 보고자 한다.

① 부분 1순위 독립변수 적용 전체물량 산출

[표 4-18] 각 부분 상관도 1순위 독립변수 및 관계방정식

종속변수	독립변수	회귀방정식	상관계수 (R)	결정계수(R^2)
지붕부	입면면적	$Y = 0.15550X - 2.31456$	0.8557	0.7322
가구부	입면면적	$Y = 0.17155X - 6.31352$	0.9435	0.8902
공포부	공포수	$Y = 1.35743X - 6.42472$	0.7337	0.5383
축부	입면면적	$Y = 0.10866X - 4.47813$	0.9348	0.8739
벽체수장	입면면적	$Y = 0.03419X - 1.69768$	0.9309	0.8666
수평수장	측면지붕장	$Y = 2.09537X - 15.86432$	0.7356	0.5410

각 부분 상관관계 1순위 관계식을 이용하여 각 부분물량을 산출한 뒤 이를 합하여 전체물량을 산출하여 보았다. 지붕부, 가구부, 축부, 벽체수장은 입면면적, 공포부는 공포수, 수평수장은 측면지붕장을 변수로 하여 회귀분석을 통해 통해 도출한 관계방정식으로 각 부분 물량을 산출하였다. 그리고 관계방정식으로 산출된 각부 물량의 합과 기산출된 전체물량의 차이를 비교하여 보았다.

[표 4-19] 부분 1순위 독립변수 적용 추정 전체물량 산출

명칭	1순위 변수 산출 전체물량	기산출 전체물량	차이	오차율
봉정사 극락전	59.39	50.88	8.51	0.17
대비사 대웅전	83.13	95.02	−11.89	0.13
신흥사 대광전	143.26	187.50	−44.24	0.24
대전사 보광전	110.41	90.58	19.83	0.22
기림사 대적광전	168.00	220.68	−52.68	0.24
참당암 대웅전	89.62	124.46	−34.84	0.28
개심사 대웅전	98.41	76.97	21.44	0.28
통도사 영산전	135.43	156.44	−21.01	0.13
관룡사 약사전	−0.76	13.62	−14.38	1.06
장수향교 대성전	84.43	74.12	10.31	0.14
봉정사 화엄강당	69.83	57.87	11.96	0.21
봉정사 고금당	17.54	19.87	−2.33	0.12
도갑사 해탈문	46.67	30.92	15.75	0.51
강릉 객사문	59.14	50.92	8.22	0.16
무위사 극락전	77.77	66.03	11.74	0.18
거조암 영산전	193.64	161.18	32.46	0.20
부석사 조사당	30.23	23.16	7.07	0.31
불영사 응진전	59.85	50.66	9.19	0.18
보경사 적광전	72.74	67.08	5.66	0.08
수덕사 대웅전	124.27	118.50	5.77	0.05
범어사 조계문	26.48	19.94	6.54	0.33
동화사 수마제전	24.55	28.30	−3.75	0.13
용문사 대장전	65.61	54.96	10.65	0.19
평균	79.98	79.99	0.00	**0.24**
최소값	−0.76	13.62	−52.68	0.05
최대값	193.64	220.68	32.46	1.06
분산	2393.74	3254.34	445.11	0.04
표준편차	48.93	57.05	21.10	0.20

각 부분과 상관성이 가장 높은 독립변수로 그 부분 물량을 산출하는 모델인데, 가장 많은 독립변수는 입면면적이다. 지붕부, 가구부, 축부, 벽체수장의 최고 상관관계를 가지는 변수이며, 공포부는 공포수, 수평수장부 측면지붕장이다. 상관계수는 전체적으로 0.7이상으로

Ⅳ. 맞배지붕 건축의 통계분석 및 산출모델

관계가 높은 편인데, 가구부, 축부, 벽체수장은 0.9 이상, 지붕부는 0.8이상, 공포부와 수평수장은 0.73 이상이다. 다른 부분에 비해 공포부와 수평수장은 상관계수 0.7을 조금 넘는 편이며, 결정계수도 0.53 정도의 설명력을 보이고 있다. 이는 전체적으로 맞배지붕 건축은 주심포 맞배 건축과 다포 맞배 건축의 혼합이라 이질적인 특성이 혼재되는 영향이라 판단된다.

각 부분 상관관계식으로 도출한 물량의 합과 실제 조사대상 건물의 전체물량과의 차이를 구하여 오차율을 조사한 뒤 오차율의 절댓값 평균을 산출해보니 약 24%로 나왔으며, 오차율의 범위는 최소 5%에서 최대 106% 사이에 분포하고 있다.

② 각 부분 1순위 독립변수에서 수장부를 제외한 전체물량 산출

[표 4-20] 각 부분 상관도 1순위에서 수장부를 제외한 독립변수 및 관계방정식

종속변수	독립변수	회귀방정식	상관계수 (R)	결정계수(R2)
지붕부	입면면적	Y=0.15550X−2.31456	0.8557	0.7322
가구부	입면면적	Y=0.17155X−6.31352	0.9435	0.8902
공포부	공포수	Y=1.35743X−6.42472	0.7337	0.5383
축부	입면면적	Y=0.10866X−4.47813	0.9348	0.8739

상관계수가 다른 부분보다 낮은 수장부를 제외하여 산출한 물량을 기산출된 물량과 관계방정식으로 산출된 물량을 비교 검토하여 보았다. 수장부인 벽체수장부와 수평수장부를 제외한 부분의 지배적인 독립변수는 입면면적이며, 공포부는 공포수가 1순위 독립변수이다.

각부 상관관계식으로 도출한 물량의 합과 기산출한 조사대상 건물의 전체물량 중에서 수장부를 제외한 물량과의 차이를 구하여 오차율을 도출한 뒤 오차율의 절대값의 평균을 산출한 결과는 약 22% 정도였으며, 범위는 최소 1%에서 88%의 범위에 분포하고 있다. 앞부분에서 지붕부를 포함한 6개 부분을 산출식으로 도출했을 때보다는 오차율이 조금 더 낮아졌다고 할 수 있다.

[표 4-21] 각 부분 1순위 독립변수에서 수장부를 제외한 물량산출 및 오차율

명칭	기산출(전체-수장)물량 (M3)	1순위 변수산출 (전체-수장)물량	차이	오차율
봉정사 극락전	48.39	48.98	0.59	0.012
대비사 대웅전	77.54	69.28	-8.26	0.107
신흥사 대광전	152.66	118.76	-33.90	0.222
대전사 보광전	77.00	96.47	19.47	0.253
기림사 대적광전	178.10	140.43	-37.67	0.212
참당암 대웅전	106.17	73.55	-32.62	0.307
개심사 대웅전	68.31	83.33	15.02	0.220
통도사 영산전	130.83	116.04	-14.79	0.113
관룡사 약사전	11.93	1.44	-10.49	0.879
장수향교 대성전	61.20	66.65	5.45	0.089
봉정사 화엄강당	50.10	57.80	7.70	0.154
봉정사 고금당	17.23	17.84	0.61	0.035
도갑사 해탈문	29.35	40.61	11.26	0.384
강릉 객사문	49.33	52.87	3.54	0.072
무위사 극락전	51.18	61.57	10.39	0.203
거조암 영산전	148.65	167.99	19.34	0.130
부석사 조사당	22.10	28.39	6.29	0.285
불영사 응진전	44.87	55.18	10.31	0.230
보경사 적광전	59.93	69.33	9.40	0.157
수덕사 대웅전	103.63	100.93	-2.70	0.026
범어사 조계문	19.76	30.69	10.93	0.553
동화사 수마제전	25.38	21.11	-4.27	0.168
용문사 대장전	44.85	59.22	14.37	0.320
평균	68.63	68.63	0.00	**0.22**
최소값	11.93	1.44	-37.67	0.01
최대값	178.10	167.99	19.47	0.88
분산	2209.78	1641.75	269.61	0.04
표준편차	47.01	40.52	16.42	0.19

③ 각 부분 1순위 독립변수에서 공포부와 수평수장부를 제외한 전체물량 산출

[표 4-22] 각 부분 상관도 1순위변수에서 공포부와 수평수장부를 제외한 독립변수 및 관계방정식

종속변수	독립변수	회귀방정식	상관계수(R)	결정계수(R2)
지붕부	입면면적	Y=0.15550X-2.31456	0.8557	0.7322
가구부	입면면적	Y=0.17155X-6.31352	0.9435	0.8902
축부	입면면적	Y=0.10866X-4.47813	0.9348	0.8739
벽체수장부	입면면적	Y=0.03419X-1.69768	0.9309	0.8666

이번에는 공포부와 수평수장부를 제외한 기산출 물량과 관계방정식으로 산출한 물량을 비교해 보았다. 공포부는 주심포 맞배 건축과 다포 맞배 건축의 형식 차이가 크므로 두 건축형식을 모두 대별하기는 어렵기 때문에 제외하는 것이고, 수장부에서 수평수장부를 제외하고 벽체수장부는 포함시키는 것은 벽체수장부는 모든 건축형식에 공통이므로 포함시켜도 영향이 없을 것으로 판단되기 때문이다. 그리고 수평수장부는 주심포식 맞배 건축과 다포식 맞배 건축의 차이가 크므로 제외시켰다.

공포부와 수평수장부를 제외한 기산출 전체물량과 관계방정식으로 산출한 물량의 차이를 구한 뒤 오차율을 도출하여 보면, 약 17% 정도를 나타내고 있으며, 범위는 최소 2%에서 83%의 범위에 분포하고 있다. 수장부만 제외한 모델보다는 공포부와 수평수장부를 제외한 모델의 오차율이 5포인트 정도 낮은 수치를 보인다.

[표 4-23] 각 부분 상관도 1순위 변수에서 공포부와 수평수장부를 제외한 물량 및 오차율

명칭	기산출(전체-공포-수평수장)물량	1순위 변수산출(전체-공포-수평수장)물량	차이	오차율
봉정사 극락전	43.6	47.37	3.77	0.087
대비사 대웅전	66.76	60.48	-6.28	0.094
신흥사 대광전	121.96	110.92	-11.04	0.091
대전사 보광전	71.62	81.03	9.41	0.131
기림사 대적광전	135.69	116.71	-18.98	0.140
참당암 대웅전	91.91	62.16	-29.75	0.324
개심사 대웅전	57.12	66.85	9.73	0.170
통도사 영산전	101.66	97.73	-3.93	0.039

명칭	기산출(전체-공포-수평수장)물량	1순위 변수산출(전체-공포-수평수장)물량	차이	오차율
관룡사 약사전	11.85	1.96	-9.89	0.835
장수향교 대성전	61.45	66.43	4.98	0.081
봉정사 화엄강당	48.55	56.89	8.34	0.172
봉정사 고금당	16.91	13.79	-3.12	0.185
도갑사 해탈문	29.06	38.34	9.28	0.319
강릉 객사문	47.17	51.57	4.40	0.093
무위사 극락전	50.6	60.95	10.35	0.205
거조암 영산전	151.21	164.01	12.80	0.085
부석사 조사당	21.51	25.17	3.66	0.170
불영사 응진전	34.23	33.57	-0.66	0.019
보경사 적광전	44.59	42.97	-1.62	0.036
수덕사 대웅전	101.52	103.40	1.88	0.018
범어사 조계문	12.76	18.86	6.10	0.478
동화사 수마제전	20.35	17.31	-3.04	0.149
용문사 대장전	37.26	40.85	3.59	0.096
평균	59.97	59.97	0.00	**0.17**
최소값	11.85	1.96	-29.75	0.02
최대값	151.21	164.01	12.80	0.83
분산	1592.98	1489.41	103.51	0.03
표준편차	39.91	38.59	10.17	0.18

3. 주심포식 맞배지붕 건축 물량 상관관계 및 산출모델

본 절에서는 주심포 맞배지붕 건축의 물량과 변수들 간의 상관관계 및 산출모델에 대해서 분석 및 검토하였다.

1) 목재 물량 상관관계 분석

[표 4-24] 주심포식 맞배건축 건축형식 요소

명칭	정면 칸수	측면 칸수	외부 칸수 합	기둥수	공포수	도리수 (량)	도리 전체
봉정사 극락전	3	4	14	16	8	9	27
관룡사 약사전	1	1	4	4	4	7	7
장수향교 대성전	3	4	14	16	8	9	27
봉정사 화엄강당	3	2	10	10	8	7	21
봉정사 고금당	3	2	10	10	8	7	21
도갑사 해탈문	3	2	10	12	8	7	21
강릉 객사문	3	2	10	12	8	7	21
무위사 극락전	3	3	12	12	8	9	27
거조암 영산전	7	3	20	32	16	7	49
부석사 조사당	3	1	8	8	8	7	21
수덕사 대웅전	3	4	14	18	8	11	33

[표 4-25] 주심포식 맞배건축 1차 요소 정보

명칭 단위(m)	정면 주간장	측면 주간장	주심 둘레	정면 지붕장	측면 지붕장	가구 고	공포 고	기둥 고	초석 고	기단 고	건물 고
봉정사 극락전	11.73	7.00	37.45	14.73	11.19	2.10	0.89	2.64	0.12	1.54	7.30
관룡사 약사전	3.55	3.07	13.23	6.85	6.75	1.21	0.47	2.23	0.04	1.05	5.00
장수향교 대성전	11.61	8.43	40.07	15.42	14.04	2.82	0.96	3.35	0.18	0.41	7.73
봉정사 화엄강당	11.66	7.05	37.42	15.35	11.63	2.90	1.40	2.68	0.10	0.12	7.20
봉정사 고금당	5.67	3.76	18.86	8.23	7.24	1.45	0.72	2.51	0.05	0.61	5.33
도갑사 해탈문	8.72	5.25	27.93	10.75	9.43	1.82	0.79	3.26	0.07	1.13	7.07
강릉 객사문	11.61	4.66	32.54	14.47	9.07	1.57	1.04	3.30	0.21	1.30	7.42
무위사 극락전	11.62	7.94	39.13	15.82	13.48	3.21	1.07	3.05	0.10	1.35	8.78
거조암 영산전	31.16	10.38	83.09	34.81	14.41	3.82	1.18	3.40	0.10	1.26	9.76
부석사 조사당	9.28	3.97	26.50	12.23	7.87	1.56	0.69	2.53	0.00	0.77	5.54
수덕사 대웅전	14.23	10.78	50.02	18.45	15.42	4.16	1.54	3.49	0.12	2.34	11.64

[표 4-26] 주심포식 맞배건축 2차 및 3차 요소

명칭	건축 면적(m²)	지붕 평면적(m²)	입면면적(m²)	가구부 체적(m³)	축부 체적(m³)	실내 체적(m³)
봉정사 극락전	82.1	164.83	132.32	86.3	290.0	376.29
관룡사 약사전	10.9	46.24	35.67	6.6	29.3	35.92
장수향교 대성전	97.8	216.49	172.88	137.9	422.0	559.94
봉정사 화엄강당	82.2	178.51	152.57	119.3	335.1	454.46
봉정사 고금당	21.3	59.61	60.85	15.4	68.8	84.15
도갑사 해탈문	45.8	101.31	113.10	41.6	185.3	226.90
강릉 객사문	54.1	131.27	141.24	42.5	234.8	277.39
무위사 극락전	92.3	213.28	161.22	148.1	380.3	528.38
거조암 영산전	323.5	501.68	380.53	618.6	1481.8	2100.38
부석사 조사당	36.8	96.25	85.07	28.7	118.2	146.95
수덕사 대웅전	153.4	284.43	251.54	318.6	771.3	1089.98

[표 4-27] 주심포식 맞배건축 전체물량 및 각부분 물량

명칭	전체 물량(m²)	지붕부 합(m²)	가구부 합(m²)	공포부 합(m²)	축부 합(m²)	벽체수장 합(m²)	수평수장 합(m²)
봉정사 극락전	50.88	19.54	14.93	7.28	6.64	2.49	0.00
관룡사 약사전	13.62	6.32	3.28	0.83	1.50	0.75	0.94
장수향교 대성전	74.12	19.18	25.65	4.17	12.20	4.42	8.50
봉정사 화엄강당	57.87	20.34	19.59	4.41	5.76	2.86	4.91
봉정사 고금당	19.87	7.00	5.65	1.63	2.95	1.31	1.33
도갑사 해탈문	30.92	11.69	11.11	1.86	4.69	1.57	0.00
강릉 객사문	50.92	13.65	20.96	3.75	10.97	1.59	0.00
무위사 극락전	66.03	17.75	20.91	5.03	7.49	4.45	10.40
거조암 영산전	161.18	51.63	51.56	9.97	35.49	12.53	0.00
부석사 조사당	23.16	9.21	8.74	1.65	2.50	1.06	0.00
수덕사 대웅전	118.50	25.55	50.40	6.78	20.90	4.67	10.20

(1) 전체물량 상관관계

상관분석에서 얻어진 변수들 간의 상관계수는 0.7 이상이면 서로의 물량산출에 있어서 관계를 가진다고 인정이 된다.

전체물량은 1차원, 2차원, 3차원적 요소로 상관분석을 하였는데, 1차적인 요소에서는 주심둘레길이[1], 기둥수, 도리의 전체수, 정면주간장 순으로 관계가 있고 2차적인 요소는 지붕평면적과 건축면적과 관계가 있다. 그리고 3차적인 요소는 축부체적, 실내체적 가구부 체적과 관계가 있다.

[표 4-28] 주심포식 맞배건축 전체물량의 상관계수

종속변수	차원	독립변수	상관계수
전체물량(m^3)	2	지붕평면적	0.9804
	3	축부체적	0.9749
	3	실내체적	0.9730
	1	주심둘레길이	0.9672
	2	건축면적	0.9636
	1	정면지붕장	0.9391
	1	기둥수	0.9195
	1	도리전체수	0.9182
	1	정면주간장	0.9177

각 부분의 상관관계를 차원적 변수[2]로 나누어 살펴보면 1차원적 변수는 주심둘레길이, 2차원적 변수는 지붕평면적, 3차원적 변수는 축부 체적이 가장 상관성이 크다. 전체적으로는 지붕평면적, 축부체적, 실내체적, 주심둘레길이 순이며, 모두 상관계수가 0.9 이상으로 나타나 상관성이 높다고 할 수 있다.

상관관계 분석에서 나타난 각 변수의 관계를 바탕으로 전체물량에 대한 다른 부분과의 변화를 알아보기 위해, 차원적 변수에 대한 회귀분석을 실시하였다.

---

[1] 정면과 측면 주간장의 합을 말한다.
[2] 차원적 변수는 건축물 수치와 부재수를 기준으로 한 변수로서 1차원인 길이나 개수, 2차원인 면적, 3차원인 체적 등으로 나눌 수 있다.

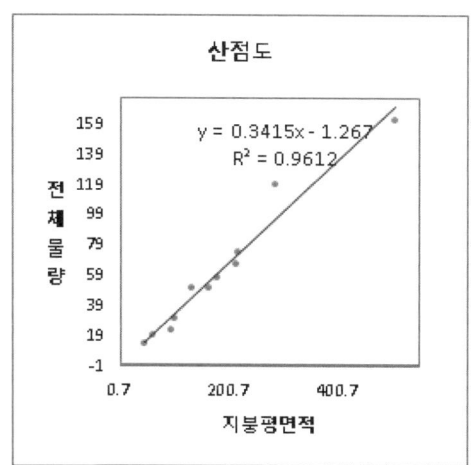 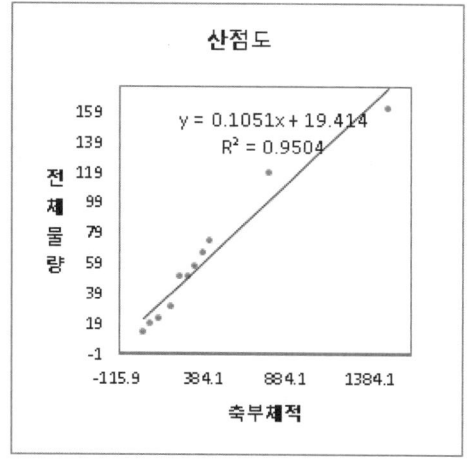

[그림 4-15] 주심포식 맞배건축 전체물량 산점도 1

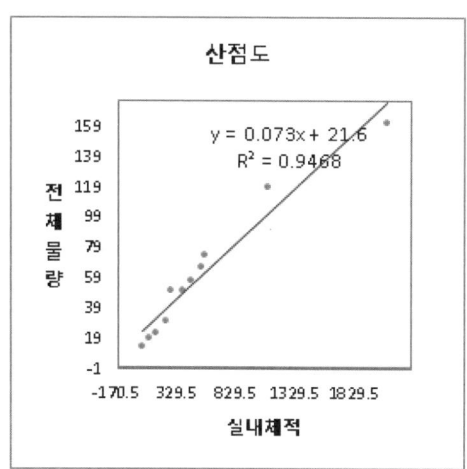 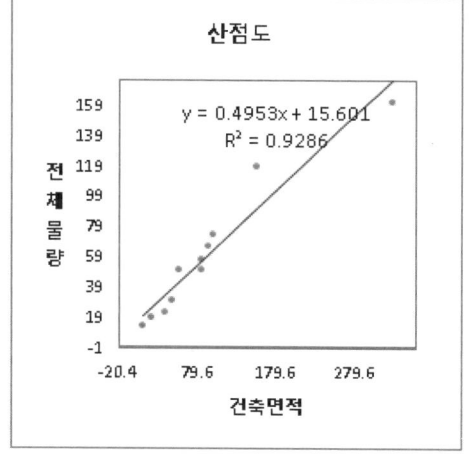

[그림 4-16] 주심포식 맞배건축 전체물량 산점도 2

[표 4-29] 주심포식 맞배건축 전체물량 상관 분석표

부분	독립변수	회귀방정식	상관계수(R)	결정계수(R2)	유의확률
전체물량	지붕평면적	Y=0.3415X-1.267	0.9804	0.9612	0.0000
	축부체적	Y=0.1051X+19.414	0.9749	0.9504	0.0000
	실내체적	Y=0.0730X+21.6	0.9730	0.9468	0.0000
	건축면적	Y=0.4953X+15.601	0.9636	0.9286	0.0000

상호 상관성이 인정되는 부분에 대하여 상관 비례를 분석해 본 결과, 전체물량은 지붕평면적과는 1.267㎥ 정도 음의 기본값을 가지며, 0.3415의 비례값을 가지고 있고, 축부 체적과는 19.414㎥의 기본값과 0.1051의 비례값을 가진다. 그리고 실내 체적과는 21.6㎥의 기본값과 0.0730의 비례값을 가지며, 건축면적과는 15.601㎥의 기본값과 0.4953의 비례값을 가진다.

지붕평면적은 지붕부와 가구부의 특성을 반영한다고 할 수 있기 때문에 전체물량과 상관관계가 높게 나타난 것으로 추정되며, 지붕평면적은 건축면적과 같은 2차원 면적요소인데, 1차원적 길이의 요소보다 상관관계가 높게 나타난다. 그리고 3차원 체적요소인 축부체적과 실내체직도 전체물량과 상관관계가 높은 편인데, 이것은 공간을 만드는 건축 본연의 특징을 반영하는 결과로 생각된다.

(2) 지붕부 물량 상관관계

지붕부 물량은 1차원적인 변수의 경우는 주심둘레길이, 정면지붕장, 정면주간장, 기둥수와 관계가 있고 2차원적인 변수는 건축면적과 지붕평면적과 상관성이 있다. 그리고 3차원적인 변수는 축부체적과 실내체적, 가구부 체적과 상관성이 있다.

각 차원적 변수에서 1차원적 변수는 주심둘레길이, 2차원적 변수는 건축면적, 3차원적 변수는 축부체적이 가장 상관성이 크다. 전체적으로는 건축면적, 주심둘레길이, 정면지붕장, 지붕평면적 순으로 상관성이 높다고 할 수 있다.

[표 4-30] 주심포식 맞배건축 지붕부 물량의 상관계수

종속변수	차원	독립변수	상관계수
지붕부 물량(㎥)	2	건축면적	0.9467
	1	주심둘레길이	0.9461
	1	정면지붕장	0.9444
	2	지붕평면적	0.9381
	3	축부체적	0.9269
	3	실내체적	0.9251
	1	정면주간장	0.9067
	3	가구부체적	0.8813
	1	기둥수	0.8801

상관관계 분석에서 나타난 각 변수의 관계를 바탕으로 지붕부 물량에 대한 다른 부분과의 변화를 알아보기 위해, 차원적 변수에 대한 회귀분석을 실시하였다.

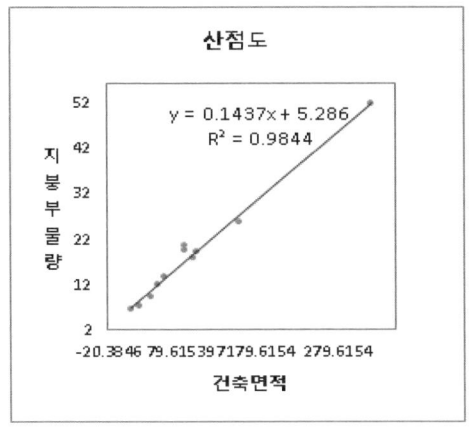
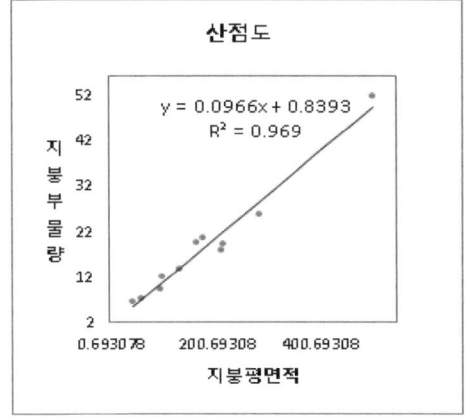

[그림 4-17] 주심포식 맞배건축 지붕부 물량 산점도

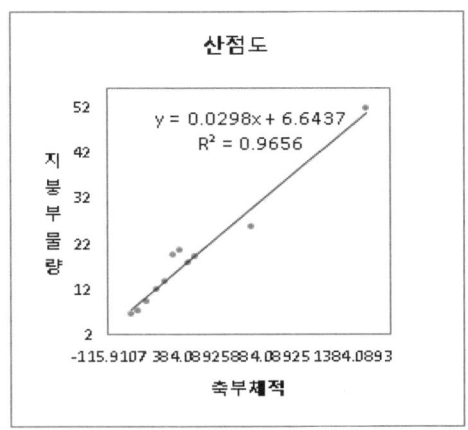
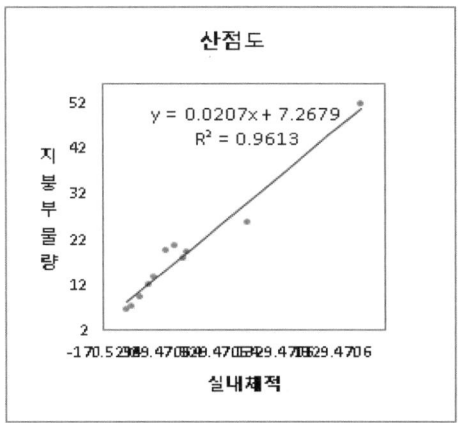

[그림 4-18] 주심포식 맞배건축 지붕부 물량 산점도 2

[표 4-31] 주심포식 맞배건축 지붕부 물량 상관 분석표

부분	독립변수	회귀방정식	상관계수(R)	결정계수(R2)	유의확률
지붕부 물량	건축면적	0.1437X + 5.2860	0.9922	0.9844	0.0000
	지붕평면적	0.0966X + 0.8393	0.9871	0.9690	0.0000
	축부체적	0.0298X + 6.6467	0.9851	0.9656	0.0000
	실내체적	0.0207X + 7.2679	0.9844	0.9613	0.0000

상호 연관성이 인정되는 부분에 대하여 상관관계를 분석해 본 결과, 지붕부 물량은 건축면적에 5.2860㎥의 기본값을 가지며, 0.1437의 비례값을 가지고 있고, 지붕평면적과는 0.8393㎥의 기본값과 0.0966의 비례값을 가진다. 그리고 축부체적과는 6.6467㎥의 기본값과 0.0298의 비례값을 가지며, 실내체적과는 7.2679㎥의 기본값과 0.0207의 비례값을 가진다.

지붕부 물량은 지붕과 관련된 지붕 평면적 보다 건축면적과 상관성이 더 높은 관계를 보이고 있으며, 공간의 크기인 축부체적과 실내체적과도 상당한 관계를 보인다. 1차적인 변수보다는 2~3차원적인 변수와 더 높은 관계성을 보이며, 건축면적과 상당한 관계성이 있다는 것은 지붕부 물량을 산출할 때 건축면적의 활용 가능성이 높을 것으로 판단된다.

(3) 가구부 물량 분석

가구부 물량은 1차원적 변수인 건물고, 측면주간장, 가구고, 주심둘레길이와 관계가 있고 2차원적인 변수는 지붕평면적과 건축면적과 상관성이 있다. 그리고 3차원적인 변수는 축부체적, 실내체적, 가구부체적과 상관성이 있다.

각 차원적 변수에서 1차원적 변수는 건물고, 2차원적 변수는 지붕평면적, 3차원적 변수는 실내체적이 가장 상관성이 크다. 전체적으로는 건물고, 축부체적, 지붕평면적, 측면주간장 순으로 상관성이 높다고 할 수 있다.

[표 4-32] 주심포식 맞배건축 가구부 물량의 상관계수

종속변수	차원	독립변수	상관계수
가구부 물량(㎥)	1	건물고	0.9291
	3	축부체적	0.9174
	2	지붕평면적	0.9164
	1	측면주간장	0.9151
	3	실내체적	0.9076
	3	가구부체적	0.9048
	1	가구고	0.9033
	1	주심둘레길이	0.8910
	2	건축면적	0.8615

상관관계 분석에서 나타난 각 변수의 관계를 바탕으로 가구부 물량에 대한 다른 부분과의 변화를 알아보기 위해, 차원적 변수에 대한 회귀분석을 실시하였다.

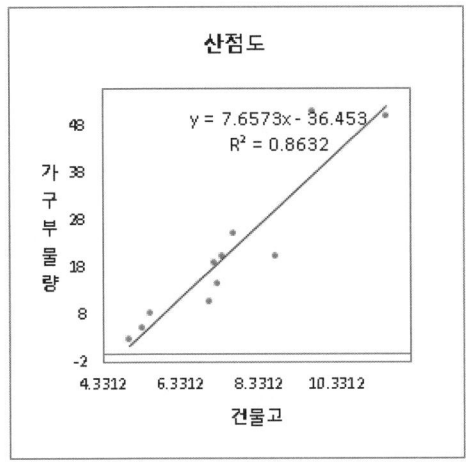
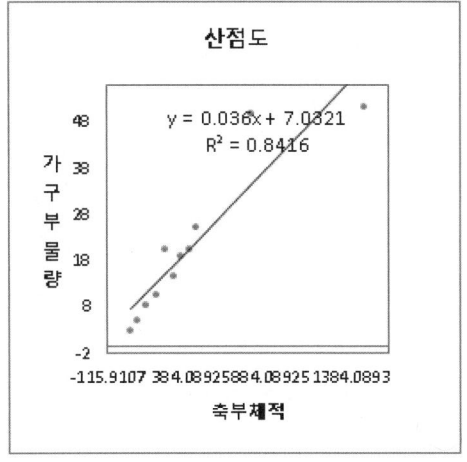

[그림 4-19] 주심포식 맞배건축 가구부 물량 산점도 1

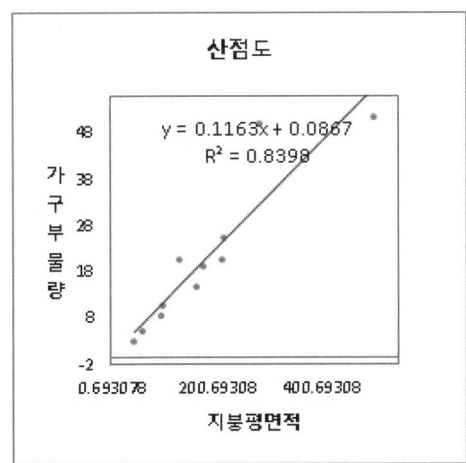
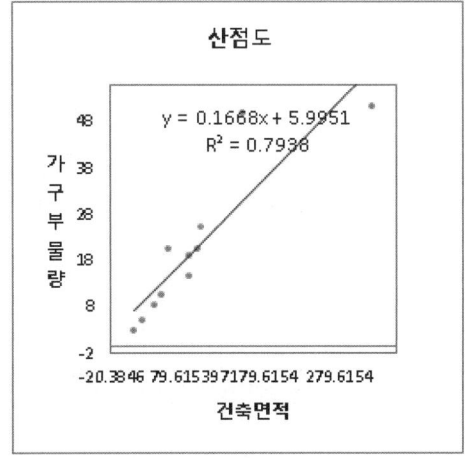

[그림 4-20] 주심포식 맞배건축 가구부 물량 산점도 2

상호 연관성이 인정되는 부분에 대하여 상관관계를 분석해 본 결과, 가구부 물량은 건물고에 음의 36.453㎥의 기본값과, 7.6573의 비례값을 가지고 있고, 축부체적과는 7.0321㎥의 기본값과 0.0360의 비례값을 가진다. 그리고 지붕평면적과는 0.0867㎥의 기본값과 0.1163의 비례값을 가지며, 건축면적과는 5.9951㎥의 기본값과 0.1668의 비례값을 가진다.

[표 4-33] 주심포식 맞배건축 가구부 물량 상관 분석표

부분	독립변수	회귀방정식	상관계수(R)	결정계수(R2)	유의확률
가구부 물량 (m^3)	건물고	$Y = 7.6573X - 36.453$	0.9291	0.8632	0.0000
	축부체적	$Y = 0.0360X + 7.0321$	0.9174	0.8416	0.0000
	지붕평면적	$Y = 0.1163X + 0.0867$	0.9164	0.8398	0.0000
	건축면적	$Y = 0.1668X + 5.9951$	0.9156	0.7938	0.0000

가구부 물량은 가구부와 관련된 변수인 가구부체적보다 1차원적 변수인 건물고와 상관성이 더 높은 관계를 보이고 있으며, 체적관계 변수 중에서는 축부체적과 관련성이 높다. 그리고 2차원적인 변수인 지붕평면적과 건축면적과도 관계성이 높은 편이다.

(4) 공포부 물량 분석

[표 4-34] 주심포식 맞배 건축 공포부 물량의 상관계수

종속변수	차원	변수	상관계수
공포부 물량(m^3)	1	주심둘레길이	0.9163
	1	외부칸수합	0.9071
	2	지붕평면적	0.9026
	1	기둥 수	0.8909
	1	도리 전체	0.8878
	1	정면지붕장	0.8864
	2	건축면적	0.8859
	1	정면주간장	0.8707
	3	축부체적	0.8703

공포부 물량은 1차원적인 변수인 주심둘레길이, 외부칸수합, 기둥 수, 도리 전체수, 정면지붕장, 정면주간장과 관계가 있고 2차원적인 변수는 지붕평면적과 건축면적과 상관성이 있다. 그리고 3차원적인 변수는 축부체적과 상관성이 있다. 지붕부, 가구부보다는 1차원적인 변수와 상관관계가 높은 편이다.

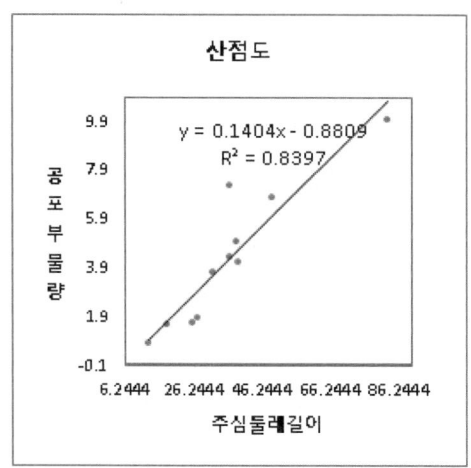
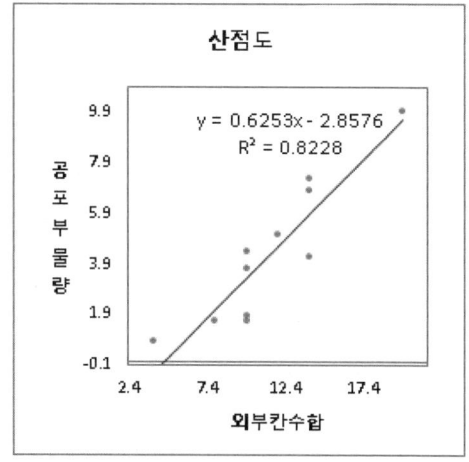

[그림 4-21] 주심포식 맞배건축 공포부 물량 산점도 1

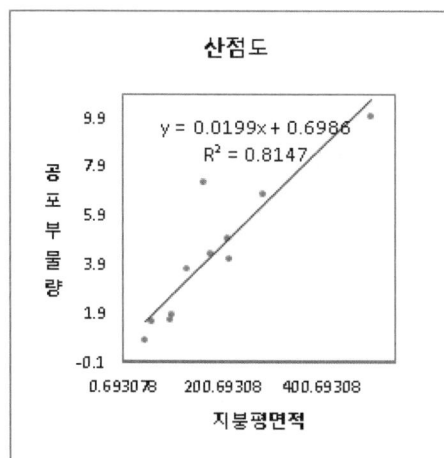
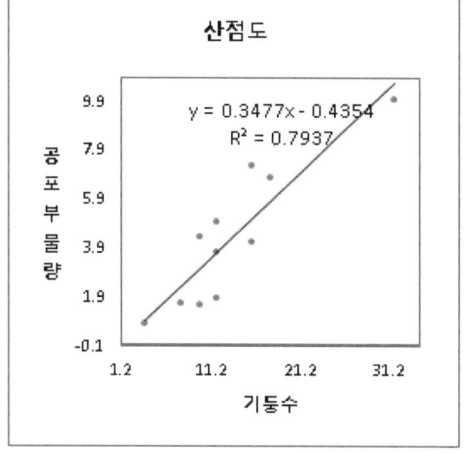

[그림 4-22] 주심포식 맞배건축 공포부 물량 산점도 2

각 차원적 변수에서 1차원적 변수는 지붕 둘레길이, 2차원적 변수는 지붕평면적, 3차원적 변수는 축부체적이 가장 상관성이 크다. 전체적으로는 주심둘레길이, 외부칸수합, 지붕평면적, 기둥 수 순으로 상관성이 높다고 할 수 있다.

상관관계 분석에서 나타난 각 변수의 관계를 바탕으로 공포부 물량에 대한 다른 부분과의 변화를 알아보기 위해, 차원적 변수에 대한 회귀분석을 실시하였다.

[표 4-35] 주심포식 맞배건축 공포부 물량 상관 분석표

부분	독립변수	회귀방정식	상관계수(R)	결정계수(R2)	유의확률
공포부 물량	주심둘레길이	Y=0.1404X-0.8809	0.9163	0.8397	0.0000
	외부칸수합	Y=0.6253X-2.8576	0.9071	0.8288	0.0000
	지붕평면적	Y=0.0199X+0.6986	0.9026	0.8147	0.0000
	기둥 수	Y=0.3477X-0.4354	0.8909	0.7937	0.0000

상호 연관성이 인정되는 부분에 대하여 상관관계를 분석해 본 결과, 공포부 물량은 주심둘레길이에 음의 0.8809m^3의 기본값과 0.1404의 비례값을 가지고 있고, 외부칸수합과는 음의 2.8579m^3의 기본값과 0.6253의 비례값을 가진다. 그리고 지붕평면적과는 0.6986m^3의 기본값과 0.0199의 비례값을 가지며, 기둥 수와는 음의 0.4354m^3의 기본값과 0.3477의 비례값을 가진다.

공포부 물량은 공포 높이나 공포개수보다 주심둘레길이와 상관성이 더 높은 관계를 보이고 있는데, 이것은 주심의 뜬장여 물량이 공포부에서 차지하는 비중이 크기 때문이라 추측된다. 공포부는 다른 부분보다 1차원적인 변수 요인과 상관성을 높이 보이고 2차원적인 변수인 지붕평면적과도 높은 관계를 보이고 있으나, 3차원적 변수와는 낮은 관계를 보인다.

(5) 축부 물량 분석

축부 물량은 1차원적인 변수인 주심둘레길이, 정면지붕장, 기둥 수, 정면지붕장과 관계가 있고 2차원적인 변수는 건축면적과 지붕평면적과도 상관성이 있다. 그리고 3차원적인 변수는 축부체적, 실내체적, 가구부체적과 상관성이 있다. 가장 관련성이 높은 변수는 3차원적 변수이며, 그다음 2차원, 1차원 순이며, 모두 상관계수는 0.9 이상으로 되어 있다.

각 차원적 변수에서 1차원적 변수는 주심둘레길이, 2차원적 변수는 건축면적, 3차원적 변수는 축부체적이 가장 상관성이 크다. 전체적으로는 상관계수 크기의 순서는 축부체적, 실내체적, 가구부체적, 건축면적 등의 순이다.

[표 4-36] 주심포식 맞배건축 축부 물량의 상관계수

종속변수	차원	변수	상관계수
축부 물량(㎥)	3	축부체적	0.9782
	3	실내체적	0.9752
	3	가구부체적	0.9657
	2	건축면적	0.9651
	2	지붕평면적	0.9557
	1	주심둘레길이	0.9488
	1	정면지붕장	0.9427
	1	기둥 수	0.9424
	1	정면주간장	0.9367

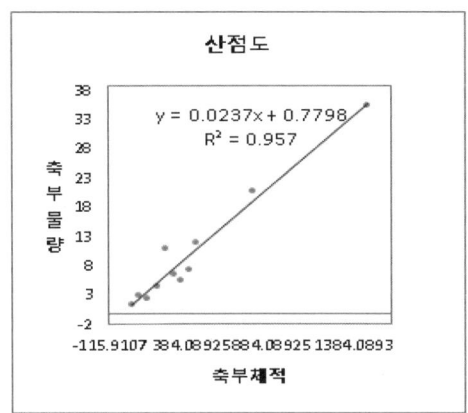
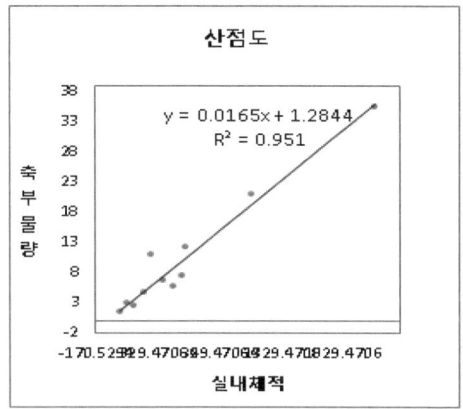

[그림 4-23] 주심포식 맞배건축 축부 물량 산점도 1

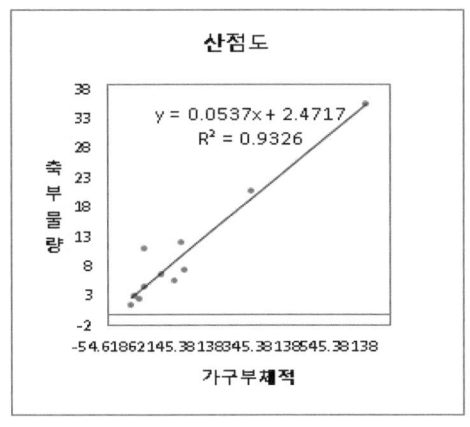
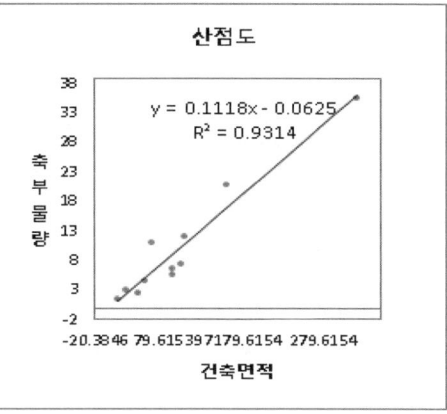

[그림 4-24] 주심포식 맞배건축 축부 물량 산점도 2

상관관계 분석에서 나타난 각 변수의 관계를 바탕으로 축부 물량의 변화에 대한 다른 부분과의 관계를 알아보기 위해, 차원적 변수에 대한 회귀분석을 실시하였다.

[표 4-37] 주심포식 맞배건축 축부 물량 상관 분석표

부분	독립변수	회귀방정식	상관계수(R)	결정계수(R2)	유의확률
축부 물량	축부체적	Y=0.0237X+0.7798	0.9782	0.9570	0.0000
	실내체적	Y=0.0165X+1.2844	0.9752	0.9510	0.0000
	가구부체적	Y=0.0537X+2.4717	0.9657	0.9326	0.0000
	건축면적	Y=0.1118X+0.0625	0.9651	0.9314	0.0000

상호 연관성이 인정되는 부분에 대하여 상관관계를 분석해 본 결과, 축부 물량은 축부체적과 0.7798㎥의 기본값과, 0.0237의 비례값을 가지고 있고, 실내체적과는 1.2844㎥의 기본값과 0.0165의 비례값을 가진다. 그리고 가구부체적과는 2.4717㎥의 기본값과 0.0537의 비례값을 가지며, 건축면적과는 0.0625㎥의 기본값과 0.1118의 비례값을 가진다.

축부 물량은 3차원적 변수와 상당한 관계를 보이며, 그중에서도 축부체적과 높은 상관관계를 보인다. 이는 건축의 본질인 공간구축과 상당히 합치되는 점이라 할 수 있다. 건축면적도 공간의 크기와 물량을 규정할 수 있지만, 높이까지 반영하고 있는 체적 관련 변수가 공간 규모 크기에 따른 물량 반영 효과가 더 크다고 생각된다.

(6) 벽체수장부 물량 분석

벽체수장부 물량은 1차원적 변수인 정면지붕장, 주심둘레길이, 정면주간장, 기둥 수와 관계가 있고 2차원적인 변수는 건축면적과 지붕평면적과 상관성이 있다. 그리고 3차원적인 변수는 실내체적, 축부제적, 가구부체적 순으로 상관성이 있다. 가장 관련성이 높은 변수는 2차원적 변수이며, 그다음 3차원, 1차원 순이며, 모두 상관계수는 0.9 이상으로 되어 있다.

각 차원적 변수에서 1차원적 변수는 정면지붕장, 2차원적 변수는 건축면적, 3차원적 변수는 축부체적이 가장 상관성이 크다. 전체적으로 상관계수 크기의 순서는 건축면적, 지붕평면적, 실내체적, 축부체적 등의 순이다.

[표 4-38] 주심포식 맞배건축 벽체수장부 물량의 상관계수

종속변수	차원	변수	상관계수
벽체수장부 물량(㎥)	2	건축면적	0.9821
	2	지붕평면적	0.9760
	3	실내체적	0.9738
	3	축부체적	0.9736
	3	가구부체적	0.9718
	1	정면지붕장	0.9641
	1	주심둘레길이	0.9589
	1	정면주간장	0.9546
	1	기둥 수	0.9318

상관관계 분석에서 나타난 각 변수의 관계를 바탕으로 벽체수장부 물량변화에 대한 다른 부분과의 관계를 알아보기 위해, 차원적 변수에 대한 회귀분석을 실시하였다.

[표 4-39] 주심포식 맞배건축 벽체수장부 물량 상관 분석표

부분	독립변수	회귀방정식	상관계수(R)	결정계수(R2)	유의확률
벽체 수장부 물량	건축면적	Y=0.0377X-0.0015	0.9821	0.9646	0.0000
	지붕평면적	Y=0.0254X-1.1758	0.9760	0.9525	0.0000
	실내체적	Y=0.0055X+0.5089	0.9738	0.9483	0.0000
	축부체적	Y=0.0078X+0.3521	0.9736	0.9478	0.0000

상호 연관성이 인정되는 부분에 대하여 상관관계를 분석해 본 결과, 벽체수장부 물량은 건축면적과 음의 0.0015㎥의 기본값과 0.0377의 비례값을 가지고 있고, 지붕평면적과는 음의 1.1758㎥의 기본값과 0.0254의 비례값을 가진다. 그리고 실내체적과는 0.5089㎥의 기본값과 0.0055의 비례값을 가지며, 축부체적과는 0.3521㎥의 기본값과 0.0078의 비례값을 가진다.

벽체수장부 물량은 2차원적 변수, 3차원적 변수, 1차원적 변수 순으로 높은 관계를 보이고 있으며, 건축면적과 지붕평면적과 높은 관계를 보이고 있으며, 결정계수 또한 0.95 이상의 높게 나타난다. 그리고 3차원적 변수인 실내체적과 축부체적도 결정계수가 0.94 이상으로 높은 설명력을 보인다.

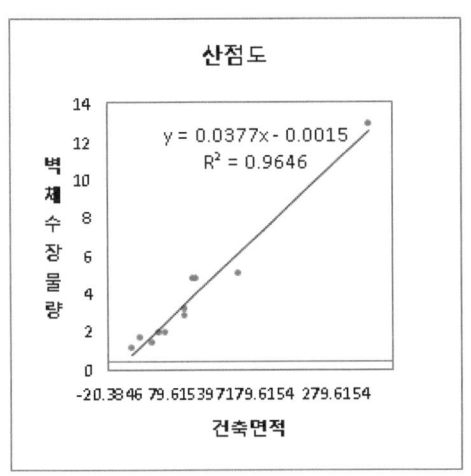 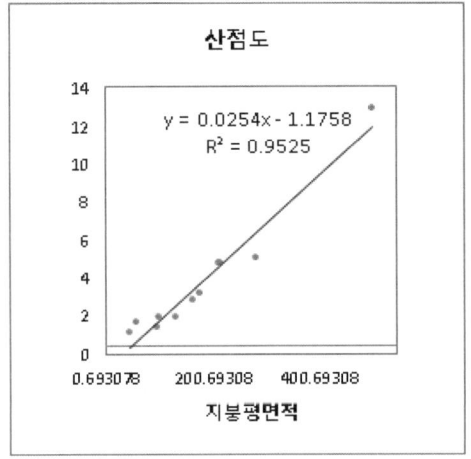

[그림 4-25] 주심포식 맞배건축 벽체수장부 물량 산점도 1

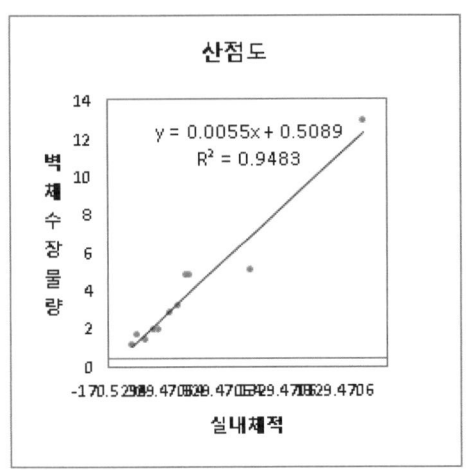 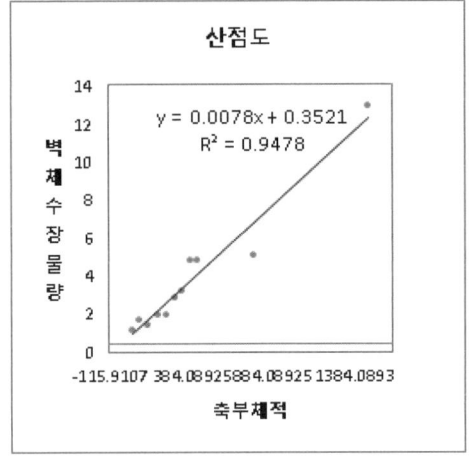

[그림 4-26] 주심포식 맞배건축 벽체수장부 물량 산점도

(7) 수평수장부 물량 분석

 수평수장부 물량은 1차원적인 변수인 도리수, 측면지붕장, 가구고, 측면주간장, 건물고, 공포고, 측면칸수, 기둥고, 초석고 순으로 관계가 있고 도리수를 빼고는 나머지는 상관계수가 0.7 이하로 관계도가 낮은 편이다. 그리고 2차원적인 변수와 3차원적인 변수는 상관계수가 0.3 이하 정도로 관계가 적은 것으로 나타났다.

[표 4-40] 주심포식 맞배건축 수평수장부 물량의 상관계수

종속변수	차원	변수	상관계수
수평수장부 물량(m³)	1	도리수(량)	0.7580
	1	측면지붕장	0.6841
	1	가구고	0.6571
	1	측면주간장	0.5879
	1	건물고	0.5764
	1	공포고	0.5670
	1	측면칸수	0.5483
	1	기둥고	0.3839
	1	초석고	0.2986

상관관계 분석에서 나타난 각 변수의 관계를 바탕으로 수평수장부 물량에 대한 다른 부분의 변화를 알아보기 위해, 차원적 변수에 대한 회귀분석을 실시하였다.

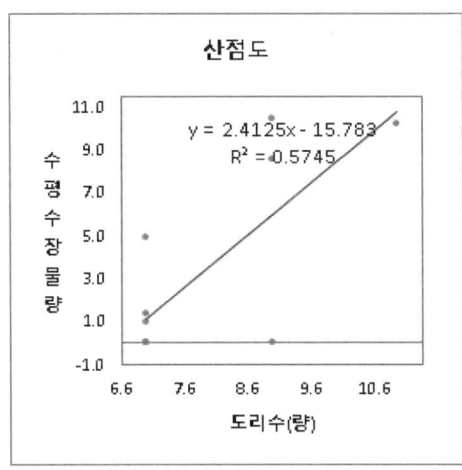 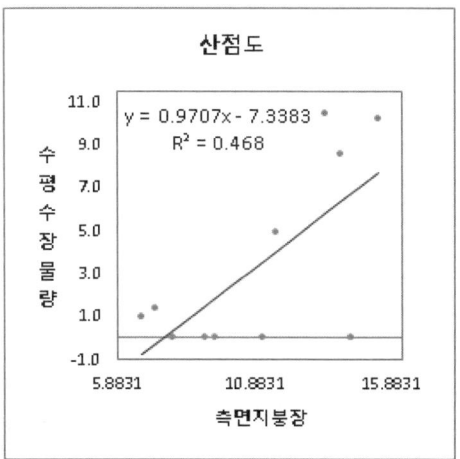

[그림 4-27] 주심포식 맞배건축 수평수장부 물량 산점도 1

[표 4-41] 주심포 맞배 건축 수평수장부 물량 상관 분석표

부분	독립변수	회귀방정식	상관계수(R)	결정계수(R2)	유의확률
수평 수장부 물량	도리수량	Y = 2.4125X − 15.783	0.7580	0.5745	0.0193
	측면지붕장	Y = 0.9707X − 7.3383	0.6841	0.4680	0.0202

상호 연관성이 인정되는 부분에 대하여 상관관계를 분석해 본 결과, 수평수장부물량은 도리량수와 음의 15.783㎥의 기본값과, 2.4125의 비례값을 가지고 있고, 측면지붕장과는 음의 7.3383㎥의 기본값과 0.9707의 비례값을 가진다.

수평수장부 물량은 1차원적 변수와만 관계를 보이고 있으며, 2~3차원적인 변수와는 관계도가 낮은 편이다. 그리고 결정계수도 도리수하고는 0.57 정도의 계수를 보이며, 나머지는 모두 0.5 이하의 낮은 설명력을 보인다. 수평수장부의 상관계수와 결정계수가 낮은 것은 주심포식 맞배 건축은 수평수장의 대표적인 요소인 마루와 천장이 없는 건물이 상당수 있기 때문으로 판단된다.

2) 주심포 맞배 건축의 물량산출 모델 검토

(1) 전체물량산출 및 검토

상관분석을 통해 전체물량과 상관도가 높은 독립변수를 추출하여, 이들 독립변수와의 회귀분석을 실시하였다. 회귀분석으로 도출된 회귀방정식에 독립변수 요소를 직접 넣어 물량을 산출하고 산출 물량과 기산출 전체물량의 차이를 비교 분석하여 보았다.

상관관계 분석을 통해 상관계수가 1순위와 2순위인 입면 면적과 지붕평면적을 이용하여 회귀방정식을 통해 전체물량을 산출해 보았다.

[표 4-42] 주심포식 맞배건축 전체물량 상관 분석표

부분	독립변수	회귀방정식	상관계수(R)	결정계수(R2)	유의확률
전체 물량 ㎥	입면면적	Y=0.4640X+10.51899	0.9890	0.9781	0.0000
	지붕평면적	Y=0.3415X-1.267	0.9804	0.9612	0.0000
	축부체적	Y=0.1051X+19.414	0.9749	0.9504	0.0000

[표 4-43] 입면면적을 변수로 산출한 전체물량

명칭	입면면적 (m²)	전체 물량(m³)	변수 입면면적 - 전체물량(m³)	차이 (변수물량 - 전체물량)	보정 오차율
관룡사 약사전	35.67	13.62	6.03	-7.59	0.56
봉정사 고금당	60.85	19.87	17.72	-2.15	0.11
부석사 조사당	85.07	23.16	28.95	5.79	0.25
도갑사 해탈문	113.10	30.92	41.96	11.04	0.36
강릉 객사문	141.24	50.92	55.02	4.10	0.08
봉정사 극락전	132.32	50.88	50.88	0.00	0.00
봉정사 화엄강당	152.57	57.87	60.27	2.40	0.04
무위사 극락전	161.22	66.03	64.29	-1.74	0.03
장수향교 대성전	172.88	74.12	69.70	-4.42	0.06
수덕사 대웅전	251.54	118.5	106.20	-12.30	0.10
거조암 영산전	380.53	161.18	166.05	4.87	0.03
평균	153.36	60.64	60.64	0.00	0.15
최소값	35.67	13.62	6.03	-12.30	0.00
최대값	380.53	161.18	166.05	11.04	0.56
분산	9097.46	2002.53	1958.73	43.79	0.03
표준편차	95.38	44.75	44.26	6.62	0.17

입면면적을 독립변수로 하여 전체물량을 산출하면 기산출 전체물량과 산출 물량의 차이는 -12.30m³에서 +11.0m³의 범위에 분포하며, 오차율은 평균 약 15% 정도를 보인다. 15평 이하의 건물에서는 오차율이 10%에서 56%의 범위에 분포하며, 15평 이상의 건물에서는 오차율은 10% 이내로 나타난다.

실내 체적을 독립변수로 하여 전체물량을 산출하면 기산출 물량과 산출물량의 차이는 -10.51에서 +20.27의 범위에 분포하며, 오차율은 평균 약 23% 정도를 보인다. 10평 이내의 건물에서는 오차율이 35% 이상으로 나타나며, 10평 이상의 건물에서는 20% 이내의 범위에 분포하고 있다.

[표 4-44] 실내체적을 변수로 산출한 전체물량

명칭	입면면적 (m²)	전체물량 (m³)	변수 실내체적 - 전체물량(m³)	차이 (변수물량 - 전체물량)	오차율
관룡사 약사전	35.92	13.62	24.13	-10.51	0.77
봉정사 고금당	84.15	19.87	27.52	-7.65	0.38
부석사 조사당	146.95	23.16	31.93	-8.77	0.38
도갑사 해탈문	226.90	30.92	37.55	-6.63	0.21
강릉 객사문	277.39	50.92	41.10	9.82	0.19
봉정사 극락전	376.29	50.88	48.05	2.83	0.06
봉정사 화엄강당	454.46	57.87	53.55	4.32	0.07
무위사 극락전	528.38	66.03	58.75	7.28	0.11
장수향교 대성전	559.94	74.12	60.96	13.16	0.18
수덕사 대웅전	1089.98	118.5	98.23	20.27	0.17
거조암 영산전	2100.38	161.18	169.26	-8.08	0.05
평균	534.61	60.64	59.18	1.46	**0.23**
최소값	35.92	13.62	24.13	-10.51	0.05
최대값	2100.38	161.18	169.26	20.27	0.77
분산	355499.56	2002.53	1756.91	109.18	0.06
표준편차	596.24	44.75	41.92	10.45	0.21

(2) 각 부분 물량산출 합을 통한 전체물량산출 및 검토

 지붕부, 가구부, 공포부, 축부, 벽체수장부, 수평수장부로 나누어 이들 부분의 물량을 산출할 때 가장 상관성이 높은 독립변수와의 회귀분석을 통해 도출된 방정식으로 각 부분 물량을 산출하여 이들의 합과 기산출 전체물량과의 비교를 통해 산출물량의 정도를 검토해 보았다.

 각 부분 변수의 선정 방법은 첫째, 각 부분에서 1순위 상관계수를 가지는 독립변수의 회귀방정식으로 부분 물량을 산출한 후 이를 합하는 방법, 둘째는 각 부분 독립변수 상관계수가 상위권에 가장 많은 지붕평면적을 이용하여 각 부분 물량을 산출한 후 이를 합산하는 방법, 셋째는 건물의 공간 규모를 반영할 수 있는 축부체적을 이용하여 각 부분 물량을 산출하여 합하는 방법, 마지막으로는 건축면적을 독립변수로 하여 각 부분 물량을 산출하여 이를 합하는 방법으로 일반적으로 목재 물량을 산출할 때 평당 물량을 적용하는 방법과 가장 유사한 방법이라 할 수 있으며, 셋째 방법과 마지막 방법은 현장에서 간편하게 적용할 수 있는 방법이라 할 수 있다.

① 부분 1순위 독립변수 적용 추정 전체물량 산출

[표 4-45] 각 부분 상관도 1순위 독립변수 및 관계 방정식

부분	독립변수	회귀방정식	상관계수(R)	결정계수(R2)	유의확률
지붕부	건축면적	Y=0.1436X+5.2859	0.9922	0.9844	0.0000
가구부	입면면적	Y=0.1627X-3.7695	0.9514	0.9052	0.0000
공포부	주심둘레	Y=0.1404X-0.8809	0.9163	0.8396	0.0000
축 부	축부체적	Y=0.0237X+0.7798	0.9782	0.9569	0.0000
벽체수장	건축면적	Y=0.0377X-0.0015	0.9821	0.9645	0.0000
수평수장	도리수(량)	Y=2.4125X-15.783	0.7580	0.5746	0.0069

[표 4-46] 1순위 독립변수로 각부 물량산출

명칭	전체물량(M3)	추정 지붕부 물량	추정 가구부 물량	추정 공포부 물량	추정 축부 물량	추정 벽체 물량	추정 수평 물량	추정 전체물량
관룡사 약사전	13.62	6.85	2.03	0.98	1.48	0.41	1.11	12.85
봉정사 고금당	19.87	8.35	6.12	1.77	2.41	0.80	1.11	20.56
부석사 조사당	23.16	10.58	10.06	2.84	3.59	1.39	1.11	29.56
도갑사 해탈문	30.92	11.86	14.62	3.04	5.18	1.72	1.11	37.53
강릉 객사문	50.92	13.06	19.19	3.69	6.36	2.04	1.11	45.44
봉정사 극락전	50.88	17.08	17.74	4.38	7.67	3.09	5.93	55.89
봉정사 엄강당	57.87	17.10	21.03	4.37	8.74	3.10	1.11	55.45
무위사 극락전	66.03	18.55	22.44	4.61	9.81	3.48	5.93	64.82
장수향교대성전	74.12	19.34	24.34	4.75	10.80	3.69	5.93	68.85
수덕사 대웅전	118.50	27.32	37.12	6.14	19.10	5.78	10.76	106.23
거조암 영산전	161.18	51.77	58.09	10.79	35.97	12.20	1.11	169.93

[표 4-47] 1순위 독립변수로 물량산출 후 차이 검토

명칭	전체물량 합계 (수평제외)	추정 1순위 전체물량	추정 1순위 수평제외 전체물량	추정 수평제외 차이물량	추정 수평제외 오차율
관룡사 약사전	12.68	12.85	11.74	-0.94	0.07
봉정사 고금당	18.54	20.56	19.45	0.91	0.05
부석사 조사당	23.16	29.56	28.45	5.29	0.23
도갑사 해탈문	30.92	37.53	36.42	5.50	0.18
강릉 객사문	50.92	45.44	44.34	-6.58	0.13
봉정사 극락전	50.88	55.89	49.96	-0.92	0.02
봉정사 화엄강당	52.96	55.45	54.34	1.38	0.03
무위사 극락전	55.63	64.82	58.89	3.26	0.06
장수향교 대성전	65.62	68.85	62.92	-2.70	0.04
수덕사 대웅전	108.30	106.23	95.47	-12.83	0.12
거조암 영산전	161.18	169.93	168.82	7.64	0.05
평균	57.34	60.64	57.35	0.00	0.09
최소	12.68	12.85	11.74	-12.83	0.02
최대	161.18	169.93	168.82	7.64	0.23
분산	1891.95	1977.86	1893.53	34.70	0.00
표준편차	43.50	44.47	43.51	5.89	0.07

각 부분 상관관계 1순위 관계식을 이용하여 부분 물량을 산출한 뒤 이를 합하여 전체물량을 산출하여 보았다. 지붕부는 건축면적, 가구부는 입면면적, 공포부는 주심둘레, 축부는 축부체적, 벽체수장은 건축면적, 수평수장은 도리수를 독립변수로 하여 각 부분 물량과의 회귀분석을 통해 도출한 회귀방정식으로 각 부분 물량을 산출하였다. 그리고 수평물량은 주심포식 맞배지붕 건축에서 천장과 마루의 유무가 건물마다 판이하므로 이를 제외한 물량을 기 산출된 물량과 비교하여 보았다.

각부 상관관계식으로 도출한 물량의 합과 실제 조사대상 건물의 기산출된 전체물량과의 차이를 구하여 오차율을 도출한 뒤 오차율의 절대값의 평균을 산출한 결과는 약 9% 정도이다.

② 각부 독립변수를 건축면적만 사용했을 때 전체물량

[표 4-48] 각부 독립변수 건축면적일 때 회귀방정식

부분	독립변수	회귀방정식	상관계수(R)	결정계수(R2)	유의확률
지붕부	건축면적	Y=0.1436X+5.2859	0.9922	0.9844	0.0000
가구부	건축면적	Y=0.1668X+5.9951	0.8910	0.7979	0.0000
공포부	건축면적	Y=0.0288X+1.6850	0.8859	0.7848	0.0000
축부	건축면적	Y=0.1117X−0.0625	0.9651	0.9314	0.0000
벽체수장	건축면적	Y=0.0377X−0.0015	0.9821	0.9645	0.0000

[표 4-49] 독립변수가 건축면적일 때 각부 추정물량

명칭	건축면적(M2)	추정 지붕부 물량	추정 가구부 물량	추정 공포부 물량	추정 축부 물량	추정 벽체 물량	추정 수장 제외 전체물량
관룡사 약사전	10.88	6.849	7.810	1.999	1.153	0.409	18.22
봉정사 고금당	21.31	8.347	9.549	2.299	2.318	0.802	23.32
부석사 조사당	36.83	10.578	12.138	2.746	4.053	1.387	30.90
도갑사 해탈문	45.76	11.860	13.627	3.004	5.051	1.724	35.27
강릉 객사문	54.11	13.061	15.021	3.245	5.985	2.039	39.35
봉정사 극락전	82.09	17.080	19.687	4.051	9.111	3.094	53.02
봉정사 화엄강당	82.20	17.096	19.705	4.054	9.123	3.098	53.08
무위사 극락전	92.31	18.549	21.392	4.345	10.253	3.480	58.02
장수향교 대성전	97.83	19.342	22.313	4.505	10.870	3.688	60.72
수덕사 대웅전	153.38	27.323	31.579	6.105	17.078	5.782	87.87
거조암 영산전	323.53	51.771	59.961	11.009	36.092	12.199	171.03

[표 4-50] 건축면적을 독립변수로 물량산출 후 차이 검토

명칭	추정 수장 제외 전체물량	합계 수평 제외 전체물량	차이	오차율
관룡사 약사전	18.22	12.68	5.54	0.44
봉정사 고금당	23.32	18.54	4.78	0.26
부석사 조사당	30.90	23.16	7.74	0.33
도갑사 해탈문	35.27	30.92	4.35	0.14
강릉 객사문	39.35	50.92	-11.57	0.23
봉정사 극락전	53.02	50.88	2.14	0.04
봉정사 화엄강당	53.08	52.96	0.12	0
무위사 극락전	58.02	55.63	2.39	0.04
장수향교 대성전	60.72	65.62	-4.90	0.07
수덕사 대웅전	87.87	108.3	-20.43	0.19
거조암 영산전	171.03	161.18	9.85	0.06
평균	57.34	57.34	0.00	0.16
최소	18.22	12.68	-20.43	0.00
최대	171.03	161.18	9.85	0.44
분산	1810.45	1891.95	81.51	0.02
표준편차	42.55	43.50	9.03	0.14

건축면적은 건축물의 규모나 공사물량을 예측할 때 가장 많이 사용되는 기준이므로 각 부분물량을 건축면적을 독립변수로 적용할 때 산출한 상관관계식을 이용하여 각 부분 물량을 산출한 뒤 이를 합하여, 조사대상 건물의 기산출 전체물량과의 차이인 오차율은 약 16% 정도이다.

③ 각부 독립변수를 지붕평면적만을 사용했을 때 전체물량

지붕평면적은 지붕을 위에서 내려본 수평 투영면적으로서 각 부분 물량과 상관성이 높은 독립변수 중의 하나이다. 각 부분물량과 지붕평면적의 상관관계식으로 도출한 물량들을 합한 추정 전체물량과 대상 건물의 기산출 전체물량 차이인 오차율의 평균은 약 10%로 도출된다. 이는 단일 독립변수를 각부에 적용한 물량 모델 중 가장 오차율이 낮은 모델이다. 각 부분에 단일 변수를 적용했을 때 가장 오차율이 낮은 전체물량을 얻을 수 있는 변수이다. 지붕평면적은 건축면적을 알고 처마내밀기가 알면 구할 수 있는 면적 요소로서 현장에서

간단하게 적용할 수 있는 변수이다.

[표 4-51] 각부 독립변수 지붕평면적일 때 회귀방정식

부분	독립변수	회귀방정식	상관계수(R)	결정계수(R2)	유의확률
지붕부	지붕평면적	Y=0.0966X+0.8393	0.9844	09690	0.0000
가구부	지붕평면적	Y=0.1162X+0.0867	0.9164	0.8398	0.0000
공포부	지붕평면적	Y=0.0199X+0.6985	0.9026	0.8147	0.0000
축부	지붕평면적	Y=0.0750X-3.4953	0.9557	0.9134	0.0000
벽체수장	지붕평면적	Y=0.0253X-1.1758	0.9760	0.9526	0.0000

[표 4-52] 독립변수가 지붕평면적일 때 각부 추정물량

명칭	지붕평면적	추정 지붕부물량	추정 가구부물량	추정 공포부물량	추정 축부물량	추정 벽체물량
관룡사 약사전	46.24	5.31	5.46	1.62	-0.03	0.00
봉정사 고금당	59.61	6.60	7.02	1.88	0.98	0.34
부석사 조사당	96.25	10.14	11.28	2.61	3.72	1.27
도갑사 해탈문	101.31	10.63	11.87	2.71	4.10	1.40
강릉 객사문	131.27	13.52	15.35	3.31	6.35	2.16
봉정사 극락전	164.83	16.76	19.25	3.98	8.87	3.01
봉정사 화엄강당	178.51	18.08	20.84	4.25	9.89	3.36
무위사 극락전	213.28	21.44	24.88	4.94	12.50	4.24
장수향교 대성전	216.49	21.75	25.26	5.01	12.74	4.32
수덕사 대웅전	284.43	28.32	33.16	6.36	17.84	6.05
거조암 영산전	501.68	49.31	58.42	10.68	34.13	11.56

[표 4-53] 지붕평면적을 독립변수로 물량산출 후 차이 검토

명칭	추정 수장 제외 전체물량	합계 수평 제외 전체물량	차이	오차율
관룡사 약사전	12.36	12.68	-0.32	0.03
봉정사 고금당	16.81	18.54	-1.73	0.09
부석사 조사당	29.02	23.16	5.86	0.25
도갑사 해탈문	30.71	30.92	-0.21	0.01
강릉 객사문	40.69	50.92	-10.23	0.20

명칭	추정 수장 제외 전체물량	합계 수평 제외 전체물량	차이	오차율
봉정사 극락전	51.87	50.88	0.99	0.02
봉정사 화엄강당	56.43	52.96	3.47	0.07
무위사 극락전	68.01	55.63	12.38	0.22
장수향교 대성전	69.08	65.62	3.46	0.05
수덕사 대웅전	91.72	108.3	−16.58	0.15
거조암 영산전	164.10	161.18	2.92	0.02
평균	57.35	57.34	0.00	0.10
최소	12.36	12.68	−16.58	0.01
최대	164.10	161.18	12.38	0.25
분산	1831.60	1891.95	60.39	0.01
표준편차	42.80	43.50	7.77	0.09

④ 각부 독립변수를 축부체적만을 사용했을 때 전체물량

[표 4−54] 각부 독립변수 축부체적일 때 회귀방정식

부분	독립변수	회귀방정식	상관계수(R)	결정계수(R2)	유의확률
지붕부	축부체적	$Y=0.0298X+6.6436$	0.9826	0.9655	0.0000
가구부	축부체적	$Y=0.0360X+7.0321$	0.9174	0.8416	0.0000
공포부	축부체적	$Y=0.0059X+1.9763$	0.8703	0.7574	0.0000
축부	축부체적	$Y=0.0237X+0.7798$	0.9782	0.9569	0.0000
벽체수장	축부체적	$Y=0.0078X+0.3521$	0.9736	0.9479	0.0000

[표 4−55] 각부 독립변수가 축부체적일 때 각부 추정물량

명칭	축부 체적	추정 지붕부 물량	추정 가구부 물량	추정 공포부 물량	추정 축부물량	추정 벽체물량
관룡사 약사전	29.3	7.52	8.09	2.15	1.48	0.58
봉정사 고금당	68.8	8.69	9.51	2.38	2.41	0.89
부석사 조사당	118.2	10.17	11.29	2.68	3.59	1.28
도갑사 해탈문	185.3	12.17	13.70	3.07	5.18	1.80
강릉 객사문	234.8	13.65	15.49	3.37	6.36	2.19

명칭	축부 체적	추정 지붕부 물량	추정 가구부 물량	추정 공포부 물량	추정 축부물량	추정 벽체물량
봉정사 극락전	290.0	15.29	17.47	3.70	7.67	2.63
봉정사 화엄강당	335.1	16.64	19.10	3.96	8.74	2.98
무위사 극락전	380.3	17.99	20.72	4.23	9.81	3.33
장수향교 대성전	422.0	19.23	22.23	4.48	10.80	3.66
수덕사 대웅전	771.3	29.65	34.80	6.55	19.10	6.40
거조암 영산전	1481.8	50.85	60.38	10.76	35.97	11.97

[표 4-56] 축부체적을 독립변수로 물량산출 후 차이 검토

명칭	추정 수장 제외 전체물량	합계 수평 제외 전체물량	차이	오차율
관룡사 약사전	19.82	12.68	7.14	0.56
봉정사 고금당	23.89	18.54	5.35	0.29
부석사 조사당	29.00	23.16	5.84	0.25
도갑사 해탈문	35.93	30.92	5.01	0.16
강릉 객사문	41.06	50.92	−9.86	0.19
봉정사 극락전	46.76	50.88	−4.12	0.08
봉정사 화엄강당	51.42	52.96	−1.54	0.03
무위사 극락전	56.09	55.63	0.46	0.01
장수향교 대성전	60.40	65.62	−5.22	0.08
수덕사 대웅전	96.50	108.30	−11.80	0.11
거조암 영산전	169.93	161.18	8.75	0.05
평균	57.34	57.34	0.00	0.16
최소	19.82	12.68	−11.80	0.01
최대	169.93	161.18	8.75	0.56
분산	1842.10	1891.95	49.86	0.03
표준편차	42.92	43.50	7.06	0.16

축부체적은 건축면적에 기둥높이와 공포대 높이를 합한 높이를 곱한 체적으로 건축물의 실제 사용공간이라 할 수 있다. 각 부분 물량을 축부체적이 독립변수일 때 산출한 상관관계식을 이용하여 각 부분 물량을 산출하였고, 이 값들을 더하여 추정 전체물량을 산출한 뒤, 조사대상 건물의 기산출 전체물량과 비교를 하고 그 차이를 실제 물량으로 나누어 오차율

을 산정하였다. 축부체적으로 각 부분 물량을 산출하였을 때 오차율의 평균은 약 16%로 건축면적으로 각 부분의 물량을 산출하였을 때와 동일하다.

4. 다포식 맞배지붕 건축의 물량 상관관계 및 산출모델

상관성을 살펴보기 위하여 먼저 일차적으로 목재 물량에 영향을 줄 가능성이 큰 건축형식, 길이, 면적, 체적 등의 요소를 바탕으로 상호관련성이 높은 변수를 선택하였다. 물량과의 상관관계를 알아보기 위하여 먼저 건축 요소, 길이, 면적, 체적 등과의 상관분석을 실시하고, 상관관계 계수가 높은 변수로 물량과의 회귀분석을 시행하였다. 이들 중 결정계수가 높은 회귀방정식을 이용하여 물량 산출모델을 설계하고 산출모델의 오차율을 구하여 적정한 산출모델을 선정하였다.

1) 목재 물량 상관관계 분석

[표 4-57] 다포식 맞배건축 건축형식 요소

명칭	정면 칸수	측면 칸수	외부 칸수합	기둥수	공포수	도리수 (량)	도리 전체
대비사 대웅전	3	3	12	14	14	9	27
신흥사 대광전	3	3	12	14	16	9	27
대전사 보광전	3	3	12	14	20	9	27
기림사 대적광전	5	3	16	22	28	11	55
참당암 대웅전	3	3	12	14	16	7	21
개심사 대웅전	3	3	12	12	20	9	27
통도사 영산전	3	3	12	12	23	9	27
불영사 응진전	3	2	10	10	22	7	21
보경사 적광전	3	2	10	12	26	9	27
범어사 조계문	3	1	8	4	14	5	15
동화사 수마제전	1	1	4	4	8	7	7
용문사 대장전	3	2	10	10	20	7	21

이들 중 상위 독립변수는 회귀분석을 통해 회귀방정식을 세우고 회귀방정식을 통해 산출

한 물량과 실제 도면을 통해 연구자가 산출한 물량과의 차이를 비교 분석하여, 산출모델을 만들었다.

[표 4-58] 다포식 맞배건축 1차 요소 정보

명칭	정면 주간장	측면 주간장	정면 지붕장	측면 지붕장	가구고	공포고	평방고	기둥고	건물고
대비사 대웅전	10.59	7.44	12.48	12.38	3.32	1.08	0.24	3.12	8.82
신흥사 대광전	13.30	9.47	17.18	15.71	3.55	1.67	0.22	3.99	10.45
대전사 보광전	11.47	6.85	14.76	11.70	2.73	1.19	0.22	4.16	9.38
기림사 대적광전	19.46	10.47	22.70	16.97	3.74	1.50	0.20	2.98	8.93
참당암 대웅전	10.49	8.03	13.58	13.38	3.43	1.23	0.17	3.02	9.92
개심사 대웅전	11.04	8.04	13.85	12.75	3.38	1.01	0.21	3.33	9.52
통도사 영산전	15.14	7.35	18.50	13.73	2.78	1.48	0.21	3.63	9.32
불영사 응진전	7.71	4.41	10.62	8.93	1.68	0.87	0.20	3.18	7.17
보경사 적광전	10.06	5.86	12.00	8.00	2.33	1.00	0.20	2.66	6.41
범어사 조계문	7.82	1.16	9.69	5.20	0.89	1.28	0.21	2.50	5.01
동화사 수마제전	4.29	4.35	6.86	8.91	1.88	1.05	0.21	2.70	6.41
용문사 대장전	9.86	4.95	12.53	9.50	2.33	1.05	0.21	2.74	7.09

[표 4-59] 다포식 맞배건축 1차, 2차, 3차 건축요소

명칭	주심둘레 길이	건축 면적(M2)	지붕 평면적	입면 면적	가구부 체적m³	축부 체적m³	실내 체적m³
대비사 대웅전	36.07	78.8	154.50	160.21	130.8	350.1	480.91
신흥사 대광전	45.54	126.0	269.89	267.55	223.4	740.0	963.42
대전사 보광전	36.65	78.6	172.75	203.93	107.3	437.4	544.63
기림사 대적광전	59.86	203.7	385.31	279.89	380.9	952.5	1333.35
참당암 대웅전	37.03	84.2	181.69	163.78	144.4	372.3	516.71
개심사 대웅전	38.17	88.8	176.48	173.76	150.1	404.3	554.41
통도사 영산전	44.98	111.3	253.91	239.49	154.5	592.7	747.16
불영사 응진전	24.23	34.0	94.82	102.94	28.5	144.3	172.82
보경사 적광전	31.84	58.9	96.00	122.95	68.7	227.6	296.28
범어사 조계문	17.96	9.1	50.36	71.65	4.0	36.2	40.21
동화사 수마제전	17.28	18.7	61.10	68.34	17.5	73.8	91.33
용문사 대장전	29.61	48.8	118.97	118.44	56.7	195.0	251.74

(1) 전체물량 상관관계

[표 4-60] 다포식 맞배건축 전체물량의 상관계수

종속변수	차원	독립변수	상관계수
전체물량(m^3)	3	축부체적	0.9746
	2	지붕평면적	0.9722
	3	실내체적	0.9717
	2	건축면적	0.9554
	2	입면면적	0.9522
	1	주심둘레길이	0.9495
	3	가구부체적	0.9395
	1	정면지붕장	0.9325
	1	측면지붕장	0.9253

전체물량을 1차원, 2차원, 3차원적 요소로 상관분석을 하였는데, 1차원적인 요소는 주심둘레길이, 정면지붕장, 측면지붕장 순으로 관계가 있고, 2차원적인 요소는 지붕평면적, 건축면적, 입면면적과 관계가 있다. 그리고 3차원적인 요소는 축부체적, 실내체적, 가구부체적과 관계가 있는 것으로 나타났다.

상관관계가 있는 독립변수를 차원적 변수로 나누어 살펴보면, 1차원적 변수는 주심둘레길이, 2차원적 변수는 지붕평면적, 3차원적 변수는 실내체적이 가장 상관성이 크다. 전체적으로는 축부체적, 지붕평면적, 실내체적, 건축면적, 입면면적의 순으로 크며, 모두 상관계수가 0.95 이상으로 나타나는데, 매우 상관성이 높다고 할 수 있다.

상관관계 분석에서 나타난 각 변수의 관계를 바탕으로 전체물량과 다른 변수들의 관계 변화를 알아보기 위해, 차원적 변수에 대한 회귀분석을 실시하였다.

[표 4-61] 다포식 맞배건축 전체물량 상관 분석표

부분	독립변수	회귀방정식	상관계수(R)	결정계수(R2)	유의확률
전체 물량	축부체적	$Y = 0.2233X + 13.494$	0.9746	0.9499	0.0000
	지붕평면적	$Y = 0.6311X - 8.3041$	0.9722	0.9452	0.0000
	실내체적	$Y = 0.1624X + 16.627$	0.9717	0.9442	0.0000
	건축면적	$Y = 3.7586X + 8.5042$	0.9554	0.9128	0.0000

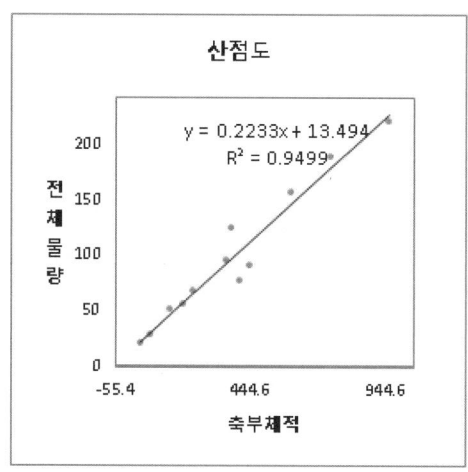 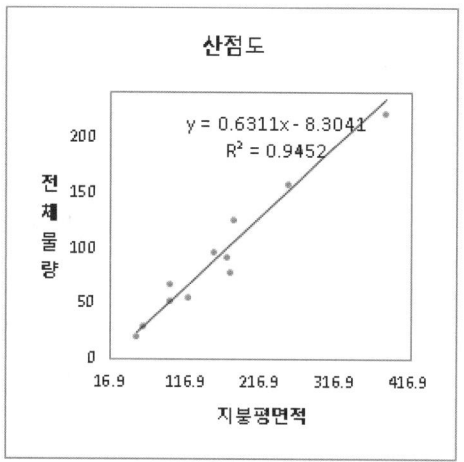

[그림 4-28] 다포식 맞배건축 전체물량 산점도 1

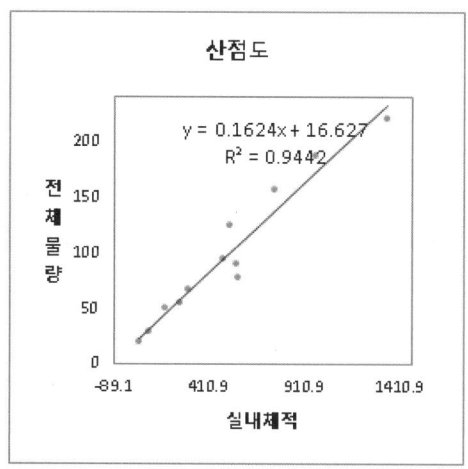 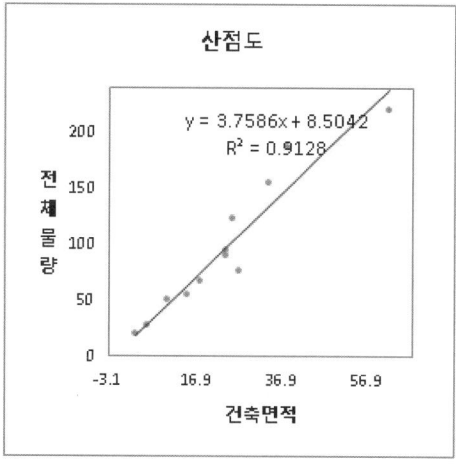

[그림 4-29] 다포식 맞배건축 전체물량 산점도 2

전체물량과 상호 상관성이 인정되는 부분에 대한 상관 비례를 분석해 본 결과, 전체물량은 축부체적과는 13.494㎥ 정도의 기본값을 가지며, 0.2233의 비례값을 가지고 있고, 지붕평면적과는 8.3041㎥의 음의 기본값을 가지며, 0.6311의 비례값을 가지고 있다. 실내체적과는 16.627㎥의 기본값과 0.1624의 비례값을 가지며, 건축면적과는 8.5042㎥의 기본값과 3.7586의 비례값을 가진다.

전체물량은 2차원, 3차원적인 독립변수가 1차원적인 요소보다 상관계수가 높았으며, 축부체적과 지붕평면적, 실내체적, 건축면적 등은 결정계수 또한 0.9 이상으로 높은 설명력을 보이고 있다.

(2) 지붕부 물량 상관관계

[표 4-62] 다포식 맞배건축 지붕부 물량의 상관계수

종속변수	차원	독립변수	상관계수
지붕부 물량(m^3)	1	측면지붕장	0.8428
	2	입면면적	0.8422
	2	지붕평면적	0.8272
	1	주심둘레길이	0.8233
	3	축부체적m^3	0.8196
	3	실내체적m^3	0.8086
	1	측면주간장	0.8026
	1	정면지붕장	0.7991
	2	건축면적(M2)	0.7927

지붕부 물량은 1차원적인 요소는 측면지붕장, 주심둘레길이, 측면지붕장, 정면지붕장과 상관관계가 있고, 2차원적인 변수는 입면면적, 지붕평면적, 건축면적과 상관관계가 있다. 그리고 3차원적인 변수는 축부체적, 실내체적과 상관성이 있다.

각 차원적 변수에서 1차원 변수는 측면지붕장, 2차원변수는 입면면적, 3차원적 변수는 축부체적이 가장 상관성이 크다. 전체적으로는 측면지붕장, 입면면적, 지붕평면적, 주심둘레길이 순으로 상관성이 높다.

[표 4-63] 다포식 맞배건축 전체물량 상관 분석표

부분	독립변수	회귀방정식	상관계수(R)	결정계수(R2)	유의확률
지붕부 물량	측면지붕장	Y=4.0575X−20.203	0.8428	0.7104	0.0000
	지붕평면적	Y=0.1398X+2.6864	0.8422	0.6843	0.0000
	입면면적	Y=0.1924X−5.4631	0.8272	0.7093	0.0000
	주심둘레길이	Y=1.1179X+12.884	0.8233	0.6779	0.0000

상관관계 분석에서 나타난 각 변수의 관계를 바탕으로 독립변수에 대한 지붕부 물량의 변화를 알아보기 위해, 지붕부 물량을 종속변수로 하여 회귀분석을 실시하였다.

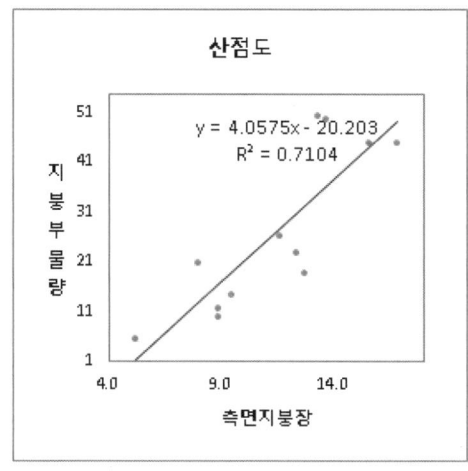 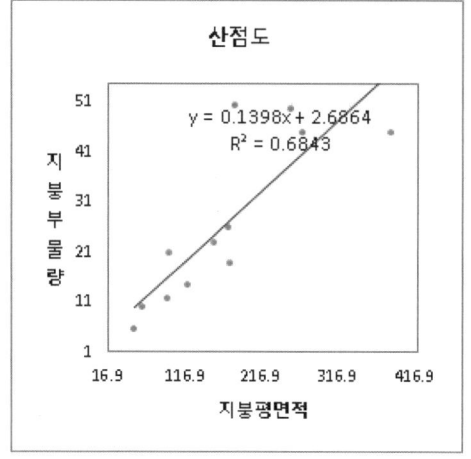

[그림 4-30] 다포식 맞배건축 지붕부 물량 산점도 1

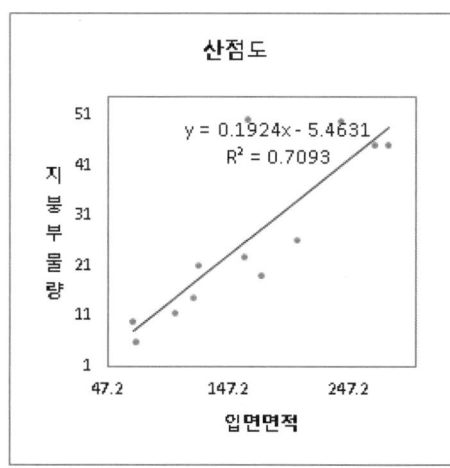 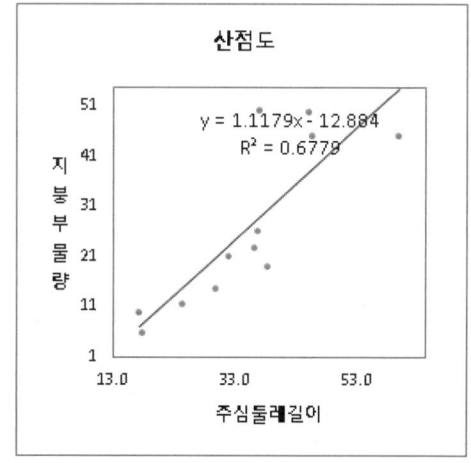

[그림 4-31] 다포식 맞배건축 지붕부 물량 산점도 2

상호 연관성이 인정되는 부분에 대하여 상관관계를 분석해 본 결과, 지붕부 물량은 측면 지붕장에 20.203㎥의 음의 기본값과, 4.0575의 비례값을 가지고 지붕평면적과는 2.6864㎥의 기본값과 0.1398의 비례값을 가진다. 그리고 입면면적과는 5.4631㎥의 음의 기본값과 0.1924의 비례값을 가지며, 실내체적과는 12.884㎥의 기본값과 1.1179의 비례값을 가진다.

지붕부 물량은 지붕요소와 관련된 측면지붕장과 가장 높은 관계를 가지며, 그다음이 지붕평면적이다. 주심포 맞배지붕 건축이 건축면적과 지붕평면적이 높은 상관관계인 것과는 약간의 차이를 보이고 있지만, 전체적으로 지붕평면적과 관계를 보이는 것은 공통점이라 할 수 있다. 상관계수는 0.8 이상이지만 결정계수는 0.71이 상한이다.

(3) 가구부 물량 상관관계

가구부 물량은 1차원적 변수인 주심둘레길이, 측면주간장, 정면지붕장과 관계가 있고, 2차원적인 변수는 건축면적, 지붕평면적, 입면면적과 상관성이 있다. 그리고 3차원적인 변수는 실내체적, 가구부체적, 축부체적 등과 상관성이 있다.

각 차원적 변수에서는 상위는 1차원적 변수는 주심둘레길이, 2차원적 변수는 건축면적, 3차원적 변수는 실내체적이 상관성이 제일 높은 변수이다. 가구부 물량은 전체적으로 체적 관련 3차원 변수와 상관성이 높은 관계를 보인다.[3]

[표 4-64] 다포식 맞배건축 가구부 물량의 상관계수

종속변수	차원	독립변수	상관계수
가구부 물량(m³)	3	실내체적	0.9908
	3	가구부체적	0.9847
	3	축부체적	0.9836
	2	건축면적	0.9824
	2	지붕평면적	0.9764
	1	주심둘레길이	0.9651
	2	입면면적	0.9465
	1	측면지붕장	0.9350
	1	정면지붕장	0.9274

---

3) 주심포 맞배 건축은 1순위는 건물고 이지만, 2순위는 축부체적이다.

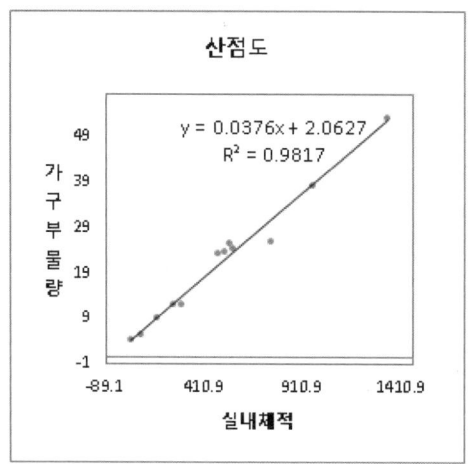 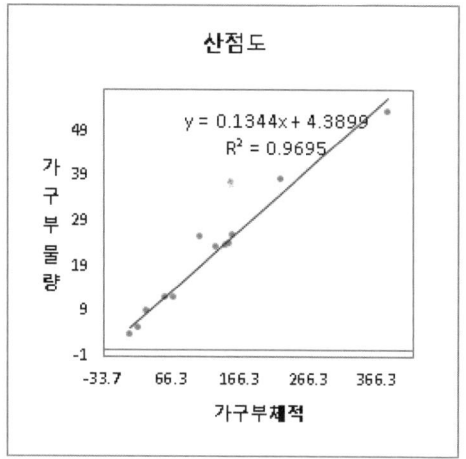

[그림 4-32] 다포식 맞배건축 가구부 물량 산점도 1

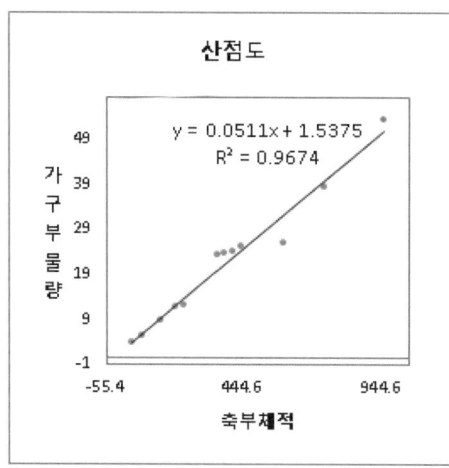 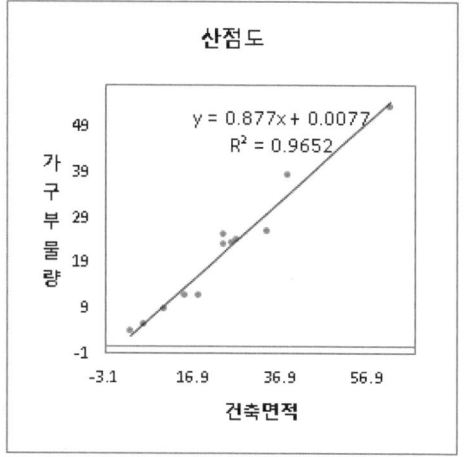

[그림 4-33] 다포식 맞배건축 가구부 물량 산점도 2

[표 4-65] 다포식 맞배건축 가구부 물량 상관 분석표

부분	독립변수	회귀방정식	상관계수(R)	결정계수(R2)	유의확률
가구부 물량 (m^3)	실내체적	Y=0.0376X+2.0627	0.9908	0.9817	0.0000
	가구부체적	Y=0.1344X+4.3899	0.9847	0.9695	0.0000
	축부체적	Y=0.0511X+1.5375	0.9836	0.9674	0.0000
	건축면적	Y=0.8770X+0.0077	0.9824	0.9652	0.0000

상호 연관성이 인정되는 부분에 대하여 상관관계를 분석해 본 결과, 가구부 물량은 실내체제적에 2.0627㎥의 기본값이, 0.0376의 비례값을 가지고 있고, 가구부체적과는 4.3899㎥의 기본값과 0.1344의 비례값을 가진다. 그리고, 축부체적과는 1.5375㎥의 기본값과 0.0511의 비례값을 가지며, 건축면적과는 0.0077㎥의 기본값과 0.8770의 비례값을 가진다.

가구부 물량은 체적관련 3차원 변수와 상관성이 높으며, 실내체적, 가구부체적, 축부체적 변수에 모두 높은 상관계수와 결정계수를 나타내고 있다.

(4) 공포부 물량 상관관계

공포부 물량은 1차원적인 변수인 정면지붕장, 측면주간장, 주심둘레길이 등과 관계가 있고, 2차원적인 변수는 지붕평면적, 입면면적과 상관성이 있다. 그리고 3차원적인 변수는 축부체적, 실내체적, 가구부체적 등과 관련이다.

각 차원적 변수에서 1차원적 변수는 정면지붕장, 2차원적 변수는 지붕평면적, 3차원적 변수는 축부체적이 가장 상관계수가 크다. 전체적으로는 축부체적, 지붕평면적, 실내체적, 건축면적 순으로 상관성이 높다고 할 수 있다.

[표 4-66] 다포식 맞배건축 공포부 물량의 상관계수

종속변수	차원	변수	상관계수
공포부 물량(㎥)	3	축부체적	0.9222
	2	지붕평면적	0.9220
	3	실내체적	0.9181
	2	건축면적	0.9055
	1	정면지붕장	0.9020
	1	정면주간장	0.8874
	1	주심둘레길이	0.8857
	3	가구부체적	0.8841
	2	입면면적	0.8786

상관관계분석에서 나타난 각 변수의 관계를 바탕으로 공포부 물량에 대한 다른 부분과의 변화를 알아보기 위해, 차원적 변수에 대한 회귀분석을 실시하였다.

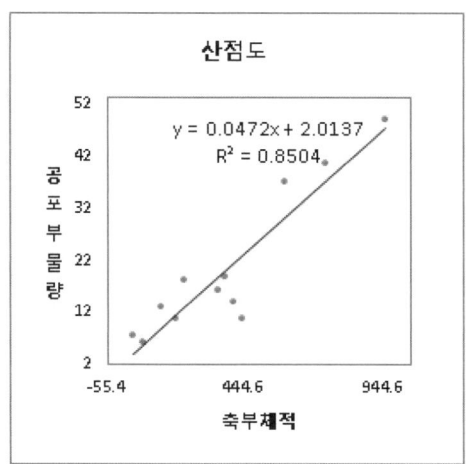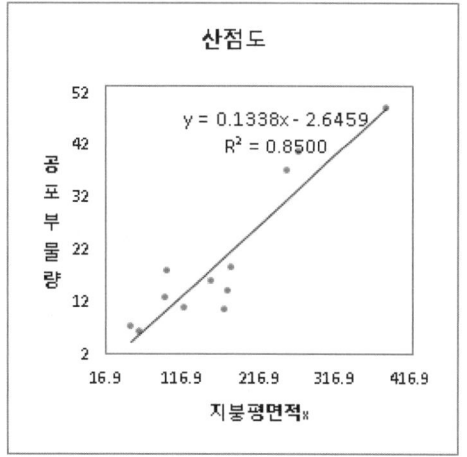

[그림 4-34] 다포식 맞배건축 공포부 물량 산점도 1

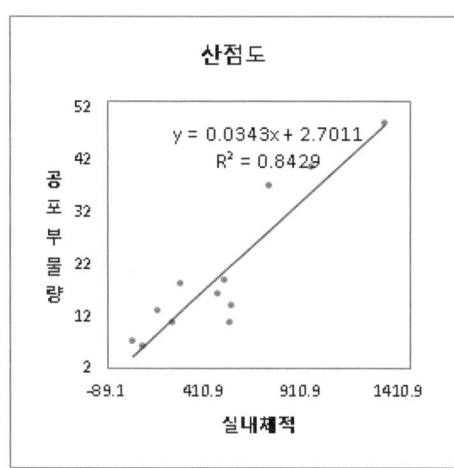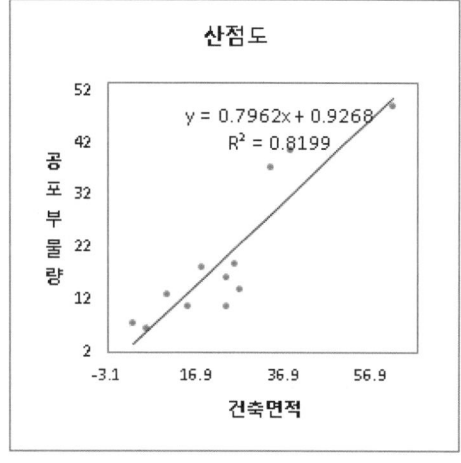

[그림 4-35] 다포식 맞배건축 공포부 물량 산점도 2

[표 4-67] 다포식 맞배건축 공포부 물량 상관 분석표

부분	독립변수	회귀방정식	상관계수(R)	결정계수(R2)	유의확률
공포부 물량	축부체적	Y=0.0472X+2.0137	0.9222	0.8504	0.0000
	지붕평면적	Y=0.1338X−2.6459	0.9220	0.8500	0.0000
	실내체적	Y=0.0343X+2.7011	0.9181	0.8429	0.0000
	건축면적	Y=0.7962X+0.9268	0.9055	0.8199	0.0000

상호 연관성이 인정되는 부분에 대한 상관관계를 분석해 보며, 공포부 물량은 축부체적과 2.0137㎥의 기본값과, 0.0472의 비례값을 가지고 있고, 지붕평면적과 음의 2.6459㎥의 기본값과 0.1338의 비례값을 가진다. 그리고 실내체적과는 2.7011㎥의 기본값과 0.0343의 비례값을 가지며, 건축면적과는 0.9268㎥의 기본값과 0.7962의 비례값을 가진다. 공포부 물량은 주심포 건축과 마찬가지로 공포와 관련된 요보다는 체적과 면적에 관련된 요소와 더 많은 관련성을 보이고 있으며, 공포부 물량을 결정하는 상관방정식은 축부체적과의 관계방정식이다.

(5) 축부 물량 상관관계

[표 4-68] 다포식 맞배건축 축부 물량의 상관계수

종속변수	차원	변수	상관계수
축부물량(㎥)	3	축부체적	0.9629
	3	실내체적	0.9582
	2	지붕평면적	0.9431
	2	입면면적	0.9410
	2	건축면적	0.9307
	3	가구부체적	0.9216
	1	주심둘레길이	0.9164
	1	측면지붕장	0.9043
	1	정면지붕장	0.8949

축부 물량은 1차원적인 변수는 주심둘레길이, 측면지붕방, 정면지붕장과 관계가 있고, 2차원적인 변수에는 지붕평면적, 입면면적, 건축면적 등과 상관성이 있다. 그리고 3차원적인 변수는 실내체적, 가구부체적 등과 상관성이 있다. 가장 관련성이 높은 변수는 3차원적 변수, 그다음이 2차원적 변수, 1차원적 변수로 3차원적인 변수와의 상관성이 높은 편이다.

각 차원적 변수에서 1차원적 변수는 주심둘레길이, 2차원적 변수는 지붕평면적, 3차원적 변수는 축부체적이 가장 상관성이 큰 변수들이다. 전체적으로는 축부체적, 실내체적, 지붕평면적, 입면면적의 순이며, 이들 상관계수는 모두 0.94 이상이다.

상관관계 분석에서 나타난 각 변수의 관계를 바탕으로 축부물량에 대한 다른 부분의 변화를 알아보기 위해, 차원적 변수에 대한 회귀분석을 실시하였다.

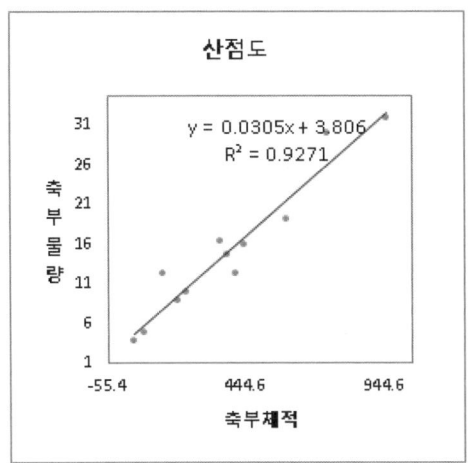 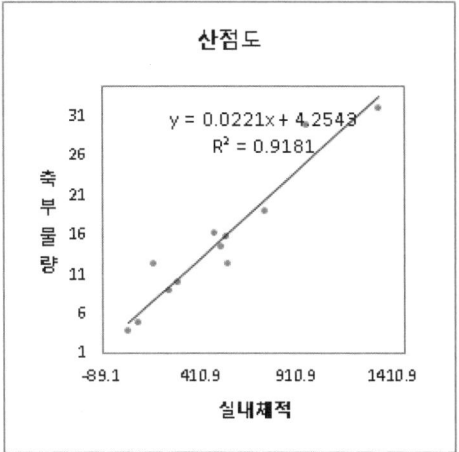

[그림 4-36] 다포식 맞배건축 축부 물량 산점도 1

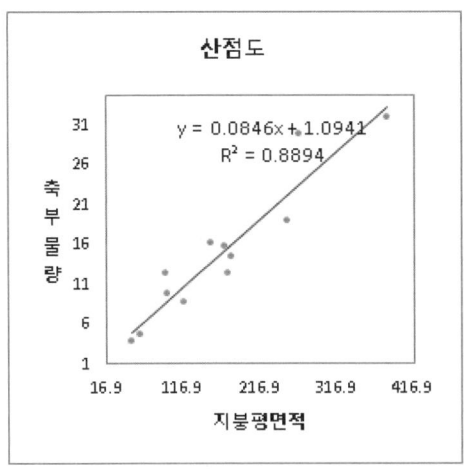 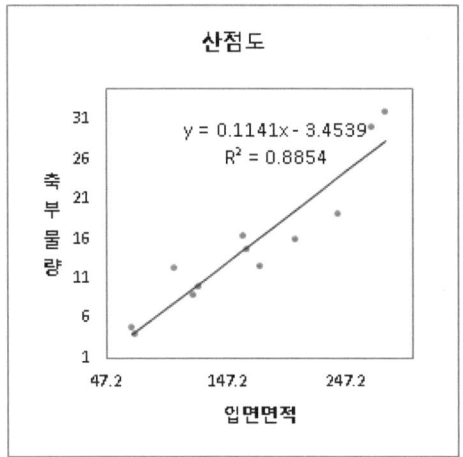

[그림 4-37] 다포식 맞배건축 축부 물량 산점도 2

[표 4-69] 다포식 맞배건축 축부 물량 상관 분석표

부분	독립변수	회귀방정식	상관계수(R)	결정계수(R2)	유의확률
축부 물량	축부체적	Y=0.0305X+3.8060	0.9629	0.9271	0.0000
	실내체적	Y=0.0221X+4.2543	0.9582	0.9181	0.0000
	지붕평면적	Y=0.0846X+1.0941	0.9431	0.8894	0.0000
	입면면적	Y=0.1141X-3.4539	0.9410	0.8854	0.0000

상호 연관성이 인정되는 부분에 대하여 상관관계를 분석해 본 결과, 축부 물량은 축부체적과 3.8060m³의 기본값과 0.0305의 비례값을 가지고 있고, 실내체적과는 4.2543m³의 기본값과 0.0221의 비례관계를 가진다. 그리고 지붕평면적과는 1.0941m³의 기본값과 0.0846의 비례값을 가지며, 입면면적과는 음의 3.4539m³의 기본값과 0.1141의 비례값을 가진다.

축부물량은 전체적으로 3차원 변수와 2차원 변수와의 상관관계가 높으며, 주심포 맞배 지붕건축물의 축부물량 변수[4]와도 유사한 면이 있다.

(6) 벽체수장 물량 상관관계

[표 4-70] 다포식 맞배건축 벽체수장부 물량의 상관계수

종속변수	차원	변수	상관계수
벽체수장부 물량(m³)	2	입면면적	0.9164
	3	축부체적m³	0.8582
	1	측면지붕장	0.8505
	3	실내체적m³	0.8287
	2	지붕평면적	0.8215
	1	주심둘레길이	0.8166
	1	건물고	0.8078
	1	측면주간장	0.7986
	1	정면지붕장	0.7974

벽체수장부 물량은 1차원적인 변수인 측면지붕장, 주심둘레길이, 건물고, 측면주간장, 정면주간장과 관계가 있고, 2차원적인 변수는 입면면적과 지붕평면적과 상관이 있다. 그리고 3차원적인 변수는 축부체적, 실내체적과 상관성이 있다. 변수 중에 1차원적인 변수가 다수이지만, 관련성이 높은 변수는 2차원과 3차원적 변수이다. 각 차원적 변수에서 1차원적 변수는 측면지붕장, 2차원적 변수는 입면면적, 3차원변수는 축부체적이 가장 상관성이 크며, 전체 순위는 입면면적, 축부체적, 측면지붕장, 실내체적의 순으로 상관계수가 크다.

---

[4] 주심포 맞배 건축물의 축부물량과 상관관계가 큰 변수는 1순위가 축부체적, 2순위가 실내체적, 3순위가 가구부체적이다.

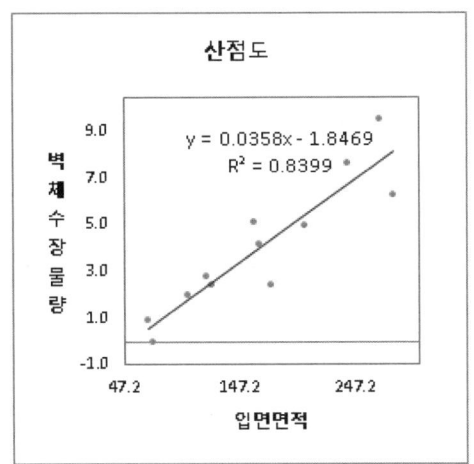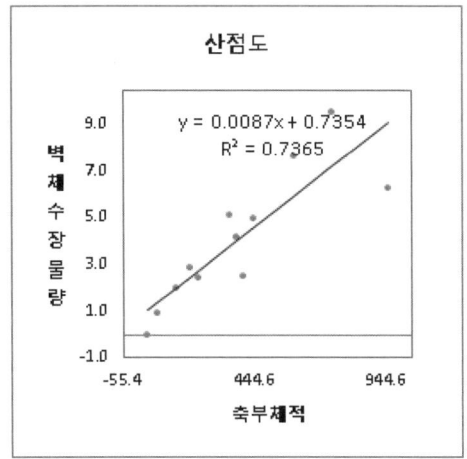

[그림 4-38] 다포식 맞배건축 벽체수장부 물량 산점도 1

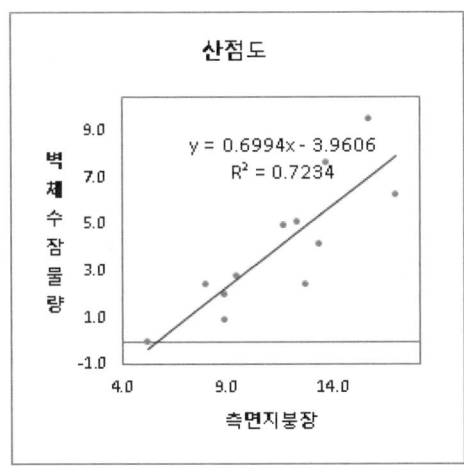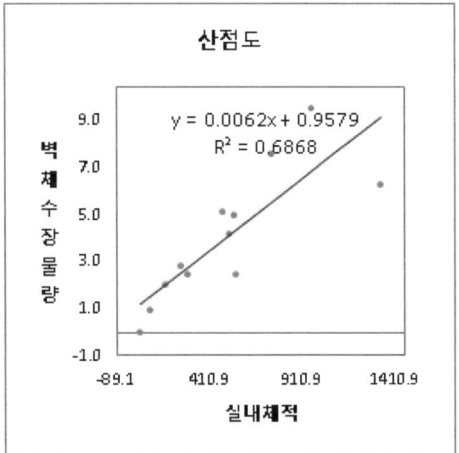

[그림 4-39] 다포식 맞배건축 벽체수장부 물량 산점도 2

[표 4-71] 다포식 맞배건축 벽체수장부 물량 상관 분석표

부분	독립변수	회귀방정식	상관계수(R)	결정계수(R2)	유의확률
벽체 수장부 물량	입면면적	Y=0.0358X−1.8469	0.9164	0.8399	0.0000
	축부체적㎥	Y=0.0087X+0.7354	0.8582	0.7365	0.0000
	측면지붕장	Y=0.6994X−3.9606	0.8505	0.7234	0.0000
	실내체적㎥	Y=0.0062X+0.9579	0.8287	0.6868	0.0000

상관관계 분석에서 나타난 각 변수의 관계를 바탕으로 벽체수장부 물량변화에 대한 다른 부분과의 관계를 알아보기 위해, 차원적 변수에 대한 회귀분석을 실시하였다.

상호 연관성이 인정되는 부분에 대하여 상관관계 분석한 결과, 벽체수장부 물량은 입면면적과 음의 $1.8469m^3$의 기본값과 0.0358의 비례값을 가지고, 있고, 축부체적과는 $0.7354m^3$의 기본값과 0.0087의 비례값을 가진다. 그리고 측면지붕장과는 음의 $3.9606m^3$의 기본값과 0.6994의 비례값을 가지며, 실내체적과는 $0.9579m^3$의 기본값과 0.0062의 비례값을 가진다.

벽체수장물 물량은 2차원적 변수와 3차원적 변수와 높은 상관관계를 가지며, 특히 입면면적의 상관성이 가장 높으며, 결정계수는 0.8399로 다른 변수들보다 높은 설명력을 보이고 있다.

(7) 수평수장부 물량관계

벽체수장부 물량은 1차원적인 변수나 주심둘레길이, 정면지붕장, 정면주간장과 관계가 있고, 2차원적인 변수와는 지붕평면적, 건축면적, 입면면적과 상관성이 있다. 그리고 3차원적인 변수는 실내체적, 가구부체적, 축부체적 등과 상관성이 있다.

[표 4-72] 다포식 맞배건축 수평수장부 물량의 상관계수

종속변수	차원	변수	상관계수
수평수장부 물량(m^3)	2	지붕평면적	0.9661
	3	실내체적m^3	0.9633
	3	가구부체적m^3	0.9572
	3	축부체적m^3	0.9563
	2	건축면적(M2)	0.9555
	1	주심둘레길이	0.9235
	1	정면지붕장	0.9120
	2	입면면적	0.8987
	1	정면주간장	0.8960

3차원적인 변수와 상관성이 가장 높고 그다음이 2차원적 변수와 1차원적 변수이며, 또한 3차원 변수는 모두 상관계수가 0.9 이상으로 높은 상관관계를 보이고 있다. 각 차원적 변수에서 1차원적 변수는 주심둘레길이, 2차원적 변수는 지붕평면적, 3차원적 변수는 실내체적이 가장 상관계수가 큰 변수이다.

상관관계 분석에서 나타난 각 변수의 관계를 바탕으로 수평수장부 물량 변화에 대한 다른 부분과의 관계를 알아보기 위해, 차원적 변수에 대한 회귀분석을 실시하였다.

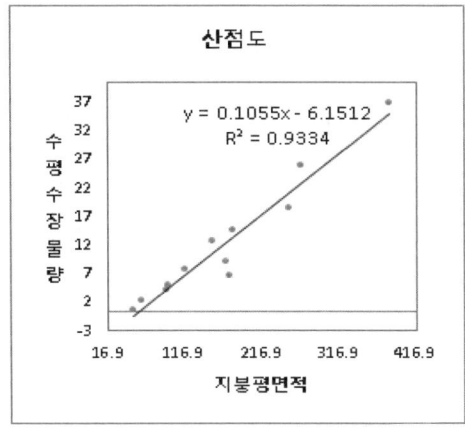
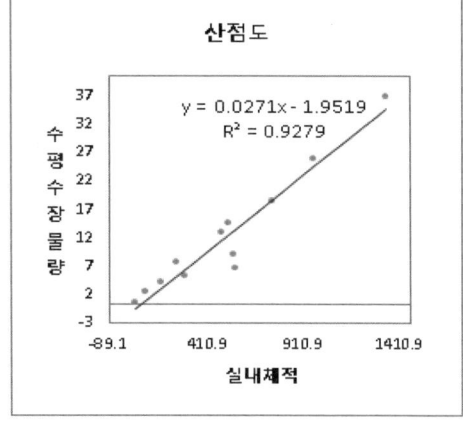

[그림 4-40] 다포식 맞배건축 수평수장부 물량 산점도 1

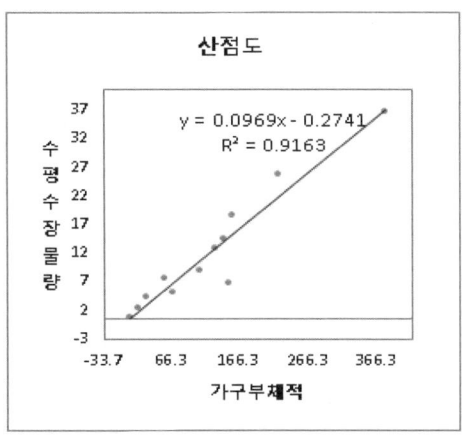
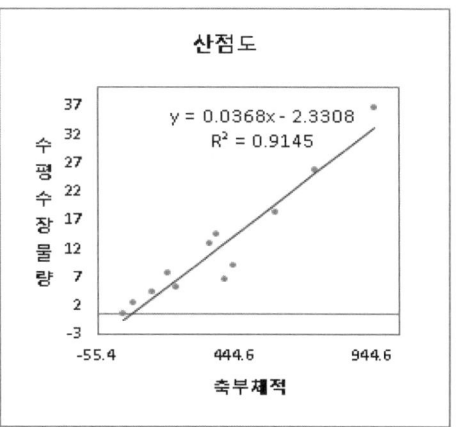

[그림 4-41] 다포식 맞배건축 수평수장부 물량 산점도 2

[표 4-73] 다포식 맞배건축 수평수장부 물량 상관 분석표

부분	독립변수	회귀방정식	상관계수(R)	결정계수(R2)	유의확률
수평수장부 물량	지붕평면적	Y=0.1055X−6.1512	0.9661	0.9334	0.0000
	실내체적	Y=0.0271X−1.9519	0.9633	0.9279	0.0000
	가구부체적	Y=0.0969X−0.2741	0.9572	0.9163	0.0000
	축부체적	Y=0.0368X−2.3308	0.9563	0.9145	0.0000

상호 연관성이 인정되는 부분에 대하여 상관관계를 분석해 본 결과, 수평수장 물량은 지붕평면적과 음의 6.1512㎥의 기본값과 0.1055의 비례값을 가지고 있고, 실내체적과는 음의 1.9519㎥의 기본값과 0.0271의 비례값을 가진다. 그리고 가구부체적은 음의 0.2741㎥의 기본값과 0.0969의 비례값을 가지며, 축부체적과는 음의 2.3308㎥의 기본값과 0.0368의 비례값을 가진다.

수평수장부 물량은 지붕평면적과 가장 높은 관계를 보였으며, 실내체적, 가구부체적, 실내체적과도 높은 관계를 보이는데, 상관계수도 0.95 이상으로 높은 상관관계를 나타내며, 결정계수도 0.9 이상으로 높은 설명력을 보인다.

2) 다포 맞배 건축의 물량산출 모델 검토

(1) 전체 물량산출 및 검토

[표 4-74] 전체물량과 관계된 독립변수들의 상관관계

종속변수	독립변수	회귀방정식	상관계수(R)	결정계수(R2)
전체물량(㎥)	축부체적	Y = 0.22329X + 13.49408	0.9746	0.9499
	지붕평면적	Y = 0.63113X − 8.30415	0.9722	0.9452
	실내체적	Y = 0.16237X + 16.62720	0.9717	0.9442
	건축면적	Y = 3.75859X + 8.50424	0.9554	0.9128
	입면면적	Y = 0.83563X − 39.67175	0.9522	0.9067
	주심둘레길이	Y = 4.95192X − 75.27717	0.9495	0.9015

상관분석을 통해 전체물량과 상관도가 높은 독립변수를 추출하여, 이들 독립변수와의 회귀분석을 실시하였다. 회귀분석으로 도출된 회귀방정식에 독립변수 요소를 직접 넣어 물량을 산출하고 산출물량과 기산출 물량의 차이를 비교 분석하여 보았다.

상관관계분석을 통해 상관계수가 1순위와 2순위인 축부체적과 지붕평면적의 회귀방정식을 통해 전체물량을 산출해 보았다.

[표 4-75] 축부체적을 변수로 산출한 전체물량

명칭	축부 체적㎥	전체물량(M3)	산출 전체물량	물량 차이	오차율
대비사 대웅전	350.1	95.02	91.66	-3.36	0.035
신흥사 대광전	740.0	187.50	178.74	-8.76	0.047
대전사 보광전	437.4	90.58	111.15	20.57	0.227
기림사 대적광전	952.5	220.68	226.17	5.49	0.025
참당암 대웅전	372.3	124.46	96.63	-27.83	0.224
개심사 대웅전	404.3	76.97	103.77	26.80	0.348
통도사 영산전	592.7	156.44	145.83	-10.61	0.068
불영사 응진전	144.3	50.66	45.72	-4.94	0.097
보경사 적광전	227.6	67.08	64.32	-2.76	0.041
범어사 조계문	36.2	19.94	21.57	1.63	0.082
동화사 수마제전	73.8	28.30	29.97	1.67	0.059
용문사 대장전	195.0	54.96	57.04	2.08	0.038
평균	377.2	97.7	97.7	0.00	0.11
최소값	36.2	19.9	21.6	-27.83	0.02
최대값	952.5	220.7	226.2	26.80	0.35
분산	75656.02	3971.11	3772.09	198.95	0.010
표준편차	275.06	63.02	61.42	14.10	0.10

축부체적을 독립변수로 하여 전체물량을 산출하면 실제 전체물량과 산출 전체물량의 차이는 -27.60㎥에서 26.80㎥의 범위에 분포하며, 물량 차이의 절대값을 전체물량으로 나눈 오차율의 평균은 약 11% 정도이며 그 범위는 2%에서 35% 정도이며, 표준편차는 10% 정도이다. 대전사 보광전, 선운사 참당암 대웅전이 20%대, 개심사 대웅전은 34%로 다른 건물들보다 큰 차이를 보인다. 이들 3건물을 제외하면 나머지는 모두 10% 이내의 오차율을 보인다.

[표 4-76] 지붕평면적을 변수로 산출한 전체물량

명칭	지붕평면적	전체물량(M3)	추정 전체물량	물량 차이	오차율
대비사 대웅전	154.50	95.02	89.21	-5.81	0.061
신흥사 대광전	269.89	187.50	162.03	-25.47	0.136
대전사 보광전	172.75	90.58	100.72	10.14	0.112
기림사 대적광전	385.31	220.68	234.88	14.20	0.064

명칭	지붕평면적	전체물량 (M3)	추정 전체물량	물량 차이	오차율
참당암 대웅전	181.69	124.46	106.36	−18.10	0.145
개심사 대웅전	176.48	76.97	103.08	26.11	0.339
통도사 영산전	253.91	156.44	151.95	−4.49	0.029
불영사 응진전	94.82	50.66	51.54	0.88	0.017
보경사 적광전	96.00	67.08	52.28	−14.80	0.221
범어사 조계문	50.36	19.94	23.48	3.54	0.178
동화사 수마제전	61.10	28.30	30.26	1.96	0.069
용문사 대장전	118.97	54.96	66.78	11.82	0.215
평균	168.0	97.7	97.7	0.0	0.13
최소값	50.4	19.9	23.5	−25.5	0.02
최대값	385.3	220.7	234.9	26.1	0.34
분산	9423.5	3971.1	3753.6	217.4	0.01
표준편차	97.1	63.0	61.3	14.7	0.09

지붕평면적을 독립변수로 하여 전체물량을 산출하면 실제물량과 산출물량의 차이는 −25.5㎥에서 26.1㎥의 범위에 분포하며, 오차율은 평균 약 13% 정도이다. 20% 이상의 오차율을 보이는 건물은 보경사 적광전, 용문사 대장전이며, 30% 이상의 오차율을 보이는 것은 개심사 대웅전인데, 이들 3건물을 제외한 나머지 건물들은 2%에서 17.8%의 범위에 분포하고 있다.

(2) 각 부분 물량산출 합을 통한 전체물량산출 및 검토

지붕부, 가구부, 공포부, 축부, 벽체수장부, 수평수장부로 나누어 이들 부분의 물량을 산출할 때, 가장 상관성이 높은 독립변수와의 회귀분석을 통해 도출된 관계방정식으로 각 부분 물량을 산출하여 이들의 합과 기산출 전체물량과의 비교를 통해 산출물량의 정도를 검토해 본다.

각 부분 변수의 선정 방법은 첫째, 각 부분에서 1순위 상관계수를 가지는 독립 변수의 회귀방정식으로 부분 물량을 산출한 후 이를 합하는 방법, 둘째, 각 부분 독립변수 상관계수가 상위권에 가장 많은 축부체적을 이용하여 각 부분 물량을 산출한 후 이를 합산하는 방법, 셋째, 건물의 공간 규모를 반영할 수 있는 실내체적을 이용하여 각 부분 물량을 산출하여 합하는 방법, 마지막으로는 지붕평면적과 건축면적을 독립변수로 하여 각 부분

물량을 산출하여 이를 합하는 방법으로 일반적으로 목재 물량을 산출할 때 평당 물량을 적용하는 방법과 가장 유사한 방법이라 할 수 있으며, 마지막 방법은 현장에서 간편하게 적용할 수 있는 방법이라 할 수 있다.

① 부분 1순위 독립변수 적용 추정 전체물량 산출

[표 4-77] 각 부분 1순위 독립변수와 상관관계

부 분	독립변수	회귀방정식	상관계수(R)	결정계수(R2)	유의확률
지붕부물량	측면지붕장	Y = 4.05747X − 20.2032	0.8428	0.7104	0.0000
가구부물량	실내체적	Y = 0.03757X + 2.06273	0.9908	0.9817	0.0000
공포부물량	축부체적	Y = 0.04722X + 2.01372	0.9222	0.8504	0.0000
축부물량	축부체적	Y = 0.03047X + 3.80601	0.9629	0.9271	0.0000
벽체수장물량	입면면적	Y = 0.03577X − 1.84689	0.9164	0.8399	0.0000
수평수장물량	지붕평면적	Y = 0.10547X − 6.15123	0.9661	0.9334	0.0000

각 부분 상관관계 1순위 관계식을 이용하여 부분물량을 산출한 뒤 이를 합하여 전체물량을 산출하여 보았다. 지붕부는 측면지붕장, 가구부는 실내체적, 공포부는 축부체적, 축부는 축부체적, 벽체수장은 입면면적, 수평수장은 지붕평면적을 독립변수로 하여 각 부분 물량과의 회귀분석을 통해 도출한 회귀방정식으로 각 부분 물량을 산출하고 기산출된 전체물량과 비교하여 보았다.

[표 4-78] 각 부분 1순위 독립변수 요소 및 전체물량

명칭	측면 지붕장	지붕 평면적	입면 면적	축부 체적m³	실내 체적m³	전체물량 m³
대비사 대웅전	12.38	154.50	160.21	350.1	480.91	95.02
신흥사 대광전	15.71	269.89	267.55	740.0	963.42	187.50
대전사 보광전	11.70	172.75	203.93	437.4	544.63	90.58
기림사 대적광전	16.97	385.31	279.89	952.5	1333.35	220.68
참당암 대웅전	13.38	181.69	163.78	372.3	516.71	124.46
개심사 대웅전	12.75	176.48	173.76	404.3	554.41	76.97
통도사 영산전	13.73	253.91	239.49	592.7	747.16	156.44
불영사 응진전	8.93	94.82	102.94	144.3	172.82	50.66

명칭	측면 지붕장	지붕 평면적	입면 면적	축부 체적m³	실내 체적m³	전체물량 m³
보경사 적광전	8.00	96.00	122.95	227.6	296.28	67.08
범어사 조계문	5.20	50.36	71.65	36.2	40.21	19.94
동화사 수마제전	8.91	61.10	68.34	73.8	91.33	28.30
용문사 대장전	9.50	118.97	118.44	195.0	251.74	54.96

각부 상관관계식으로 도출한 물량의 합과 실제 조사대상 건물의 전체물량과의 차이를 구하여 오차율을 도출한 뒤 오차율의 절대값의 평균을 산출해 보니 약 15% 정도로 나왔다. 오차율의 범위는 1%에서 41%의 범위에 있으며, 오차율 20% 이상인 건물은 동화사 수마제전, 범어사 조계문, 개심사 대웅전 등이다.[5]

[표 4-79] 각 부분 1순위 변수를 적용한 전체물량 산출

명칭	추정 지붕부 물량	추정 가구부 물량	추정 공포부 물량	추정 축부 물량	추정 벽체 물량	추정 수평 물량	추정 전체 물량	차이	오차율
대비사 대웅전	30.03	20.13	18.54	14.47	3.88	10.14	97.20	2.18	0.02
신흥사 대광전	43.53	38.26	36.96	26.35	7.72	22.31	175.14	−12.36	0.07
대전사 보광전	27.28	22.52	22.67	17.13	5.45	12.07	107.12	16.54	0.18
기림사 대적광전	48.67	52.16	46.99	32.83	8.16	34.49	223.29	2.61	0.01
참당암 대웅전	34.09	21.48	19.60	15.15	4.01	13.01	107.33	−17.13	0.14
개심사 대웅전	31.52	22.89	21.10	16.13	4.37	12.46	108.47	31.50	0.41
통도사 영산전	35.49	30.13	30.00	21.86	6.72	20.63	144.83	−11.61	0.07
불영사 응진전	16.02	8.56	8.83	8.20	1.84	3.85	47.30	−3.36	0.07
보경사 적광전	12.26	13.19	12.76	10.74	2.55	3.97	55.48	−11.60	0.17
범어사 조계문	0.90	3.57	3.72	4.91	0.72	−0.84	12.98	−6.96	0.35
동화사 수마제전	15.95	5.49	5.50	6.05	0.60	0.29	33.89	5.59	0.20
용문사 대장전	18.32	11.52	11.22	9.75	2.39	6.40	59.60	4.64	0.08
평균	26.2	20.8	19.8	15.3	4.0	11.6	97.7	0.00	0.15
최소값	0.9	3.6	3.7	4.9	0.6	−0.8	13.0	−17.13	0.01
최대값	48.7	52.2	47.0	32.8	8.2	34.5	223.3	31.50	0.41
분산	191.18	200.76	168.69	70.24	6.60	104.83	3755.80	191.42	0.02

---

[5] 범어사 조계문은 일주문식 건축이고, 동화사 수마제전 10평 미만의 단칸형 건물이며, 개심사 대웅전은 천장반자와 마루가 없는 조선초기 불전건축물이다.

명칭	추정 지붕부 물량	추정 가구부 물량	추정 공포부 물량	추정 축부 물량	추정 벽체 물량	추정 수평 물량	추정 전체 물량	차이	오차율
표준편차	13.83	14.17	12.99	8.38	2.57	10.24	61.28	13.84	0.12

② 각 부분 독립변수를 축부체적만 사용하여 전체물량 산출

[표 4-80] 각부분 독립변수가 축부체적일 때 상관관계

종속변수	독립면수	회귀방정식	상관계수(R)	결정계수(R2)	유의확률
지붕부물량	축부체적	Y = 0.04888X + 7.73221	0.8196	0.6717	0.0000
가구부물량	축부체적	Y = 0.05113X + 1.53749	0.9836	0.9674	0.0000
공포부물량	축부체적	Y = 0.04722X + 2.01372	0.9222	0.8504	0.0000
축부물량	축부체적	Y = 0.03047X + 3.80601	0.9629	0.9271	0.0000
벽체수장물량	축부체적	Y = 0.00874X + 0.73540	0.8582	0.7365	0.0000
수평수장물량	축부체적	Y = 0.03684X − 2.33076	0.9563	0.9145	0.0000

[표 4-81] 각부 독립변수를 축부제적만 적용한 각부 물량

명칭	추정 지붕부	추정 가구부	추정 공포부	추정 축부	추정 벽체수장	추정 수평수장
대비사 대웅전	24.84	19.44	18.54	14.47	3.80	10.57
신흥사 대광전	43.90	39.38	36.96	26.35	7.20	24.93
대전사 보광전	29.11	23.90	22.67	17.13	4.56	13.78
기림사 대적광전	54.29	50.24	46.99	32.83	9.06	32.76
참당암 대웅전	25.93	20.58	19.60	15.15	3.99	11.39
개심사 대웅전	27.49	22.21	21.10	16.13	4.27	12.56
통도사 영산전	36.70	31.84	30.00	21.86	5.92	19.50
불영사 응진전	14.79	8.92	8.83	8.20	2.00	2.99
보경사 적광전	18.86	13.18	12.76	10.74	2.72	6.05
범어사 조계문	9.50	3.39	3.72	4.91	1.05	−1.00
동화사 수마제전	11.34	5.31	5.50	6.05	1.38	0.39
용문사 대장전	17.27	11.51	11.22	9.75	2.44	4.85
평균	26.2	20.8	19.8	15.3	4.0	11.6
최소값	9.5	3.4	3.7	4.9	1.1	−1.0
최대값	54.3	50.2	47.0	32.8	9.1	32.8

명칭	추정 지붕부	추정 가구부	추정 공포부	추정 축부	추정 벽체수장	추정 수평수장
분산	180.76	197.78	168.69	70.24	5.78	102.68
표준편차	13.44	14.06	12.99	8.38	2.40	10.13

축부체적은 축부와 공포부까지의 체적으로 건축면적과 내부 공간의 체적을 반영한 변수이므로 건축물의 공간규모를 잘 반영하는 요소이다. 축부체적이 독립 변수일 때 각 부분 물량을 종속변수로 한 상관관계식을 이용하여 각 부분 물량을 산출하고 이를 합한 후, 기산출된 전체물량과의 차이를 비교해 보았다. 조사대상 건물의 기산출 전체물량과 방정식으로 산출된 전체물량의 차이를 기산출된 전체물량으로 나누어 오차율을 산출한 결과는 평균 11%로 나타났다. 오차율은 최저 2%에서 최고 35%의 범위에 분포하며, 대전사 보광전, 선운사 참당암 대웅전, 개심사 대웅전을 제외하면 모두 10% 이내의 범위에 분포하고 있다.

[표 4-82] 각부 독립변수를 축부체적으로 했을 때 전체물량과 오차율

명칭	전체물량(M3)	추정전체물량	차이	오차율
대비사 대웅전	95.02	91.66	-3.36	0.04
신흥사 대광전	187.50	178.73	-8.77	0.05
대전사 보광전	90.58	111.15	20.57	0.23
기림사 대적광전	220.68	226.16	5.48	0.02
참당암 대웅전	124.46	96.63	-27.83	0.22
개심사 대웅전	76.97	103.77	26.80	0.35
통도사 영산전	156.44	145.82	-10.62	0.07
불영사 응진전	50.66	45.72	-4.94	0.10
보경사 적광전	67.08	64.31	-2.77	0.04
범어사 조계문	19.94	21.57	1.63	0.08
동화사 수마제전	28.30	29.97	1.67	0.06
용문사 대장전	54.96	57.04	2.08	0.04
평균	97.7	97.7	0.0	0.11
최소값	19.9	21.6	-27.8	0.02
최대값	220.7	226.2	26.8	0.35
분산	3971.11	3771.75	198.95	0.01
표준편차	63.02	61.41	14.10	0.10

③ 각 부분 독립변수를 실내체적만 사용하여 전체물량 산출

[표 4-83] 각 부분 독립변수가 실내체적일 때 상관관계

종속변수	독립변수	회귀방정식	상관계수(R)	결정계수(R2)	유의확률
지붕부물량	실내체적	Y= 0.03518X+8.60305	0.8086	0.6538	0.0000
가구부물량	실내체적	Y= 0.03757X+2.06273	0.9908	0.9817	0.0000
공포부물량	실내체적	Y= 0.03429X+2.70110	0.9181	0.8429	0.0000
축부물량	실내체적	Y= 0.02212X+4.25433	0.9582	0.9181	0.0000
벽체수장물량	실내체적	Y= 0.00616X+0.95788	0.8287	0.6868	0.0000
수평수장물량	실내체적	Y= 0.02707X-1.95189	0.9633	0.9279	0.0000

[표 4-84] 각부 독립변수가 실내체적일 때 각부 추정물량

명칭	실내체적㎥	추정 지붕부	추정 가구부	추정 공포부	추정 축부	추정 벽체수장	추정 수평수장
대비사 대웅전	480.91	25.52	20.13	19.19	14.89	3.92	11.07
신흥사 대광전	963.42	42.50	38.26	35.74	25.57	6.89	24.13
대전사 보광전	544.63	27.76	22.52	21.38	16.30	4.31	12.79
기림사 대적광전	1333.35	55.51	52.16	48.42	33.75	9.17	34.14
참당암 대웅전	516.71	26.78	21.48	20.42	15.68	4.14	12.04
개심사 대웅전	554.41	28.11	22.89	21.71	16.52	4.37	13.06
통도사 영산전	747.16	34.89	30.13	28.32	20.78	5.56	18.27
불영사 응진전	172.82	14.68	8.56	8.63	8.08	2.02	2.73
보경사 적광전	296.28	19.03	13.19	12.86	10.81	2.78	6.07
범어사 조계문	40.21	10.02	3.57	4.08	5.14	1.21	-0.86
동화사 수마제전	91.33	11.82	5.49	5.83	6.27	1.52	0.52
용문사 대장전	251.74	17.46	11.52	11.33	9.82	2.51	4.86
평균	499.4	26.2	20.8	19.8	15.3	4.0	11.6
최소값	40.2	10.0	3.6	4.1	5.1	1.2	-0.9
최대값	1333.4	55.5	52.2	48.4	33.7	9.2	34.1
분산	142228.	176.	200.	167.	69.	5.	104.
표준편차	377.13	13.27	14.17	12.93	8.34	2.32	10.21

실내체적은 가구부의 체적, 공포 부분과 축부의 체적을 합한 체적을 말한다. 건축물 내의 전체공간을 나타내는 수치이다. 실내체적이 독립변수일 때 각 부분 물량을 종속변수로 한 상관관계식을 이용하여 각 부분 물량을 산출하고 이를 합한 후, 기산출된 전체물량과의 차이를 비교해 보았다. 조사대상 건물의 전체물량과 방정식으로 산출된 전체물량의 차이를 전체물량으로 나누어 오차율을 산출한 결과는 평균 12%로 나타났으며 이 수치는 축부체적을 변수로 하였을 때 보다 1% 정도 높지만 거의 대동소이하다고 할 수 있다. 오차율은 최저 0%에서 최고 39%의 범위에 분포하며, 개심사 대웅전을 제외하면 오차율은 모든 건물이 20% 이하의 범위에 분포하고 있다.

[표 4-85] 각부 독립변수를 실내체적으로 했을 때 전체물량과 오차율

명칭	전체물량(M3)	추정 전체물량	차이	오차율
대비사 대웅전	95.02	94.72	-0.30	0.003
신흥사 대광전	187.50	173.08	-14.42	0.077
대전사 보광전	90.58	105.07	14.49	0.160
기림사 대적광전	220.68	233.15	12.47	0.057
참당암 대웅전	124.46	100.54	-23.92	0.192
개심사 대웅전	76.97	106.66	29.69	0.386
통도사 영산전	156.44	137.96	-18.48	0.118
불영사 응진전	50.66	44.69	-5.97	0.118
보경사 적광전	67.08	64.74	-2.34	0.035
범어사 조계문	19.94	23.16	3.22	0.161
동화사 수마제전	28.30	31.46	3.16	0.112
용문사 대장전	54.96	57.51	2.55	0.046
평균	97.7	97.7	0.0	0.12
최소값	19.9	23.2	-23.9	0.00
최대값	220.7	233.1	29.7	0.39
분산	3971.11	3750.63	221.51	0.01
표준편차	63.02	61.24	14.88	0.10

④ 각 부분 독립변수를 지붕평면적만 사용하여 전체물량 산출

[표 4-86] 각 부분 독립변수가 지붕평면적알 때 상관관계

종속변수	독립면수	회귀방정식	상관계수(R)	결정계수(R2)	유의확률
지붕부물량	지붕평면적	Y = 0.13980X + 2.68645	0.8272	0.6843	0.000
가구부물량	지붕평면적	Y = 0.14383X - 3.33687	0.9764	0.9534	0.000
공포부물량	지붕평면적	Y = 0.13379X - 2.64589	0.9220	0.8500	0.000
축부물량	지붕평면적	Y = 0.08456X + 1.09411	0.9431	0.8894	0.000
벽체수장물량	지붕평면적	Y = 0.02372X + 0.04929	0.8215	0.6749	0.000
수평수장물량	지붕평면적	Y = 0.10547X - 6.15123	0.9661	0.9334	0.000

[표 4-87] 각 부분 독립변수가 지붕평면적일 때 각 부분 추정물량

명칭	지붕평면적	추정지붕부	추정가구부	추정공포부	추정축부	추정벽체수장	추정수평수장
대비사 대웅전	154.50	24.29	18.89	18.02	14.16	3.71	10.14
신흥사 대광전	269.89	40.42	35.48	33.46	23.92	6.45	22.31
대전사 보광전	172.75	26.84	21.51	20.47	15.70	4.15	12.07
기림사 대적광전	385.31	56.55	52.08	48.90	33.68	9.19	34.49
참당암 대웅전	181.69	28.09	22.80	21.66	16.46	4.36	13.01
개심사 대웅전	176.48	27.36	22.05	20.97	16.02	4.24	12.46
통도사 영산전	253.91	38.18	33.18	31.33	22.56	6.07	20.63
불영사 응진전	94.82	15.94	10.30	10.04	9.11	2.30	3.85
보경사 적광전	96.00	16.11	10.47	10.20	9.21	2.33	3.97
범어사 조계문	50.36	9.73	3.91	4.09	5.35	1.24	-0.84
동화사 수마제전	61.10	11.23	5.45	5.53	6.26	1.50	0.29
용문사 대장전	118.97	19.32	13.77	13.27	11.15	2.87	6.40
평균	168.0	26.2	20.8	19.8	15.3	4.0	11.6
최소값	50.4	9.7	3.9	4.1	5.4	1.2	-0.8
최대값	385.3	56.6	52.1	48.9	33.7	9.2	34.5
분산	9423.	184.	194.	168.	67.	5.3	104.8
표준편차	97.07	13.57	13.96	12.99	8.21	2.30	10.24

지붕평면적은 지붕의 수평투영 면적으로 건축면적에다 처마내밀기를 추가한 면적이라 할 수 있다. 지붕평면적이 독립면수일 때 각 부분 물량을 종속변수로 한 상관관계식을 이용하여 각 부분 물량을 산출하고 이를 합한 후, 기산출된 전체물량과의 차이를 비교해 보았다. 조사대상 건물의 기산출된 전체물량과 방정식으로 산출된 전체물량의 차이를 전체물량으로 나누어 오차율을 산출한 결과는 평균 13%로 나타났다. 오차율은 최저 2%에서 최고 34%의 범위에 분포하며, 개심사 대웅전, 용문사 대장전, 보경사 적광전을 제외하면 오차율은 모든 건물이 20% 이하의 범위에 분포하고 있다.

[표 4-88] 각 부분 독립변수를 지붕평면적으로 했을 때 전체물량과 오차율

명칭	전체물량(M3)	추정 전체물량	차이	오차율
대비사 대웅전	95.02	89.21	− 5.81	0.061
신흥사 대광전	187.50	162.04	− 25.46	0.136
대전사 보광전	90.58	100.73	10.15	0.112
기림사 대적광전	220.68	234.89	14.21	0.064
참당암 대웅전	124.46	106.37	− 18.09	0.145
개심사 대웅전	76.97	103.09	26.12	0.339
통도사 영산전	156.44	151.96	− 4.48	0.029
불영사 응진전	50.66	51.55	0.89	0.017
보경사 적광전	67.08	52.29	− 14.79	0.221
범어사 조계문	19.94	23.48	3.54	0.178
동화사 수마제전	28.30	30.26	1.96	0.069
용문사 대장전	54.96	66.79	11.83	0.215
평균	97.7	97.7	0.0	**0.13**
최소값	19.9	23.5	−25.5	0.02
최대값	220.7	234.9	26.1	0.34
분산	3971.	3754.	217.	0.008
표준편차	63.02	61.27	14.75	0.09

⑤ 각 부분 독립변수를 건축면적만 사용하여 전체물량 산출

[표 4-89] 각 부분 독립변수가 건축면적일 때 상관관계

종속변수	독립면수	회귀방정식	상관계수(R)	결정계수(R2)	유의확률
지붕부물량	건축면적	Y = 0.81184X + 6.9007	0.7927	0.6283	0.000
가구부물량	건축면적	Y = 0.87699X + 0.0076	0.9824	0.9652	0.000
공포부물량	건축면적	Y = 0.79617X + 0.9268	0.9055	0.8199	0.000
축부물량	건축면적	Y = 0.50575X + 3.2951	0.9307	0.8662	0.000
벽체수장물량	건축면적	Y = 0.13573X + 0.8117	0.7758	0.6019	0.000
수평수장물량	건축면적	Y = 0.63212X - 3.4378	0.9555	0.9129	0.000

[표 4-90] 각 부분 독립변수가 건축면적일 때 부분 추정물량

명칭	건축면적(평수)	추정 지붕부	추정 가구부	추정 공포부	추정 축부	추정 벽체수장	추정 수평수장
대비사 대웅전	23.9	26.27	20.93	19.92	15.36	4.05	11.65
신흥사 대광전	38.1	37.86	33.45	31.29	22.58	5.99	20.67
대전사 보광전	23.8	26.22	20.87	19.87	15.33	4.04	11.60
기림사 대적광전	61.7	56.97	54.09	50.02	34.48	9.18	35.54
참당암 대웅전	25.5	27.59	22.36	21.22	16.18	4.27	12.67
개심사 대웅전	26.9	28.73	23.59	22.34	16.89	4.46	13.56
통도사 영산전	33.7	34.26	29.56	27.76	20.34	5.39	17.87
불영사 응진전	10.3	15.25	9.03	9.12	8.50	2.21	3.06
보경사 적광전	17.8	21.39	15.66	15.13	12.32	3.23	7.84
범어사 조계문	2.7	9.13	2.42	3.11	4.68	1.18	-1.70
동화사 수마제전	5.6	11.49	4.96	5.43	6.15	1.58	0.13
용문사 대장전	14.8	18.88	12.95	12.68	10.76	2.82	5.89
평균	23.7	26.2	20.8	19.8	15.3	4.0	11.6
최소값	2.7	9.1	2.4	3.1	4.7	1.2	-1.7
최대값	61.7	57.0	54.1	50.0	34.5	9.2	35.5
분산	257	169	197	163	66	5	103
표준편차	16.02	13.00	14.05	12.75	8.10	2.17	10.13

건축면적은 건축물의 규모나 물량을 표현할 때 가장 많이 사용되는 기준으로 건축면적이 독립변수일 때 각 부분 물량을 종속변수로 한 상관관계식을 이용하여 각 부분 물량을 산출하고 이를 합한 후, 기산출된 전체물량과의 차이를 비교해 보았다. 조사대상 건물의 전체물량과 방정식으로 산출된 전체물량의 차이를 전체물량으로 나누어 오차율을 산출한 결과는 평균 13%로 나타났으며 이 수치는 지붕평면적을 독립변수로 하였을 때와 동일하다. 오차율은 최저 3%에서 최고 42%의 범위에 분포하며, 개심사 대웅전을 제외하면 오차율은 모든 건물이 19% 이하의 범위에 분포하고 있다.

[표 4-91] 각 부분 독립변수를 건축면적으로 했을 때 전체물량과 오차율

명칭	전체물량(M3)	추정 전체물량	차이	오차율
대비사 대웅전	95.02	98.19	3.17	0.033
신흥사 대광전	187.50	151.84	-35.66	0.190
대전사 보광전	90.58	97.93	7.35	0.081
기림사 대적광전	220.68	240.29	19.61	0.089
참당암 대웅전	124.46	104.30	-20.16	0.162
개심사 대웅전	76.97	109.57	32.60	0.424
통도사 영산전	156.44	135.18	-21.26	0.136
불영사 응진전	50.66	47.17	-3.49	0.069
보경사 적광전	67.08	75.57	8.49	0.127
범어사 조계문	19.94	18.83	-1.11	0.056
동화사 수마제전	28.30	29.74	1.44	0.051
용문사 대장전	54.96	63.99	9.03	0.164
평균	97.7	97.7	0.0	0.13
최소값	19.9	18.8	-35.7	0.03
최대값	220.7	240.3	32.6	0.42
분산	3971.11	3624.68	346.45	0.01
표준편차	63.02	60.21	18.61	0.10

5. 소결

맞배지붕 건축 전체와 주심포식 맞배지붕 건축, 다포식 맞배지붕 건축의 전체물량과 각 부분 물량의 상관관계와 관계식, 그리고 그 관계식의 조합 모델로 산출한 추정물량의 검토 결과를 정리하면 아래와 같다.

1) 전체물량과 각 부분 물량의 변수들과의 상관관계

[표 4-92] 전체물량과 상관관계

맞배지붕건축		주심포식 맞배지붕 건축		다포식 맞배지붕건축	
변수	상관계수	변수	상관계수	변수	상관계수
입면면적	0.8922	지붕평면적	0.9804	축부체적	0.9746
측면지붕장	0.8665	축부체적	0.9749	지붕평면적	0.9722
지붕평면적	0.8561	실내체적	0.9730	실내체적	0.9717
축부체적	0.8500	건축면적	0.9636	건축면적	0.9554

맞배지붕 건축의 전체물량은 입면면적, 측면지붕장, 지붕평면적, 축부체적 등과 상관관계를 가지며, 주심포식 맞배지붕 건축은 지붕평면적과 축부체적과 다포식 맞배지붕 건축은 축부체적, 지붕평면적이 상관성이 높은 변수이다. 공통적인 변수는 축부체적과 지붕평면적이다.

[표 4-93] 지붕부 물량과 상관관계

맞배지붕건축		주심포식 맞배지붕 건축		다포식 맞배지붕건축	
변수	상관계수	변수	상관계수	변수	상관계수
입면면적	0.8557	건축면적	0.9922	측면지붕장	0.8428
지붕평면적	0.8207	지붕평면적	0.9871	지붕평면적	0.8422
축부체적	0.8167	축부체적	0.9851	입면면적	0.8272
주심둘레길이	0.8056	실내체적	0.9844	주심둘레길이	0.8233

지붕부 물량은 맞배지붕 건축의 경우 입면면적, 지붕평면적, 축부체적, 주심둘레길이 등과 상관성이 높으며, 주심포식 맞배지붕 건축의 경우는 건축면적, 지붕평면적과 다포식 맞

배지붕 건축의 경우는 측면지붕장과 지붕평면적이 상관성이 높은 변수이다. 공통적인 변수는 지붕평면적을 들 수 있다.

[표 4-94] 가구부 물량과 상관관계

맞배지붕건축		주심포식 맞배지붕 건축		다포식 맞배지붕건축	
변수	상관계수	변수	상관계수	변수	상관계수
입면면적	0.9435	건물고	0.9291	실내체적	0.9908
지붕평면적	0.9380	축부체적	0.9174	가구부체적	0.9847
축부체적	0.9344	지붕평면적	0.9164	축부체적	0.9836
실내체적	0.9318	건축면적	0.9156	건축면적	0.9824

가구부 물량은 맞배지붕 건축의 경우 입면면적, 지붕평면적, 축부체적, 실내체적 등과 상관성이 높으며 주심포식 맞배지붕 건축은 건물고, 축부체적과 다포식 맞배지붕 건축은 실내체적과 가구부체적 등과 상관성이 높다. 상관계수는 모두 0.9 이상이며, 공통적인 변수는 축부체적이다.

[표 4-95] 공포부 물량과 상관관계

맞배지붕건축		주심포식 맞배지붕 건축		다포식 맞배지붕건축	
변수	상관계수	변수	상관계수	변수	상관계수
공포수	0.7337	주심둘레길이	0.9163	축부체적	0.9222
공포고	0.6666	외부칸수합	0.9071	지붕평면적	0.9220
측면지붕장	0.5966	지붕평면적	0.9026	실내체적	0.9181
입면면적	0.5664	기둥수	0.8909	건축면적	0.9055

공포부 물량은 맞배지붕 건축의 경우 공포수, 공포고, 측면지붕장, 입면면적 등과 상관성이 높으며 주심포식 맞배지붕 건축은 주심둘레길이와 외부칸수합, 지붕평면적 등과 상관성이 높다. 그리고 다포식 맞배지붕 건축은 축부체적, 지붕평면적 등과 상관성이 높다. 공통적인 변수는 없으며, 맞배지붕건축의 상관계수는 주심포식이나 다포식 맞배지붕 건축의 상관계수보다 낮은 수치를 보이고 있는데, 이것은 공포 형식의 차이에 인한 것으로 판단된다.

[표 4-96] 축부 물량과 상관관계

맞배지붕건축		주심포식 맞배지붕 건축		다포식 맞배지붕건축	
변수	상관계수	변수	상관계수	변수	상관계수
입면면적	0.9348	축부체적	0.9782	축부체적	0.9629
축부체적	0.9196	실내체적	0.9752	실내체적	0.9582
실내체적	0.9091	가구부체적	0.9657	지붕평면적	0.9431
지붕평면적	0.8922	건축면적	0.9651	입면면적	0.9410

축부 물량은 맞배지붕 건축의 경우 입면면적, 축부체적, 실내체적, 지붕평면적 등과 상관성이 높으며, 주심포식 맞배지붕 건축은 축부체적, 실내체적 등과 관계가 높다. 그리고 다포식 맞배지붕 건축은 축부체적 실내체적과 상관성이 높다. 상관계수는 대부분 0.9 이상이며, 공통된 변수는 축부체적, 실내체적 등을 들 수 있다.

[표 4-97] 벽체수장부 물량과 상관관계

맞배지붕건축		주심포식 맞배지붕 건축		다포식 맞배지붕건축	
변수	상관계수	변수	상관계수	변수	상관계수
입면면적	0.9309	건축면적	0.9821	입면면적	0.9164
축부체적	0.9163	지붕평면적	0.9760	축부체적	0.8582
실내체적	0.9026	실내체적	0.9738	측면지붕장	0.8505
지붕평면적	0.8985	축부체적	0.9736	실내체적	0.8287

벽체수장부 물량은 맞배지붕 건축의 경우 입면면적, 축부체적, 실내체적, 지붕평면적 등과 상관성이 높으며, 주심포식 맞배지붕 건축은 건축면적, 지붕평면적 등과 관계가 높다. 다포식 맞배지붕 건축은 입면면적, 축부체적 등과 상관성이 높다. 상관계수는 주심포식 맞배지붕 건축이 가장 높으며 다포식 맞배지붕 건축과 맞배지붕 건축은 거의 비슷하다. 공통된 변수는 축부체적과 실내체적을 들 수 있다.

[표 4-98] 수평수장부 물량과 상관관계

맞배지붕건축		주심포식 맞배지붕 건축		다포식 맞배지붕 건축	
변수	상관계수	변수	상관계수	변수	상관계수
측면지붕장	0.7356	도리 수량	0.7580	지붕평면적	0.9661
공포고	0.6808	측면지붕장	0.6841	실내체적	0.9633
량수	0.6538			가구부체적	0.9572
가구고	0.6330			축부체적	0.9563

수평수장부 물량은 맞배지붕 건축의 경우 측면지붕장, 공포고, 량수, 가구고 등과 상관성이 있으며, 주심포식 맞배지붕 건축은 도리수와 측면지붕장과 상관성이 있다. 그리고 다포식 맞배지붕 건축은 지붕평면적과 실내체적 등과 상관성이 있다. 다포식 맞배지붕 건축의 경우는 변수들과의 상관계수 0.95 이상으로 높은 편에 속하며, 주심포식 맞배지붕 건축과 맞배지붕 건축은 상관계수가 0.8 이하로 어느 정도만 관계가 있는 편이다.

2) 물량산출모델

전체물량과 각 부분 물량들의 독립변수와 상관관계와 물량의 비례치를 바탕으로 설계한 각 산출 모델의 검토 결과는 아래와 같다.

(1) 전체물량 관련 독립변수와의 비례치를 이용한 전체물량 산출모델

[표 4-99] 전체물량과 오차율

맞배지붕건축		주심포식 맞배지붕 건축		다포식 맞배지붕 건축	
독립변수	오차율	독립변수	오차율	독립변수	오차율
입면면적	26%	입면면적	15%	축부체적	11%
측면지붕장	36%	지붕평면적	23%	지붕평면적	13%

전체물량과 가장 상관성이 높은 독립변수를 이용하여 산출한 물량과 기산출된 전체물량의 차이인 오차율은 맞배지붕 건축의 경우 입면면적이 변수일 때 26%이며, 주심포식 맞배지붕 건축의 경우에는 입면면적이 변수일 때 오차율이 15%이다. 그리고 다포식 맞배지붕 건축의 경우 축부체적이 독립변수일 때 오차율이 11%이며, 가장 낮은 오차율을 보인다.

(2) 각 부분 1순위 상관관계인 변수의 상관식을 이용한 전체물량 산출모델

맞배지붕 건축의 각 부분 1순위 상관관계식으로 도출한 물량의 합과 실제 조사대상 건물의 전체물량과의 차이를 구한 오차율은 평균이 약 24% 정도이며, 각 부분 상관관계식으로 도출한 물량의 합과 기산출한 전체물량 중에서 수장부를 제외한 물량과의 차이를 구하여 도출한 오차율은 약 22% 정도로 전자보다 2포인트 감소하였다. 그리고 공포부와 수평수장부를 제외한 기산출 전체물량과 관계방정식으로 산출한 물량의 차이를 구한 뒤 도출한 오차율은 약 17% 정도가 된다. 맞배지붕 건축은 주심포식 맞배지붕 건축과 다포식 맞배지붕 건축을 모두 포함하므로 공포부와 수평수장부는 상관계수와 결정계수가 낮게 나오며, 이는 이 부분을 모두 포함시켰을 때 오차율을 증가시키는 요인으로 작용한다.

주심포식 맞배지붕 건축 각 부분 상관관계 1순위 독립변수의 상관관계식으로 각 부분 물량을 산출한 후 이를 합한 전체물량은 기산출된 전체물량과의 오차율이 약 10% 정도이다. 이 산출모델은 각 부분의 특성을 모두 반영한 산출 방식으로 평가할 수 있으며, 독립변수의 종류는 5개이다. 이들 변수들 중 상관계수가 0.9 이하이고 설명력도 낮은 수평수장을 제외한 물량을 서로 비교해 보면 오차율은 약 9% 정도이다.

다포식 맞배지붕 건축의 각 부분 상관관계 1순위 독립변수의 상관식으로 각 부분 물량을 산출한 후 이를 합한 전체물량은 실제 전체물량과의 오차가 약 15% 정도이다. 이 산출모델은 각 부분의 특성을 모두 반영한 산출 방식으로 평가할 수 있으며, 독립변수의 종류는 6개이다. 이 모델은 전체물량을 한 개의 회귀방정식으로 산출한 모델보다 오차율이 4% 정도 높은 편인데, 분석 대상 건물 중 10평 이하의 건물들과 마루와 천장이 없는 건물을 제외하면 오차율은 9% 정도로 나타난다.

(3) 각 부분 물량산출 시 독립변수를 단일 변수로만 적용했을 때 전체물량 산출모델

맞배지붕 건축의 경우 입면면적을 독립변수로 하여 수평수장부와 공포부를 제외한 부분에 적용하였을 경우 기산출된 물량과의 차이인 오차율은 약 17%이다. 주심포식 맞배지붕 건축의 경우는 수평수장부를 제외한 부분의 물량의 오차율은 지붕평면적을 독립변수로 하였을 때, 10% 정도가 나왔다. 그리고 다포식 맞배지붕 건축의 경우는 축부체적을 독립변수로 하여 6개 부분에 적용하였을 때 11%의 오차율을 나타낸다.

(4) 산출모델의 적용

추정 물량의 산출은 과정이 간편하고 결과가 정밀할수록 좋지만, 상기에서 설계한 모델은 사용처와 사용시기에 따라 의미와 장단점이 있다고 할 수 있다. 그리고 독립변수는 사용하기 쉬운 변수와 어느 정도 계산을 해야 하는 변수가 있다. 그중 건축면적이 가장 쉽고 적용하기에 간편한 독립변수이지만, 지붕평면적과, 입면면적, 축부체적, 입면면적은 2~3차원적 변수로서 주간의 길이에 추가로 처마내밀기, 기둥높이, 공포높이를 알아야 벼수량을 산출할 수 있는 경우이다. 물량산출모델의 적용은 4가지 측면에서 정리할 수 있다.

첫째, 독립변수를 바로 대입하여 전체물량을 산출하는 모델의 경우에는 오차율은 다른 방법에 비해 크지만, 독립변수량을 파악하고 있다면 바로 적용이 가능한 모델이다.

둘째, 각 부분 1순위 상관식을 합한 전체물량 산출모델은 각 독립변수의 변수 정보를 알고 있어야 전체물량 산출이 가능하므로, 이 모델은 설계 초기 단계에서 기본적인 수치정보가 파악 가능할 때 적용하면 좋을 것이다.

셋째, 가장 적용하기 용이한 독립변수를 각 부분 물량 산출 상관식에 대입하여 이를 합한 것을 전체물량으로 산출하는 경우로 1순위로 독립변수를 적용한 것보다 오차율은 떨어지지만, 사용 간편성은 높은 편이라 할 수 있다. 상관관계식 하나로 물량을 구하는 경우는 예산책정 등을 위한 초기 기획단계에 사용하면 유용할 것이라 생각되며, 부분물량을 합한 전체물량 산출 방식은 계획단계나 초기설계단계에 적용하면 좋을 것으로 판단된다. 그리고 각 부분물량산출은 문화재 보수공사 등과 같은 일부분만을 수리할 때 적용하면 좋을 것으로 판단된다.

끝으로 맞배지붕건축, 주심포식 맞배지붕 건축, 다포식 맞배지붕 건축은 유형이 다른 건축형식으로서 혼합하는 것보다는 단위건축이나 건축형식에 적절한 산출모델의 설계가 필요할 것으로 판단된다.

V. 결론

본 연구는 우리나라 전통 목조건축의 단위건축 중 중요한 형식 중 하나인 주심포식 맞배지붕 건축과 다포식 맞배지붕 건축을 대상으로 지붕부, 가구부, 공포부, 축부, 벽체수장부, 수평수장부 부분으로 나눠, 물량구조 및 상관관계에 대해서 분석하고 산출모델에 대해서 분석하였다.
 연구의 목적은 기존 목조건축물의 물량구조를 파악하고, 파악한 물량구조에 대한 정보를 바탕으로 물량 산출모델을 만들어 공사 및 용역 사업 시 목재 물량의 예측을 가능하게 하는 데 그 목적이 있다고 할 수 있다. 본 연구자가 조사한 전통 맞배지붕 목조건축을 대상으로 연구한 물량구조, 상관관계, 산출모델을 분석한 결과를 정리하면 다음과 같다.

1. 연구 결과의 종합

1) 물량구조

 맞배지붕의 건축물은 건축면적이 증가할수록 전체물량은 증가하는 경향이 있다. 목재규격은 일반재의 경우는 면적 증가와 큰 상관성은 없어 보이지만, 특수재와 특대재는 증가하는 경향이 있다. 그리고 특수재는 주심포식 맞배지붕 건축에서는 10평 이상의 건물에서 사용량이 증가하며, 다포식 맞배지붕 건축에서는 20평이 넘어갈 때 사용량이 증가하며 그 비율은 50%를 넘어선다. 특대재의 경우는 특수재의 사용과 함께 건축면적이 증가할수록 증가하는 경향이 있으며, 그 사용 비율은 주심포식 맞배지붕 건축에서는 15%, 다포식 맞배지붕 건축에서는 20% 정도이다.

면적당 물량은 주심포식 맞배지붕 건축은 평당 700~900재 정도이며, 다포식 맞배지붕 건축은 1,000~1,500재 정도이다. 그리고 체적당 물량은 주심포식 맞배지붕 건축은 입방미터당 30~120재 사이이며, 다포식 맞배지붕 건축은 40~150재 사이에 분포하고 있다. 그리고 전체적으로 건축면적이 증가할수록 체적당 물량과 면적당 물량은 감소하는 경향을 보인다.

맞배지붕형 목조건축은 각 부분의 목재사용량이 일정한 비율을 보이고 있는데, 주심포식 맞배지붕 건축은 지붕부 35%, 가구부 32%, 공포부 7%, 축부 18%, 벽체수장부 5%, 수평수장부 10% 정노이며, 다포식 맞배지붕 건축은 지붕부 27%, 가구부 21%, 공포부 21%, 축부 17%, 벽체수장부 4%, 수평수장부 10% 정도의 비율을 보이고 있다. 맞배지붕 건축은 지붕부와 가구부, 공포부에 약 70% 정도의 물량을 분포시키고 있으며, 주심포식 맞배 건축은 지붕부와 가구부에 물량을 집중시켰으며, 이에 반해, 다포식 맞배 건축은 지붕부, 가구부, 공포부에 고르게 물량을 분포 시켰다.

지붕부 물량의 주요 규격은 일반재와 특수재이며, 10평 이하의 건축면적에서는 일반재의 사용량이 많으나 10평 이상의 건축물에는 면적이 증가할수록 특수재의 사용량이 증가하는 경향이 있다. 특수재의 사용량은 가구부에 비해 많지 않은 편이라 할 수 있으며, 대표적인 부재는 부재수나 부재물량을 고려해 봤을 때 연목과 박공이라 할 수 있다.

가구부의 주요 물량규격은 특수재와 특대재이며, 특수재의 사용량이 50% 정도이며, 특대재는 특수재의 절반정도의 비율을 보인다. 주심포식 및 다포식 맞배지붕 건축의 가구부의 대표적인 부재는 보와 도리가 많은 부재수와 물량을 차지하고 있다.

공포부는 맞배지붕 건축인 주심포식과 다포식의 형식을 가장 극명하게 나타내는 부분으로 두 형식의 차이는 외형적인 건축형식과 물량의 차이가 두드러지게 나타나는 부분이다. 먼저 공통점은 사용 부재의 규격인데, 두 형식 모두 일반재와 특수재를 주로 사용하였으며, 대표적인 부재는 주심포식 맞배지붕 건축은 뜬장여와 소로, 주두이며, 다포식 맞배지붕 건축은 뜬장여와 살미와 첨차를 들 수 있다.

축부는 다포식과 주심포식의 차이가 있는 부분인데, 다포식에는 평방을 사용하고 주심포식은 평방을 사용하지 않는 형식이다. 두 형식 모두 목재 규격은 특수재와 특대재가 주로 사용된 규격이다. 주심포식 맞배지붕 형식은 15평 이하에서 일반재와 특수재의 비율이 2:8 정도이며 24평 이상에서는 특수재와 특대재의 비율이 2:8정도이다. 그리고 다포식 맞배지붕 형식은 15평이하에서는 특수재와 특대재의 비율이 5:5정도이며, 15평 이상에서는 3:7 이상으로 특대재의 비율이 올라간다. 축부의 대표적인 부재는 기둥이며, 주심포식 맞배지붕 건축에서는 창방이며, 다포식 맞배지붕 건축에서는 창방과 평방이다.

벽체수장부는 주심포식 맞배지붕, 다포식 맞배지붕의 건축형식 모두 비슷한 물량구조를 보인다. 주로 사용된 목재 규격은 일반재와 특수재이며 두 형식 모두 일반재의 비율이 특수재의 비율보다 높은 편이며, 일반재와 특수재의 서로 간의 비율은 약 2:1정도이다. 벽체수장부의 대표적인 부재는 주선과 인방이 대표적이며, 이들 부재는 건축면적이 증가할수록 물량도 증가하는 경향을 보인다.

수평수장부는 주심포식 맞배지붕 건축과 다포식 맞배지붕 건축의 차이가 큰 부분 중의 하나이다. 여말선초의 주심포식 건물의 경우 천장과 마루가 설치되지 않은 경우가 많아 수평수장부의 물량 비율이 아주 낮은 대상이 있는 데 비해, 다포식 맞배지붕 건축의 경우는 개심사 대웅전을 제외하면 건물 대부분에서 마루와 천장이 있는 유형이라 수평수장부의 물량 비율이 어느 정도 유지되고 있다. 수평수장부는 목재 규격은 일반재와 특수재, 특대재를 모두 사용하고 있으며, 천장의 경우는 일반재와 특수재를, 마루의 경우는 특수재와 특대재가 주를 이룬다. 수평수장부의 대표적인 부재는 천장이 있는 경우는 반자귀틀과 반자청판이며, 마루의 경우는 마루귀틀과 마루청판이다. 그리고 다포식 맞배 건축의 수평수장부 물량은 건축면적에 비례하는 경향을 보인다.

2) 상관관계

맞배지붕 건축의 전체물량과 상관성이 높은 독립변수는 지붕평면적, 축부체적, 입면면적, 실내체적, 건축면적 등을 들 수 있는데, 이들은 모두 다 상관계수가 0.95 이상이다. 주심포식 맞배지붕 건축에서는 입면면적이 가장 상관성이 높으며, 다포식 맞배지붕 건축에서는 축부체적이 상관성이 가장 높다. 두 형식 모두에서 상관성이 높은 변수는 지붕평면적과 건축면적이다.

지붕부의 물량과 상관성이 높은 독립변수는 주심포식 맞배지붕 건축은 건축면적, 지붕평면적, 축부체적, 실내체적 등이며, 다포식 맞배지붕 건축은 측면지붕장과 지붕평면적, 입면면적, 주심둘레길이 등이다. 주심포식 건물의 상관계수는 0.9 이상인 데 비해, 다포식 맞배지붕 건축은 0.9를 넘는 상관계수는 없으며, 0.8에서 0.85 사이에 분포한다. 두 형식에 공통되는 독립변수는 지붕평면적을 들 수 있다.

가구부의 물량과 상관성이 높은 독립변수는 주심포식 맞배지붕 건축은 입면면적, 건물고, 축부체적, 지붕평면적 등이며, 다포식 맞배지붕 건축은 실내체적, 가구부체적, 축부체적, 건축면적 등이다. 주심포식 맞배지붕 건축은 상관계수가 0.90에서 0.95 사이이며, 다포식 맞배지붕 건축은 0.98 이상이다. 두 형식의 공통되는 독립변수는 축부체적과 건축면적을 들 수 있다.

공포부의 물량과 상관성이 높은 독립변수는 주심포식 맞배지붕 건축은 주심둘레길이, 외부칸수합, 지붕평면적, 입면면적, 기둥 수이며, 다포식 맞배지붕 건축은 축부체적, 지붕평면적, 실내체적, 건축면적 등이다. 이들 변수와의 상관관계 계수는 주심포식 맞배지붕 건축의 경우는 0.89에서 0.92의 범위에 분포하며, 다포식 맞배지붕 건축은 0.90에서 0.92의 범위에 분포한다. 두 형식에 공통되는 변수는 지붕평면적이다.

축부의 물량과 상관성이 높은 독립변수는 주심포식 맞배지붕 건축은 축부체적, 실내체적, 입면면적, 건축면적 이며, 다포식 맞배지붕 건축은 축부체적, 실내체적, 지붕평면적, 입면면적이다. 이들 변수와의 상관계수는 주심포식 맞배지붕 건축은 0.96에서 0.98의 범위에 분포하며, 다포식 맞배지붕 건축은 0.94에서 0.97의 범위에 분포한다. 두 형식에 공통되는 변수는 축부체적, 실내체적, 입면면적 등을 들 수 있으며, 공통되는 독립변수가 가장 많은 경우에 속한다.

벽체수장부의 물량과 상관성이 높은 독립변수는 주심포식 맞배지붕 건축은 건축면적, 지붕평면적, 실내체적, 축부체적 등이며, 다포식 맞배지붕 건축은 입면면적, 축부체적, 측면지붕장, 실내체적 등이다. 이들 변수와의 상관계수는 주심포식 맞배지붕 건축은 0.97에서 0.98의 범위에 분포하며, 다포식 맞배지붕 건축은 0.82에서 0.91의 범위에 분포한다. 상관계수는 주심포식 맞배지붕 건축이 다포식 맞배지붕 건축보다 크게 나타나며, 두 형식의 공통되는 변수는 축부체적과 실내체적을 들 수 있다.

수평수장부의 물량과 상관성이 높은 독립변수는 주심포식 맞배지붕 건축은 도리수(량수), 측면지붕장 등이며, 다포식 맞배지붕 건축은 지붕평면적, 실내체적, 가구부체적, 축부체적 등이다. 이들 변수와의 상관계수는 주심포식 맞배지붕 건축은 0.68에서 0.76 사이이며, 다포식 맞배지붕 건축은 0.95에서 0.97 사이에 분포한다. 주심포식 맞배지붕 건축은 변수와 어느 정도 관계가 있는 정도이며, 다포식 맞배지붕 건축은 변수와 상관관계가 큰 편이다. 상관계수가 0.7 이상인 두 형식에 공통되는 변수는 없으며, 주심포식 맞배지붕 건축의 수평수장부는 마루와 천장 물량이 없는 건물이 많아 관계성이 떨어진다.

주심포식 맞배지붕 건축에서 주도적인 변수는 지붕평면적, 입면면적, 축부체적이며, 다포식 맞배지붕 건축에서는 축부체적, 실내체적, 지붕평면적이다. 축부체적과 지붕평면적은 두 형식 모두에서 주도적인 변수이다.

3) 산출모델

전통 목조건축물 중 맞배지붕 건축의 목재 물량을 산출하기 위해서 상관관계 분석을 통해 얻은 상관계수가 높은 독립변수들과 전체물량, 지붕부, 가구부, 공포부, 축부, 벽체수장부, 수평수장부 물량과의 회귀분석을 통해 회귀방정식을 얻고, 이 회귀방정식들의 조합으로 물량산출 모델을 만든 뒤 기산출된 전체물량과의 차이를 비교 검토한 결과는 아래와 같다.

전체물량과 관련된 단일 독립변수로 산출된 회귀방정식으로 전체물량을 산출하면, 주심포식 맞배지붕 건축의 경우 입면면적과 지붕평면적을 독립변수로 하였을 때 기산출된 물량과 추정 물량의 오차율은 15%와 11%로 나왔으며, 다포식 맞배지붕 건축의 경우는 축부체적과 지붕평면적으로 산출한 물량과 기산출된 물량과의 오차율은 11%와 13%로 나왔다.

각 부분의 1순위 상관관계 변수의 회귀방정식으로 지붕부, 가구부, 공포부, 축부, 벽체수장부, 수평수장부의 물량을 산출한 뒤 이를 합한 추정 전체물량과 기산출된 전체물량과의 오차율은 주심포식 맞배지붕 건축의 경우는 약 10%, 다포식 맞배 건축의 경우는 약 15% 정도이다. 주심포식 맞배 건축의 경우 상관도가 낮은 수평수장부 물량을 제외한 오차율은 9% 정도이며, 다포계 맞배 건축의 경우, 10평 이하의 건물과 마루와 천장이 없는 건물을 제외하면 오차율은 9% 정도로 낮아진다.

맞배지붕 건축의 주도적인 단일 독립변수를 적용하여 각 부분 회귀방정식으로 부분 물량을 산출한 뒤 이를 합한 추정 전체물량과 기산출된 전체물량과의 차이를 비교해 보면, 주심포식 맞배지붕 건축은 독립변수를 건축면적으로 했을 때 오차율 16%, 지붕평면적일 때는 10%, 축부체적일 때는 16% 정도이다. 그리고 다포식 맞배지붕 건축은 축부체적을 단일 변수로 각 부분에 적용했을 때는 11%, 실내체적일 때 12%, 지붕평면적일 때 13%, 건축면적일 때 13%로 나왔다.

맞배지붕 목조건축의 전체물량을 산출하는 모델은 상관관계식 하나로 전체물량을 산출하는 방법과 각 부분의 상관관계식으로 구한 부분물량을 합하여 전체물량을 산출하는 방식으로 나눌 수 있는데, 상관관계식 하나로 물량을 구하는 경우는 예산책정 등을 위한 초기 기획단계에 사용하면 유용하리라 생각되며, 부분물량을 합한 전체물량 산출 방식은 계획단계나 초기 설계단계에 적용하면 좋을 것으로 판단된다. 그리고 각 부분 물량 산출식은 문화재 보수공사 등과 같은 일부분만을 수리할 때 적용하면 좋을 것으로 판단된다.

2. 연구 제한 사항 및 향후 과제

본 연구는 전통 목조건축의 물량구조 및 물량 산출모델을 살펴본 것으로 물량구조 파악 및 물량산출모델 설계에 하나의 가능성을 제시할 수 있다고 본다. 하지만 본 연구는 자료의 수가 23개 동의 맞배지붕 건물로 한정되었을 뿐만 아니라 연구자료로서 타당성에 대한 검증 또한 미흡하다. 따라서 이들 건축물이 그 시대와 다양한 건축형식을 대표하는 자료로서의 가치를 충분히 지녔다고 할 수는 없다. 그러므로 이러한 연구의 한계를 극복하기 위해서는 무엇보다 각종 보고서와 도면을 이용한 물량자료의 확보를 통해 객관성 확보가 필요하다. 이와 함께 주심포식 팔작지붕 건축, 다포식 팔작지붕 건축, 중층건축, 일주문식 건축, ㅁ자형 건축 등의 다양한 건축형식에 대해 물량구조 및 물량산출 모델에 관한 연구가 더욱더 확대되어야 할 것이다. 이런 방법으로 도출된 물량구조와 산출모델은 전통 목조건축을 신축하거나 수리할 때 물량을 예측할 수 있는 근거자료가 될 것이며, 정확한 비용 산정에 많은 도움을 줄 것으로 기대된다.

참고문헌

1. 단행본

김도경, 2011, 지혜로 지은집, 한국건축, 현암사.
김성도, 2010, 사진으로 풀어본 한일전통건축. 고려.
김종남, 2011, 한옥 짓는 법, 돌배개.
김왕직, 2007, 알기 쉬운 한국건축용어사전, 도서출판 동녘.
문화재청, 2005년, 문화재 표준수리 시방서, 문화재청.
문화재청, 2006, 영조규범 조사보고서, 문화재청.
산림청, 1967, 목재규격(전문)농림부장관, 산림법 제17조 및 동법 시행령 제20조의 규정.
신응수, 2012, 대목장 신응수의 목조건축기법, 눌와.
이강민, 2013, 한옥의 규모와 형태에 따른 목재비용 산출 조사연구, 건축도시공간연구소.
장경호, 1996, 한국의 전통건축, 문예출판사.
장기인, 2013, 건축시공학, 보성각.
장기인, 2013, 건축구조학, 보성각.
장기인, 1988, 한국건축대계 V 목조, 보성각.
장헌덕, 2006, 목조건축의 구성, 한국문화재보호재단.
정인국, 1999, 한국건축 양식론, 일지사.
주남철, 1999, 한국의 목조건축. 서울대학교 출판부.
편집부, 2010, 의궤에 기록된 조선시대 건축, 도서출판 동녘.
한국건축가협회, 2013, 한국건축개념사전, 도서출판, 동녘.
홍병화, 2013, 전통구조건축의 새로운 이해, 도서출판 선.

2. 논문

고정주, 2005, 조선시대 목조건축물의 기둥과 서까래 굵기 비례에 관한 연구, 충남대학교, 석사 논문.
김도경, 2000, 한국고대 목조건축의 형성과정에 관한 연구, 고려대학교 박사논문.
김동욱, 1984, 조선 후기 건축공사에 있어서의 목재공급체계, 대한건축학회지.
김석순, 1990, 1920년-1945년의 건축 주재료인 목재와 벽돌의 생산사에 관한비교 연구, 명지대학교, 석사논문.
양윤식, 2000, 조선중기 다포계 건축의 공포의장, 서울대학교 박사논문.
배병선, 1993, 다포계 맞배집에 관한 연구, 서울대학교 박사논문.
장석하, 1992, 한국전통건축의 비례체계에 관한 연구, 영남대학교 박사논문.
정대열, 2015, 다포계 일주문의 건축형식에 관한 연구, 대구대학교 박사 논문.

3. 보고 서류

국립문화재연구소, 1998, 법주사 팔상전 수리공사보고서, 국립문화재연구소.
경산시청, 2013, 경산 환성사 대웅전 실측.수리보고서, 경산시청.
경주시, 1997, 기림사 대적광전 해체실측조사보고서, 경주시.
나주시청, 2008, 나주향교 대성전 수리보고서, 나주시청.
대구광역시, 2007, 동화사 대웅전 문화재수리보고서, 대구광역시.
대구시, 2012, 대구 북지장사 대웅전 실측해체수리보고서, 대구시.
대구시 동구청, 2009, 동화사 극락전 정밀실측 조사보고서, 대구시 동구청.
문화재청, 2003, 봉정사 극락전 중요목조문화재 실측조사보고서, 문화재청.
문화재청, 2002, 부석사 무량수전 실측조사보고서, 문화재청.
문화재청, 2007, 운문사 대웅보전 수리실측보고서, 문화재청.
문화재청, 2012. 대비사 대웅전 정밀실측조사보고서, 문화재청.
문화재청, 2012, 양산 신흥사 대광전 정밀실측조사보고서, 문화재청.
문화재청, 2011, 청송 대전사 보광전 정밀실측조사보고서, 문화재청.
문화재청, 1999, 선운사 참당암 대웅전. 정밀실측조사보고서, 문화재청.
문화재청, 2001, 개심사 대웅전 정밀실측조사보고서, 문화재청.
문화재청, 2003, 율곡사 대웅전 해체수리공사 보고서, 문화재청.
문화재청, 2014, 양산 통도사 영산전 정밀실측조사보고서, 문화재청.

문화재청, 2012, 부안 내소사 대웅보전 정밀실측조사보고서, 문화재청.
문화재청, 2013, 은해사 백흥암 극락전, 정밀실측조사보고서, 문화재청.
문화재청, 2000, 강릉 오죽헌 실측조사보고서, 문화재청.
문화재청, 2013, 여수 흥국사 대웅전 정밀실측조사보고서, 문화재청.
문화재청, 2004, 불갑사 대웅전 수리보고서, 문화재청.
문화재청, 2003, 능가사 대웅전. 해체실측조사보고서, 문화재청.
문화재청, 2002, 불회사 대웅전 실측조사보고서, 문화재청.
문화재청, 2002, 세병관 실측조사보고서, 문화재청.
문화재청, 2000, 영천 숭렬당 실측조사보고서, 문화재청.
문화재청, 2012, 완주 위봉사 보광명전 정밀실측조사보고서, 문화재청.
문화재청, 2001, 장수향교 대성전 실측조사보고서, 문화재청.
문화재청, 2009, 화엄사 대웅전 실측조사보고서, 문화재청.
문화재청, 2010, 봉정사 화엄강당 정밀실측조사보고서, 문화재청.
문화재청, 2010, 봉정사 고금당 정밀실측조사보고서, 문화재청.
문화재청, 2005, 도갑사 해탈문 실측조사 보고서, 문화재청.
문화재청, 2004, 강릉 객사문 실측 수리보고서, 문화재청 강릉시청.
문화재청, 2004, 무위사 극락전 실측조사보고서, 문화재청.
문화재청, 2004, 은해사 거조암 영산전 실측조사보고서, 문화재청.
문화재청, 2005, 부석사 조사당 수리 실측조사보고서, 문화재청.
문화재청, 2012, 불영사 응진전 정밀측조사보고서, 문화재청.
문화재청, 2017, 포항 보경사 적광전 정밀측조사보고서, 문화재청.
문화재청, 2008, 전등사 대웅전 정밀실측조사보고서, 문화재청.
문화재청, 2008, 전등사 약사전. 정밀실측조사보고서, 문화재청.
문화재청, 2014, 대곡사 대웅전. 정밀실측조사보고서, 문화재청.
문화재청, 2002, 관룡사 대웅전 수리보고서, 문화재청.
문화재청, 2000, 금산사 미륵전 수리보고서, 문화재청, 김제시청.
문화재청, 2000, 경복궁 근정전 실측조사보고서, 문화재청.
문화재관리국, 1998, 창덕궁 인정전 정밀실측조사보고서, 문화재관리국.
문화재청, 2005, 수덕사 대웅전 실측조사보고서, 문화재청.
문화재청 순천시청, 2001, 정혜사 대웅전 수리보고서, 문화재청 순천시청.
문화재청, 2004, 전주 풍남문 실측조사보고서, 문화재청.
문화재청, 2005, 법주사 대웅보전 실측 수리보고서, 문화재청.
문화재청, 2012, 공주 마곡사 대웅보전 정밀실측조사보고서, 문화재청.

문화재청, 2009, 화엄사 각황전. 실측조사보고서, 문화재청.
문화재청, 2008, 홍성 고산사 대웅전 실측조사보고서, 문화재청.
문화재청, 2001, 여수 진남관 실측조사보고서, 문화재청.
문화재청, 2012, 범어사 조계문 정밀실측조사 보고서, 문화재청.
문화재청, 2000, 송광사 종루 실측조사보고서, 문화재청.
문화재청, 2004, 정수사 법당 실측 수리보고서, 강화군청.
문화재청, 2007, 송광사 약사전 정밀실측조사보고서, 문화재청.
문화재청, 2004, 용문사 대장전 수리보고서, 문화재청.
문화재청, 2010, 창경궁 홍화문 정밀실측조사보고서, 문화재청.
문화재청, 2001, 경복궁 근정문 수리보고서, 문화재청.
문화재청, 2001, 창경궁 통명전 실측조사보고서, 문화재청.
문화재청, 2013, 구리 동구릉 목릉 정자각 정밀실측조사보고서, 문화재청.
문화재청 , 2010, 법주사 원통보전 실측 수리보고서, 문화재청 보은군.
문화재청, 2001, 덕수궁 중화전 실측 수리조사보고서, 문화재청.
문화재청, 2000, 경복궁 경회루 실측조사 및 수리공사보고서, 문화재청.
문화재청, 2002, 덕수궁 함녕전 실측 수리조사보고서, 문화재청.
문화재청, 2013, 구리 동구릉 숭릉 정자각 정밀실측조사보고서, 문화재청.
문화재청, 2014, 경복궁 사정전 정밀실측조사보고서, 문화재청
서울특별시 중구, 2006, 숭례문 정밀실측조사보고서, 서울특별시 중구.
서울특별시 종로구, 2006, 홍인지문 정밀실측조사보고서. 종로구청.
서울시 종로구, 2006, 조계사 대웅전. 해체실측 수리보고서, 종로구.
안동시, 2004, 봉정사 대웅전 해체수리공사보고서, 안동시.
영천시, 2002, 영천 숭렬당 수리보고서, 영천시.
영남대학교, 1993, 동화사 실측조사보고서, 영남대학교.
창녕군청, 2001, 관룡사 약사전. 실측조사보고서, 창녕군청.
통도사, 1997, 통도사 대웅전 실측조사보고서, 통도사.

4. 사진 출처

[2-1 그림]　　좌) 봉정사 대웅전　필자 촬영
　　　　　　　우) 봉정사 대웅전 수리보고서　필자 제작도

[2-2 그림]   지혜로 지은 집, 한국건축, p.124
[2-3 그림]   좌) 봉정사 극락전 영조규범 조사보고서 문화재청, p.6
             우) 부석사 무량수전 영조규범 조사보고서 문화재, p.7
[2-4 그림]   좌) 경운궁 대한문 영조규범 조사보고서 문화재청, p.11
             우) 영천 환벽정 필자 촬영
[2-5 그림]   좌) 경산 선본사 템플스테이 수련원 필자 촬영
             우) 봉정사 대웅전 수리보고서 필자 제작도
[2-6 그림]   좌) 창덕궁 필자 촬영 중)영조규범 조사보고서 p.464
             우) 영조규범 조사보고서 문화재청 p.445
[2-7 그림]   좌) 경산 선본사 템플스테이 수련원 필자 촬영
             우) 통도사 대웅전 및 사리탑 실측조사보고서 1997 동측면
[2-8 그림]   사진으로 풀어본 한일전통건축 p.312
[2-9 그림]   좌) 영조규범 조사보고서 p.7
             중) 필자 촬영
             우) 영조규범 조사보고서 문화재청 p.8
[2-10 그림]   좌) 울진 수신사 박물관 필자 촬영 중) 영조규범 조사보고서 문화재청 p.420
             우) 영조규범 조사보고서 문화재청 p.370
[2-11 그림]   좌) 영조규범 조사보고서 문화재청 p.389
             중) 영조규범 조사보고서 문화재청 p.425
             우) 영조규범 조사보고서 문화재청 p.9
[2-12 그림]   좌) 봉정사 극락전 실측조사보고서 2003 p.25
             중) 대둔사 실측조사보고서 문화재청
             우) 필자 촬영
[2-13 그림]   좌) 영조규범 조사보고서 문화재청 p.9
             중) 영조규범 조사보고서 문화재청 p.8
             우) 영조규범 조사보고서 문화재청 p.10
[2-14 그림]   좌) 영조규범 조사보고서 문화재청 p.376
             중) 울진 지장사 필자 촬영
             우) 봉정사 대웅전 해체수리공사보고서 안동시 2004 p.10
[2-15 그림]   좌) 사진으로 본 한일전통건축 p.268
             우) 사진으로 본 한일전통건축 p.269
[2-16 그림]   좌) 율곡사 대웅전 필자 촬영
             중) 율곡사 대웅전 필자촬영

　　　　　　　　우) 알기쉬운 한국건축 용어사전 p.118
[2-17 그림]　좌) 영조규범 조사보고서 문화재청 p.372
　　　　　　　　중) 영조규범 조사보고서 문화재청 p.371
　　　　　　　　우) 다포계 일주문의 건축형식에 관한연구 p.17
[2-18 그림]　좌) 지혜로 지은 집 한국건축 p.31
　　　　　　　　우) 영조규범 조사보고서 문화재청 p.308
[2-19 그림]　좌) 석남사 필자 촬영
　　　　　　　　우) 수다사 대웅전 필자 촬영
[2-20 그림]　좌) 부여 무량사 필자 촬영
　　　　　　　　중) 필자 촬영
　　　　　　　　우) 필자 촬영
[2-21 그림]　좌) 개심사 대웅전 실측조사보고서 p.257
　　　　　　　　우) 창덕궁 인정전 실측조사보고서 p.13

부록

1. 물량산출 대상건물

물량 산출 대상 목록

번호	종목	지정 번호	지역	명칭	건축 년도	건축 현황	건축 세기	지붕 형식	공포 형식
1	국보	15	경북	봉정사 극락전	1363	중수	12	맞배	주심포식
2	국보	18	경북	부석사 무량수전	1376	중건	13	팔작	주심포식
3	보물	835	경북	운문사 대웅보전	1653	중건	17	팔작	다포식
4	보물	834	경북	대비사 대웅전		중건	17	맞배	다포식
5	보물	1120	경남	신흥사 대광전	1653	중건	17	맞배	다포식
6	보물	1570	경북	대전사 보광전	1672	중건	17	맞배	다포식
7	보물	833	경북	기림사 대적광전	1629	중창	17	맞배	다포식
8	보물	803	전북	선운사 참당암 대웅전	1642	중건	17	맞배	다포식
9	보물	562	경북	환성사 대웅전	1668	중창	17	팔작	다포식
10	보물	143	충남	개심사 대웅전	1484	중창	15	맞배	다포식
11	보물	374	경남	율곡사 대웅전	1679	중수	17	팔작	다포식
12	보물	805	경북	북지장사 대웅전	1659	창건	17	팔작	다포식
13	보물	1826	경남	통도사 영산전	1714	중건	18	맞배	다포식
14	보물	291	전북	내소사 대웅보전	1633	건립	17	팔작	다포식
15	보물	1563	경북	동화사 대웅전	1727	중건	18	팔작	다포식
16	보물	790	경북	은해사 백흥암 극락전	1685	중건	17	팔작	다포식
17	보물	2132	경북	동화사 극락전	1622	중창	17	팔작	다포식
18	보물	165	강원	강릉 오죽헌	1480	창건	15	팔작	익공식
19	보물	146	경남	관룡사 약사전	1507	중창	16	맞배	주심포식
20	유형	127	경기	조계사 대웅전	1938	초창	20	팔작	다포식
21	보물	396	전남	흥국사 대웅전	1624	중건	17	팔작	다포식
22	보물	830	전남	불갑사 대웅전	1764	중창	18	팔작	다포식
23	보물	1307	전남	능가사 대웅전	1768	중건	18	팔작	다포식
24	보물	1310	전남	불회사 대웅전	1799	중건	18	팔작	다포식
25	국보	311	경북	봉정사 대웅전	1361	중수	14	팔작	다포식
26	국보	305	경남	통영 세병관	1646	중창	17	팔작	주심포식
27	보물	521	경북	영천 숭렬당	1433	창건	15	혼합	주심포식
28	보물	608	전북	위봉사 보광명전	1601	중건	17	팔작	다포식
29	보물	272	전북	장수향교 대성전	1686	이건	17	맞배	주심포식

번호	종목	지정번호	지역	명칭	건축년도	건축현황	건축세기	지붕형식	공포형식
30	보물	299	전남	화엄사 대웅전	1636	중창	17	팔작	다포식
31	보물	448	경북	봉정사 화엄강당	?	?	18	맞배	주심포식
32	보물	449	경북	봉정사 고금당	1616	중수	16	맞배	주심포식
33	국보	50	전남	도갑사 해탈문	1473	건립	15	맞배	주심포식
34	보물	394	전남	나주향교 대성전				팔작	주심포식
35	국보	51	강원	강릉 객사문	1518	수리	16	맞배	주심포식
36	국보	13	전남	무위사 극락전	1430	건립	15	맞배	주심포식
37	국보	14	경북	은해사 거조암 영산전	1375	건립	14	맞배	주심포식
38	국보	19	경북	부석사 조사당	1377	건립	14	맞배	주심포식
39	보물	730	경북	불영사 응진전	1578	중건	16	맞배	다포식
40	보물	1868	경북	보경사 적광전	1677	중창	17	맞배	다포식
41	보물	178	경기	전등사 대웅전	1621	중건	17	팔작	다포식
42	보물	179	경기	전등사 약사전	1876	중수	19	팔작	다포식
43	보물	1831	경북	대곡사 대웅전	1782	중창	18	팔작	다포식
44	보물	212	경남	관룡사 대웅전	1712	중수	18	팔작	다포식
45	국보	62	전북	금산사 미륵전	1635	중건	17	팔작	다포식
46	국보	223	경기	경복궁 근정전	1867	중건	19	팔작	다포식
47	국보	1	경기	숭례문	1448	개건	15	우진각	다포식
48	보물	1	경기	흥인지문	1869	중건	19	우진각	다포식
49	국보	225	경기	창덕궁 인정전	1804	중건	19	팔작	다포식
50	국보	49	충남	수덕사 대웅전	1308	건립	14	맞배	주심포식
51	보물	804	전남	정혜사 대웅전	1617	중건	17	팔작	다포식
52	보물	308	전북	전주 풍남문	1768	중건	18	팔작	주심포식
53	보물	915	충북	법주사 대웅전	1618	재건	17	팔작	다포식
54	보물	802	충남	마곡사 대웅보전	1650	중건	17	팔작	다포식
55	국보	67	전남	화엄사 각황전	1702	건립	18	팔작	다포식
56	보물	399	충남	고산사 대웅전	1623	중수	17	팔작	주심포식
57	국보	304	전남	여수 진남관	1718	재건	18	팔작	주심포식
58	보물	1461	경남	범어사 조계문	1720	중수	18	맞배	다포식
59	보물	1244	전북	송광사 종루	1857	건립	19	팔작	다포식
60	보물	161	경기	정수사 법당	1689	중수	17	맞배	주심포식

번호	종목	지정번호	지역	명칭	건축년도	건축현황	건축세기	지붕형식	공포형식
61	보물	302	전남	송광사 약사전	1751	중수	18	팔작	다포식
62	보물	2133	경북	동화사 수마제전	1702	중창	18	맞배	다포식
63	보물	154	경북	용문사 대장전	1608	중건	17	맞배	다포식
64	보물	384	경기	창경궁 홍화문	1616	재건	17	우진각	다포식
65	보물	812	경기	경복궁 근정문	1867	중건	19	우진각	다포식
66	보물	818	경기	창경궁 통명전	1834	중건	19	팔작	익공식
67	보물	1734	경기	구리 동구릉 목릉 정자각	1608	건립	17	맞배	다포식
68	보물	916	충북	법주사 원통보전	1647	중건	17	모임	주심포식
69	보물	819	경기	덕수궁 중화전	1906	중건	20	팔작	다포식
70	국보	224	경기	경복궁 경회루	1867	중건	19	팔작	익공식
71	보물	820	경기	덕수궁 함녕전	1904	중건	20	팔작	익공식
72	국보	290	경남	통도사 대웅전	1641	중건	17	팔작	다포식
73	국보	55	충북	법주사 팔상전	1626	중건	17	모임	주심포식
74	보물	1742	경기	구리 동구릉 숭릉 정자각	1674	건립	17	팔작	주심포식
75	보물	1759	경기	경복궁 사정전	1867	중건	19	팔작	다포식

2. 조사대상 건물 물량정보 및 도면

1. 관룡사 약사전

1. 건물정보

번 호	1	작성일자	2019.6.4	
건물명	관룡사 약사전	주칸수	1×1	
지붕형식	맞배지붕			
공포 형식	주심포	평면 면적(m²)	10.8m²	3.3평
출목	외 　 내	지붕 면적(평면적)	46.2m²	14평

2. 부재크기(단면, 길이)

구 분	일반재	특수재	특대재	합계	구성비
지붕부	5.52	0.46	0.34	6.32	
가구부	0.65	2.63	—	3.28	
공포부	0.64	0.19	—	0.83	
축부	—	1.50	—	1.50	
벽체수장	0.75	—	—	0.75	
수평수장	—	0.94	—	0.94	
합 계	7.56	5.72	0.34	13.62	

3. 사진 및 도면

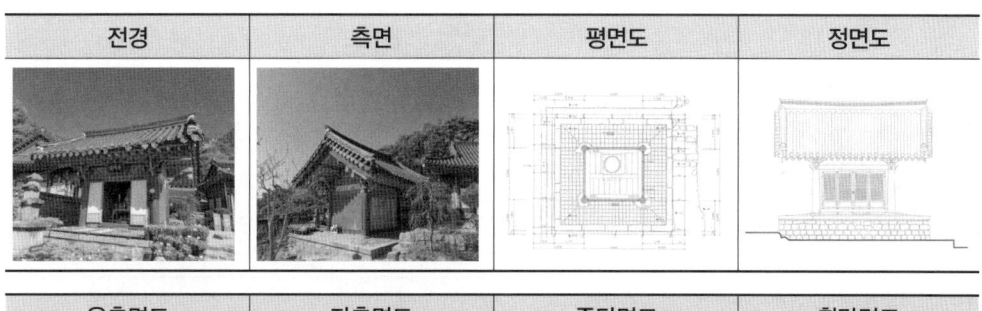

2. 봉정사 고금당

1. 건물정보

번 호	2	작성일자		
건물명	봉정사 고금당	주칸수	3 × 2	
지붕형식	맞배지붕			
공포 형식	주심포	평면 면적(m²)	58.75m²	17.77평
출목	외 　　　　내	지붕 면적(평면적)	46.2m²	14평

2. 부재크기(단면, 길이)

구 분	일반재	특수재	특대재	합계	구성비
지붕부	6.44	0.56	-	7.00	
가구부	3.27	-	2.38	5.65	
공포부	1.14	0.49	-	1.63	
축부	0.53	2.42	-	2.95	
벽체수장	1.31	-	-	1.31	
수평수장	0.4	0.93	-	1.33	
합 계	13.09	4.40	2.38	19.87	

3. 사진 및 도면

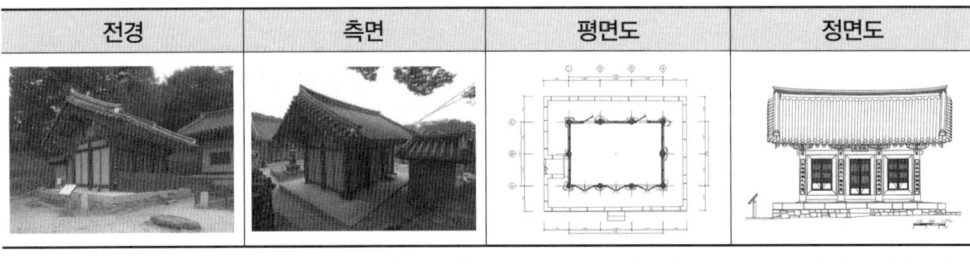

3. 부석사 조사당

1. 건물정보

번 호	3			작성일자		
건물명	부석사 조사당			주칸수	3×1	
지붕형식	맞배지붕					
공포 형식	주심포			평면 면적(m²)	96.66m²	29.29평
출목	외	2	내	1	지붕 면적(평면적)	46.2m²	14평

2. 부재크기(단면, 길이)

구 분	일반재	특수재	특대재	합계	구성비
지붕부	1.67	6.97	0.57	9.21	
가구부	1.82	4.31	2.61	8.74	
공포부	0.91	0.44	0.30	1.65	
축부	0.34	2.16	—	2.50	
벽체수장	0.91	0.15	—	1.06	
수평수장		—	—	—	
합 계	5.65	14.03	3.48	23.16	

3. 사진 및 도면

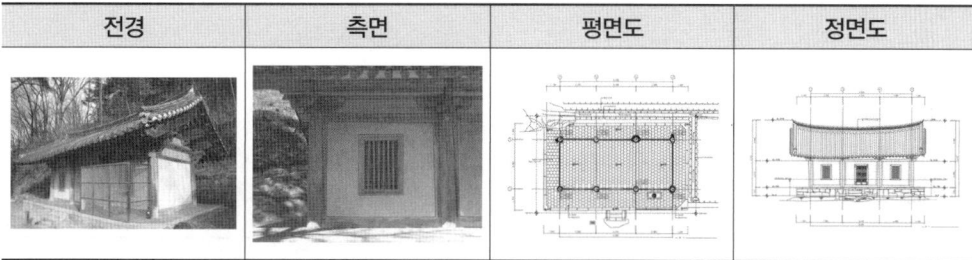

| 전경 | 측면 | 평면도 | 정면도 |

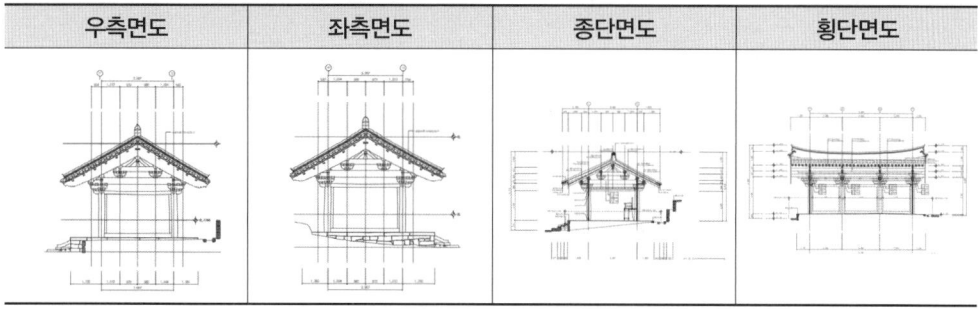

| 우측면도 | 좌측면도 | 종단면도 | 횡단면도 |

4. 도갑사 해탈문

1. 건물정보

번 호	4		작성일자	2019.6.17	
건물명	도갑사 해탈문		주칸수	3 × 2	
지붕형식	맞배지붕				
공포 형식	주심포		평면 면적(m²)	46.32m²	14.04평
출목	외	내	지붕 면적(평면적)	101.31m²	

2. 부재크기(단면, 길이)

구 분	일반재	특수재	특대재	합계	구성비
지붕부	4.24	7.45	–	11.69	
가구부	4.91	2.98	3.22	11.11	
공포부	1.48	0.38	–	1.86	
축부	0.70	3.99	–	4.69	
벽체수장	1.57	–	–	1.57	
수평수장	–	–	–	–	
합 계	12.90	14.80	3.22	30.92	

3. 사진 및 도면

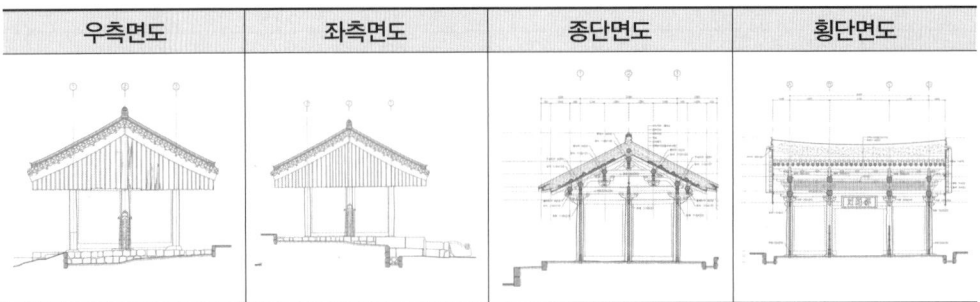

5. 강릉 객사문

1. 건물정보

번 호	5	작성일자	2019.6.21	
건물명	강릉 객사문	주칸수	3 × 2	
지붕형식	맞배지붕			
공포 형식	주심포	평면 면적(m²)	54.24m²	14.47평
출목	외 내	지붕 면적(평면적)	131.40m²	

2. 부재크기(단면, 길이)

구 분	일반재	특수재	특대재	합계	구성비
지붕부	3.32	9.24	1.09	13.65	
가구부	0.98	11.91	8.07	20.96	
공포부	2.27	1.48	—	3.75	
축부	0.34	1.92	8.71	10.97	
벽체수장	0.94	0.65	—	1.59	
수평수장	—	—	—	—	
합 계	7.85	25.20	17.87	50.92	

3. 사진 및 도면

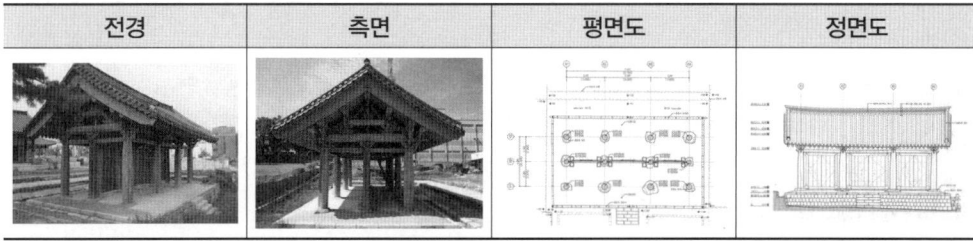

| 전경 | 측면 | 평면도 | 정면도 |

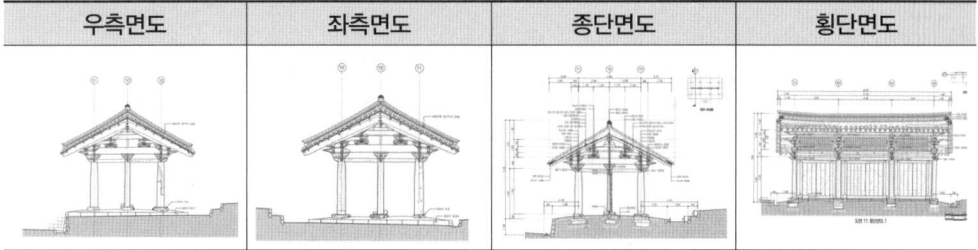

| 우측면도 | 좌측면도 | 종단면도 | 횡단면도 |

6. 안동 봉정사 극락전

1. 건물정보

번 호	6	작성일자	2019.1.19	
건물명	안동 봉정사 극락전	주칸수	3 × 4	
지붕형식	맞배지붕			
공포 형식	주심포	평면 면적(m²)	81.60㎡	24.70평
출목	외	내	지붕 면적(평면적)	164.7㎡	

2. 부재크기(단면, 길이)

구 분	일반재	특수재	특대재	합계	구성비
지붕부	17.94	0.52	1.08	19.54	
가구부	3.51	7.40	4.02	14.93	
공포부	4.58	2.70	—	7.28	
축부	0.43	6.21	—	6.64	
벽체수장	1.11	1.38	—	2.49	
수평수장	—	—	—	—	
합 계	27.57	18.21	5.10	50.88	

3. 사진 및 도면

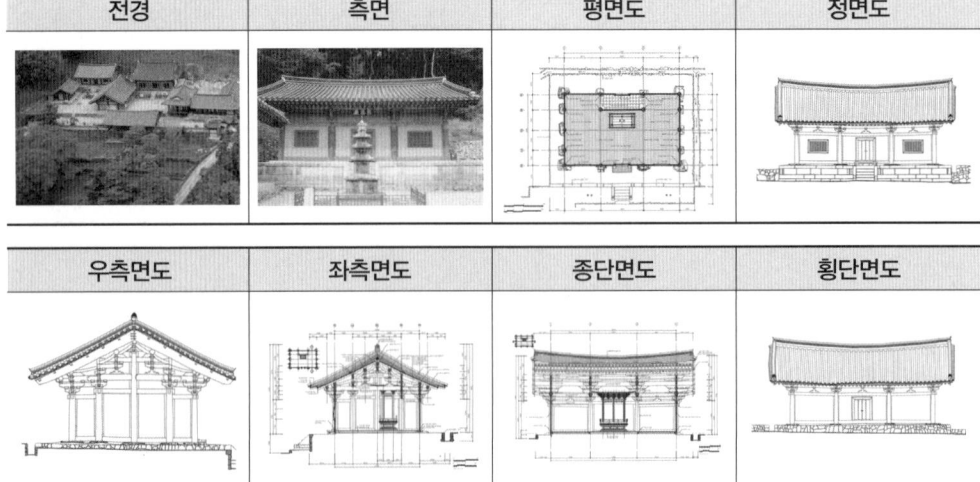

7. 안동 봉정사 화엄강당

1. 건물정보

번 호	7	작성일자	2019.6.21	
건물명	안동 봉정사 화엄강당	주칸수	3×2	
지붕형식	맞배지붕			
공포 형식	주심포	평면 면적(m²)	83.02m²	25.16평
출목	외 / 내	지붕 면적(평면적)	179.13m²	

2. 부재크기(단면, 길이)

구 분	일반재	특수재	특대재	합계	구성비
지붕부	9.06	10.37	0.91	20.34	
가구부	0.51	10.22	8.86	19.59	
공포부	0.64	1.87	1.90	4.41	
축부	—	1.12	4.64	5.76	
벽체수장	1.89	0.97	—	2.86	
수평수장	1.41	1.98	1.52	4.91	
합 계	13.51	26.53	17.83	57.87	

3. 사진 및 도면

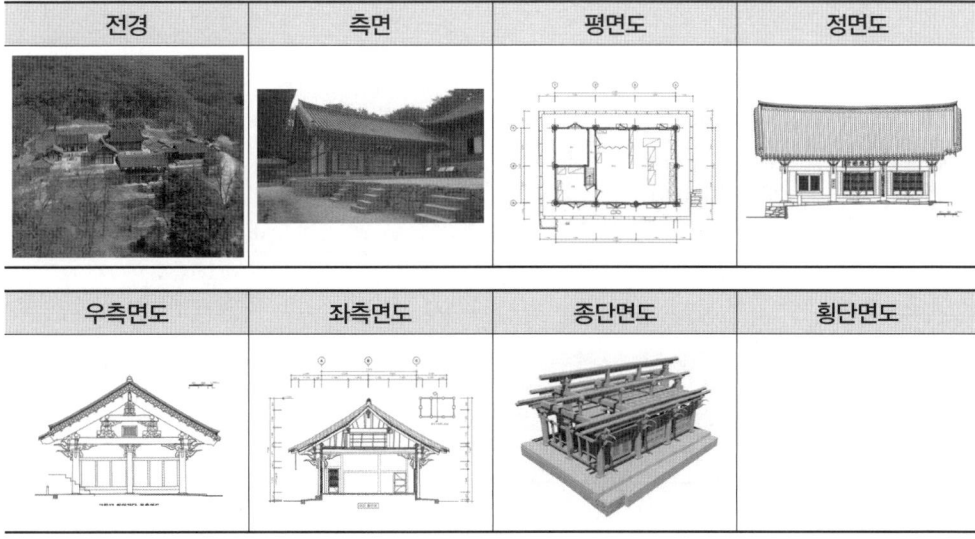

8. 무위사 극락전

1. 건물정보

번 호	8	작성일자	2019.10.25. 수정	
건물명	무위사 극락전	주칸수	3×3	
지붕형식	맞배지붕			
공포 형식	주심포	평면 면적(m²)	92.31m²	27.87평
출목	외 　　내	지붕 면적(평면적)	201.29m²	60.99평

2. 부재크기(단면, 길이)

구 분	일반재	특수재	특대재	합계	구성비
지붕부	8.05	8.33	1.37	17.75	
가구부	1.42	11.66	7.83	20.91	
공포부	2.90	1.38	0.75	5.03	
축부	0.26	0.97	6.26	7.49	
벽체수장	2.51	1.94	–	4.45	
수평수장	–	8.34	2.06	10.40	
합 계	15.14	32.62	18.27	66.03	

3. 사진 및 도면

전경	측면	평면도	정면도

우측면도	좌측면도	종단면도	횡단면도

9. 장수향교 대성전

1. 건물정보

번 호	9	작성일자	2019.6.21	
건물명	장수향교 대성전	주칸수	3 × 4	
지붕형식	맞배지붕			
공포 형식	주심포	평면 면적(m²)	97.83m²	29.65평
출목	외 1 내 0	지붕 면적(평면적)	200.38m²	

2. 부재크기(단면, 길이)

구 분	일반재	특수재	특대재	합계	구성비
지붕부	8.76	10.02	0.40	19.18	
가구부	0.74	16.03	8.88	25.65	
공포부	1.60	2.29	0.28	4.17	
축부	-	2.28	9.92	12.20	
벽체수장	3.10	1.32	-	4.42	
수평수장	1.90	3.67	2.93	8.50	
합 계	16.10	35.61	22.41	74.12	

3. 사진 및 도면

전경	측면	평면도	정면도

우측면도	좌측면도	종단면도	횡단면도

10. 수덕사 대웅전

1. 건물정보

번 호	10	작성일자	2019.6.21	
건물명	수덕사 대웅전	주칸수	3 × 4	
지붕형식	맞배지붕			
공포 형식	주심포	평면 면적(m²)	153.44m²	46.50평
출목	외 2 내 -	지붕 면적(평면적)	280.62m²	85.03평

2. 부재크기(단면, 길이)

구 분	일반재	특수재	특대재	합계	구성비
지붕부	3.93	20.17	1.45	25.55	
가구부	6.31	26.09	18.00	50.40	
공포부	3.91	1.82	1.05	6.78	
축부	-	1.94	18.96	20.90	
벽체수장	3.65	10.69	0.53	14.87	
수평수장	3.65	1.02	-	4.67	
합 계	17.80	60.71	39.99	118.50	

3. 사진 및 도면

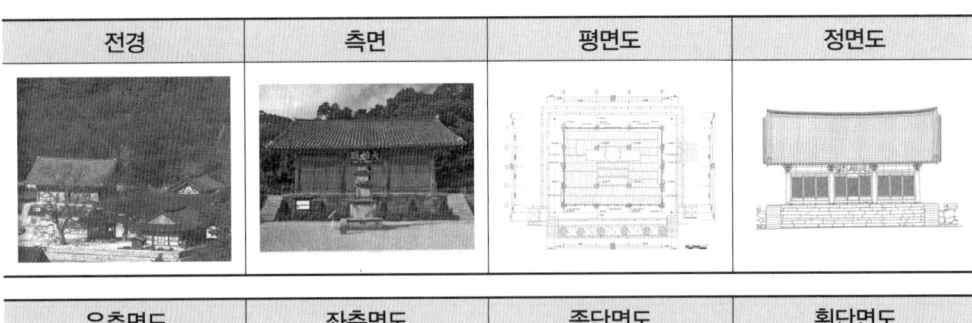

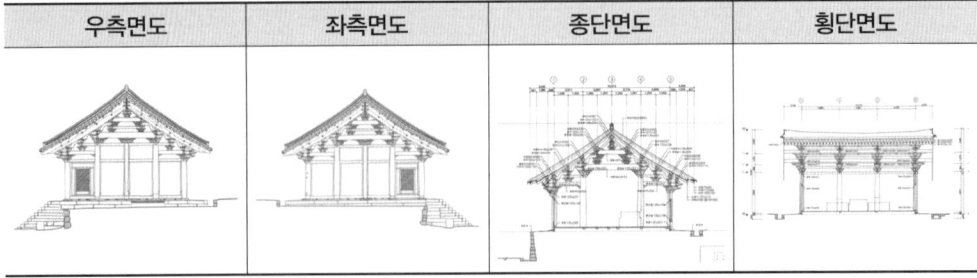

11. 영천 은해사 거조암 영산전

1. 건물정보

번 호	11	작성일자	2019.6.21	
건물명	영천 은해사 거조암 영산전	주칸수	7×3	
지붕형식	맞배지붕			
공포 형식	주심포	평면 면적(m²)	323.60m²	98.06평
출목	외 2 내 —	지붕 면적(평면적)	495.09m²	150.20평

2. 부재크기(단면, 길이)

구 분	일반재	특수재	특대재	합계	구성비
지붕부	2.86	47.94	0.83	51.63	
가구부	1.79	29.31	20.46	51.56	
공포부	2.61	6.15	1.21	9.97	
축부	—	4.93	30.56	35.49	
벽체수장	4.81	7.72	—	12.53	
수평수장	—	—	—	—	
합 계	12.07	96.05	53.06	161.18	

3. 사진 및 도면

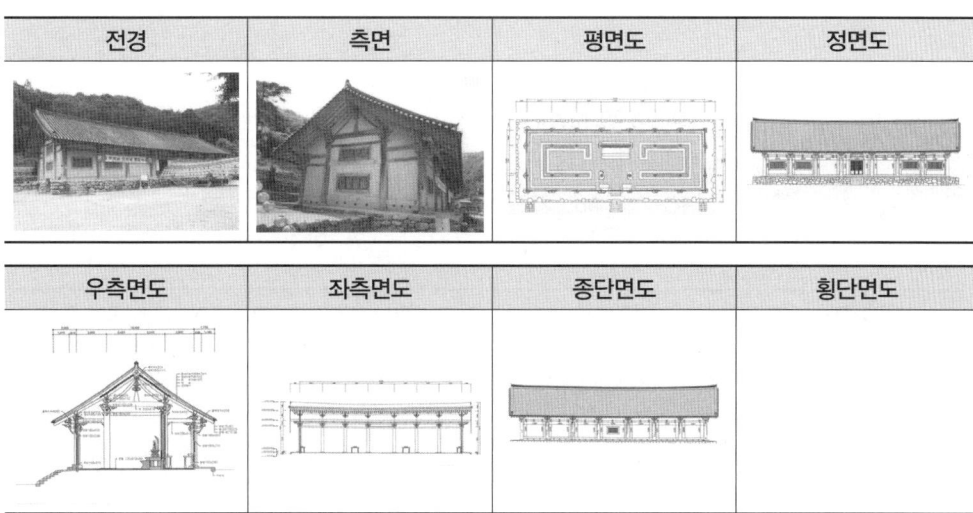

12. 대비사 대웅전

1. 건물정보

번 호	12	작성일자	2019.09.03	
건물명	대비사 대웅전	주칸수	3×3	
지붕형식	맞배지붕			
공포 형식	다포식	평면 면적(m²)	78.8m²	24.0평
출목	외 　　 내	지붕 면적(평면적)	158.10m²	47.82평

2. 부재크기(단면, 길이)

구 분	일반재	특수재	특대재	합계	구성비
지붕부	9.40	11.64	1.08	22.34	
가구부	–	15.46	7.28	22.74	
공포부	6.19	8.82	0.88	15.89	
축부	–	2.21	14.36	16.57	
벽체수장	2.78	2.33	–	5.11	
수평수장	1.34	10.00	1.03	12.37	
합 계	19.71	50.68	24.63	95.02	

3. 사진 및 도면

전경	측면	평면도	정면도

우측면도	좌측면도	종단면도	횡단면도

13. 신흥사 대광전

1. 건물정보

번 호	13	작성일자	2019.01.30	
건물명	신흥사 대광전	주칸수	3×3	
지붕형식	맞배지붕			
공포 형식	다포식	평면 면적(㎡)	125.40㎡	38.00평
출목	외 / 내	지붕 면적(평면적)	286.4㎡	

2. 부재크기(단면, 길이)

구 분	일반재	특수재	특대재	합계	구성비
지붕부	4.60	38.97	0.85	44.42	
가구부	1.26	23.74	12.78	37.78	
공포부	13.62	25.54	1.06	40.22	
축부	—	2.85	27.39	30.24	
벽체수장	1.97	7.07	0.48	9.52	
수평수장	3.08	3.13	19.11	25.32	
합 계	24.53	101.30	61.67	187.50	

3. 사진 및 도면

전경	측면	평면도	정면도
우측면도	좌측면도	종단면도	횡단면도

부록 249

14. 대전사 보광전

1. 건물정보

번 호	14	작성일자	2019.6.21	
건물명	대전사 보광전	주칸수	3 × 3	
지붕형식	맞배지붕			
공포 형식	다포식	평면 면적(m²)	78.80m²	23.90평
출목	외	내	지붕 면적(평면적)	169.80m²	

2. 부재크기(단면, 길이)

구 분	일반재	특수재	특대재	합계	구성비
지붕부	8.36	16.67	0.60	25.63	
가구부	0.60	16.49	7.74	24.83	
공포부	6.06	4.30	–	10.36	
축부	–	3.79	12.39	16.18	
벽체수장	3.28	1.7	–	4.98	
수평수장	1.72	6.68	–	8.60	
합 계	20.02	49.83	20.73	90.58	

3. 사진 및 도면

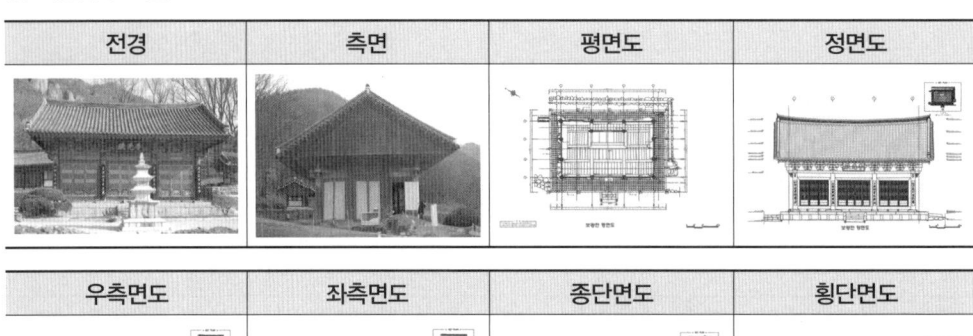

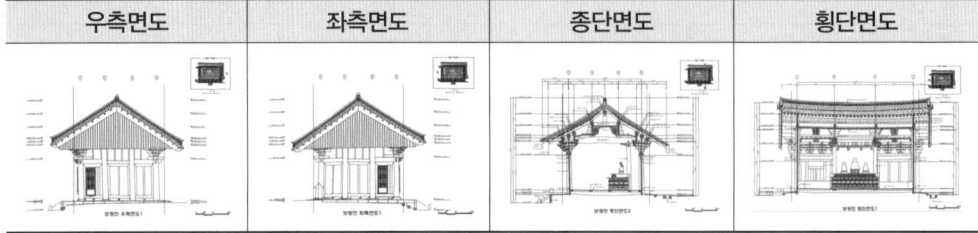

15. 기림사 대적광전

1. 건물정보

번 호	15	작성일자	2019.5.29	
건물명	기림사 대적광전	주칸수	5×3	
지붕형식	맞배지붕			
공포 형식	다포식	평면 면적(m²)	201.54m²	61.0평
출목	외 내	지붕 면적(평면적)	378.77m²	

2. 부재크기(단면, 길이)

구 분	일반재	특수재	특대재	합계	구성비
지붕부	16.84	26.43	1.15	44.42	
가구부	11.15	34.00	17.60	52.75	
공포부	30.95	15.45	2.28	48.68	
축부	—	4.88	27.37	32.25	
벽체수장	3.65	2.62	—	6.27	
수평수장	7.79	22.59	5.93	36.31	
합 계	60.38	105.97	54.33	220.68	

3. 사진 및 도면

전경	측면	평면도	정면도
우측면도	좌측면도	종단면도	횡단면도

16. 선운사 참당암 대웅전

1. 건물정보

번 호	16	작성일자	2019.6.21	
건물명	선운사 참당암 대웅전	주칸수	3 × 2	
지붕형식	맞배지붕			
공포 형식	다포식	평면 면적(m²)	54.24m²	14.47평
출목	외 내	지붕 면적(평면적)	131.40m²	

2. 부재크기(단면, 길이)

구 분	일반재	특수재	특대재	합계	구성비
지붕부	18.82	30.17	0.72	49.71	
가구부	1.81	12.69	8.62	23.12	
공포부	13.93	4.10	0.40	18.43	
축부	–	3.95	10.96	14.91	
벽체수장	3.55	0.62	–	4.17	
수평수장	4.01	6.55	3.56	14.12	
합 계	42.12	58.08	24.26	124.46	

3. 사진 및 도면

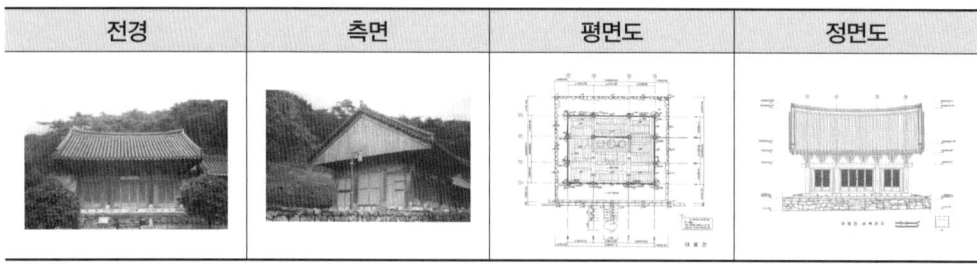

전경 | 측면 | 평면도 | 정면도

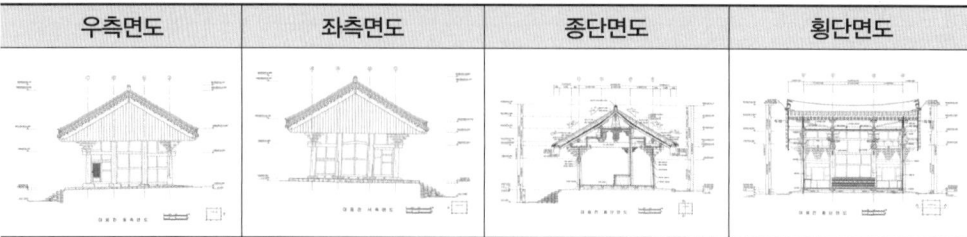

우측면도 | 좌측면도 | 종단면도 | 횡단면도

17. 개심사 대웅전

1. 건물정보

번 호	17	작성일자	2019.05.30	
건물명	개심사 대웅전	주칸수	3 × 3	
지붕형식	맞배지붕			
공포 형식	다포식	평면 면적(m²)	88.93㎡	14.47평
출목	외 / 내	지붕 면적(평면적)	178.05㎡	

2. 부재크기(단면, 길이)

구 분	일반재	특수재	특대재	합계	구성비
지붕부	7.11	10.15	1.06	18.32	
가구부	2.95	12.14	8.55	23.64	
공포부	7.00	6.67	—	13.67	
축부	—	4.32	8.36	12.68	
벽체수장	1.09	1.39	—	2.48	
수평수장	3.09	1.92	1.17	6.18	
합 계	21.24	36.59	19.14	76.97	

3. 사진 및 도면

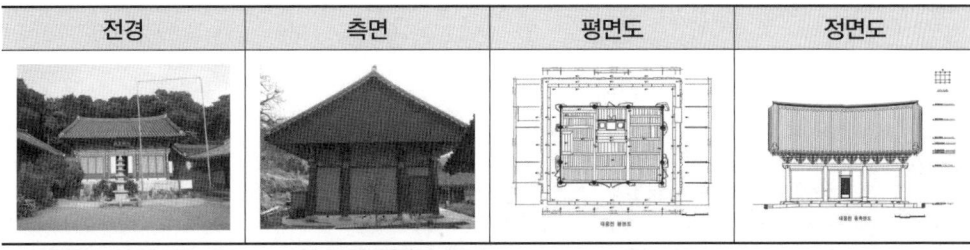

| 전경 | 측면 | 평면도 | 정면도 |

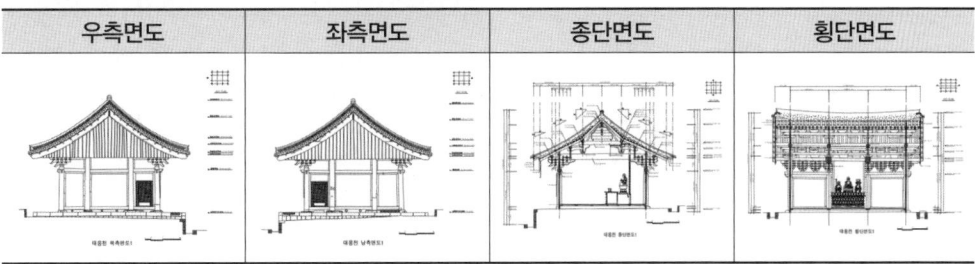

| 우측면도 | 좌측면도 | 종단면도 | 횡단면도 |

18. 통도사 영산전

1. 건물정보

번 호	18	작성일자	2019.6.21	
건물명	통도사 영산전	주칸수	3 × 3	
지붕형식	맞배지붕			
공포 형식	다포식	평면 면적(m²)	111.32m²	33.73평
출목	외 　　　　 내	지붕 면적(평면적)	254.89m²	

2. 부재크기(단면, 길이)

구 분	일반재	특수재	특대재	합계	구성비
지붕부	14.89	33.47	0.85	49.21	
가구부	0.09	16.65	8.42	25.46	
공포부	18.55	18.25	—	36.80	
축부	—	3.72	15.64	19.36	
벽체수장	03.96	3.67	—	7.63	
수평수장	—	—	—	—	
합 계	42.37	85.45	28.62	156.44	

3. 사진 및 도면

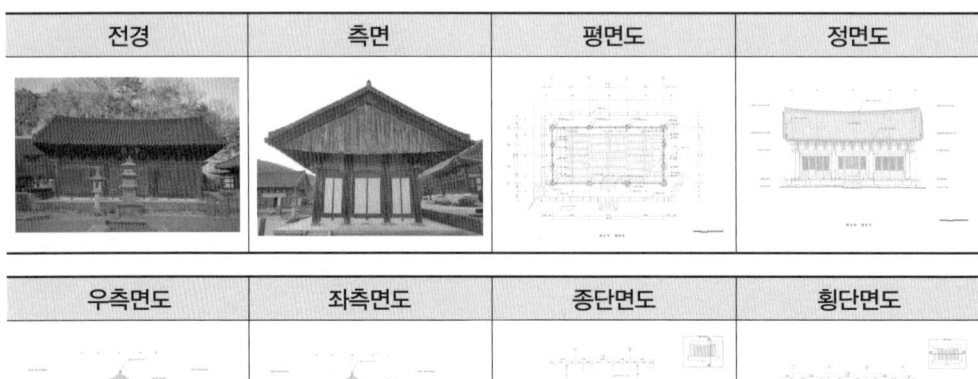

19. 불영사 응진전

1. 건물정보

번 호	19		작성일자	2019.6.21	
건물명	불영사 응진전		주칸수	3 × 2	
지붕형식	맞배지붕				
공포 형식	다포식		평면 면적(m²)	34.07㎡	10.33평
출목	외	내	지붕 면적(평면적)	91.07㎡	27.59평

2. 부재크기(단면, 길이)

구 분	일반재	특수재	특대재	합계	구성비
지붕부	3.92	6.83	0.83	11.13	
가구부	1.47	4.56	2.40	8.43	
공포부	10.43	2.22	—	12.65	
축부	—	—	12.66	12.66	
벽체수장	1.48	0.53	—	2.01	
수평수장	0.29	2.13	1.36	3.78	
합 계	17.59	16.27	16.80	50.66	

3. 사진 및 도면

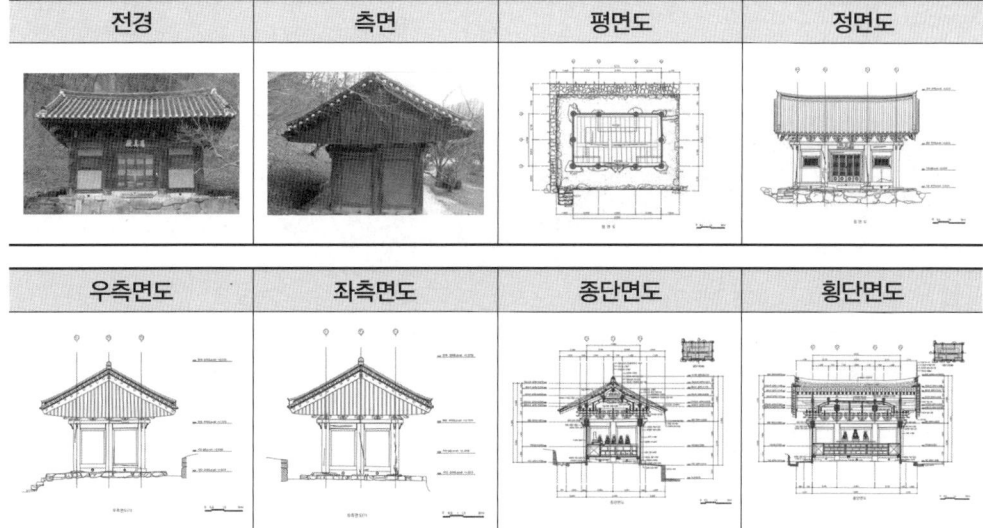

20. 보경사 적광전

1. 건물정보

번 호	20	작성일자	2019.6.21	
건물명	보경사 적광전	주칸수	3 × 2	
지붕형식	맞배지붕			
공포 형식	다포식	평면 면적(m²)	59.12m²	17.91평
출목	외　　　내	지붕 면적(평면적)	134.08m²	40.63평

2. 부재크기(단면, 길이)

구 분	일반재	특수재	특대재	합계	구성비
지붕부	8.25	11.62	0.53	20.40	
가구부	5.98	3.02	2.47	11.47	
공포부	13.75	1.50	2.54	17.79	
축부	—	3.48	6.79	10.27	
벽체수장	2.45	—	—	2.45	
수평수장	4.36	0.34	—	4.70	
합 계	34.79	19.96	12.33	67.08	

3. 사진 및 도면

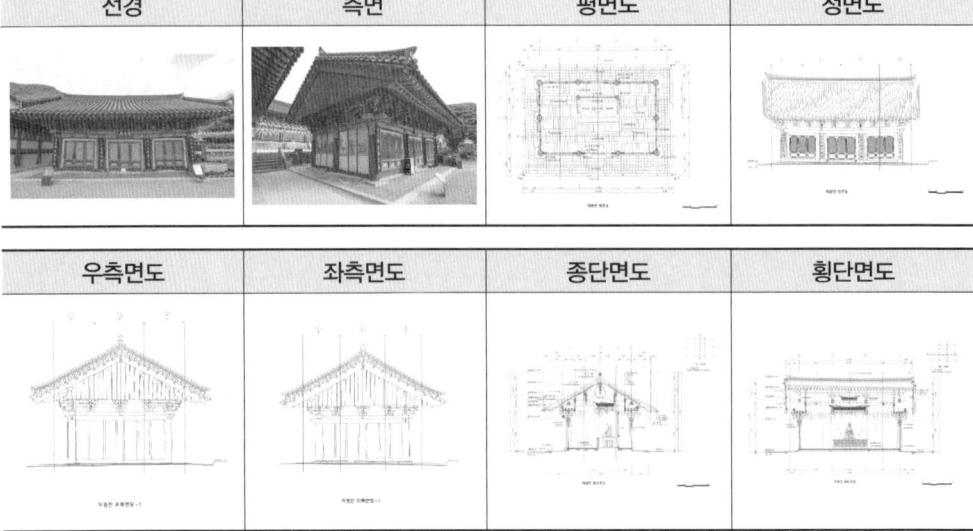

21. 범어사 조계문

1. 건물정보

번 호	21	작성일자	2019.07.01	
건물명	범어사 조계문	주칸수	3 × 2	
지붕형식	맞배지붕			
공포 형식	다포식	평면 면적(m²)	8.76m²	2.65평
출목	외 3 내 0	지붕 면적(평면적)	50.37m²	15.263

2. 부재크기(단면, 길이)

구 분	일반재	특수재	특대재	합계	구성비
지붕부	3.71	1.42	-	5.13	
가구부	2.31	1.14	-	3.45	
공포부	5.99	0.72	0.29	7.00	
축부	0.78	2.26	1.14	4.18	
벽체수장	-	-	-	-	
수평수장	0.18	-	-	0.18	
합 계	12.97	5.54	1.43	19.94	

3. 사진 및 도면

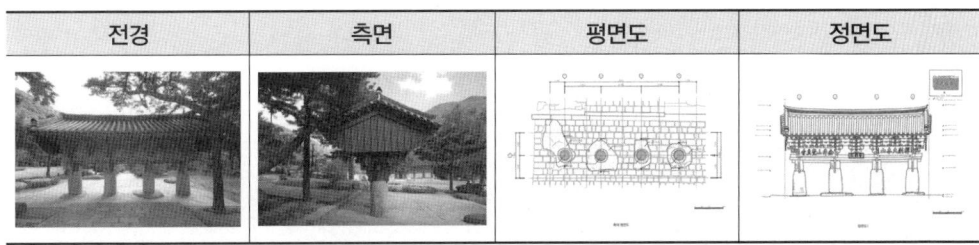

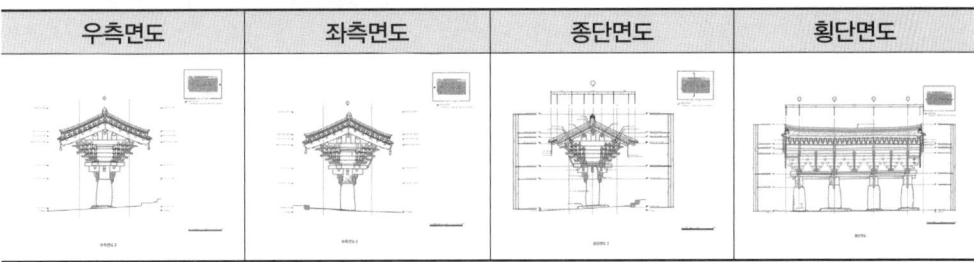

22. 동화사 수마제전

1. 건물정보

번 호	22	작성일자	2019.6.21	
건물명	동화사 수마제전	주칸수	1 × 1	
지붕형식	맞배지붕			
공포 형식	다포식	평면 면적(m²)	18.7㎡	5.7평
출목	외 2 내 2	지붕 면적(평면적)	61.1㎡	18.5평

2. 부재크기(단면, 길이)

구 분	일반재	특수재	특대재	합계	구성비
지붕부	2.13	7.09	0.22	9.44	
가구부	0.19	4.65	–	4.48	
공포부	4.23	1.74	–	5.97	
축부	0.34	2.57	2.22	5.13	
벽체수장	0.80	0.14	–	0.94	
수평수장	0.52	1.46	–	1.98	
합 계	8.21	17.65	2.44	28.30	

3. 사진 및 도면

23. 용문사 대장전

1. 건물정보

번 호	23			작성일자	2019.10.11	
건물명	용문사 대장전			주칸수	3 × 2	
지붕형식	맞배지붕					
공포 형식	다포식			평면 면적(m²)	48.76m²	14.48평
출목	외	2	내	2	지붕 면적(평면적)	128.69m²	38.99평

2. 부재크기(단면, 길이)

구 분	일반재	특수재	특대재	합계	구성비
지붕부	4.85	8.41	0.63	13.89	
가구부	2.34	4.06	4.97	11.37	
공포부	8.12	1.74	0.57	10.44	
축부	—	7.52	1.64	9.16	
벽체수장	2.84	—	—	2.84	
수평수장	0.25	5.87	1.15	7.27	
합 계	18.40	27.60	8.96	54.96	

3. 사진 및 도면

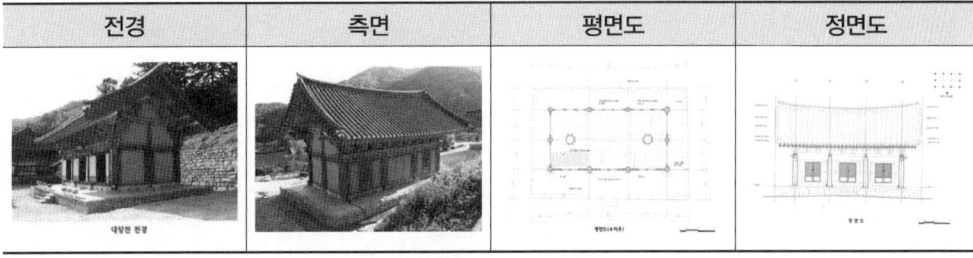

전경 | 측면 | 평면도 | 정면도

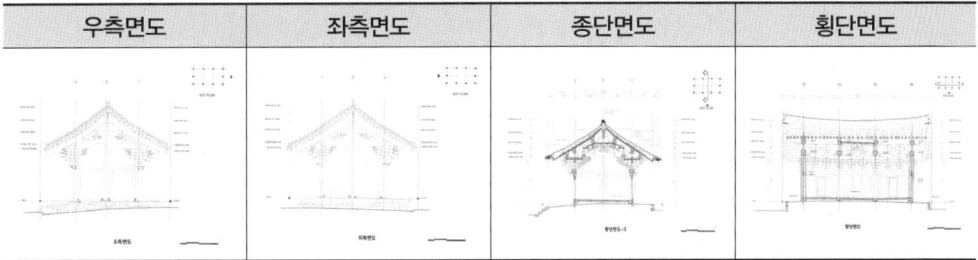

우측면도 | 좌측면도 | 종단면도 | 횡단면도

3. 상관 분석표

상관계수
(유의확률)   맞배건축

	정면주간장	측면주간장	주심둘레길이	건축면적(M2)	입면면적	가구부체적	축부체적
정면칸수	0.9160	0.5500	0.8523	0.8521	0.7655	0.8245	0.8127
(유의확률)	0.0000	0.0065	0.0000	0.0000	0.0000	0.0000	0.0000
측면칸수	0.5141	0.8280	0.6524	0.5836	0.6618	0.5481	0.5898
(유의확률)	0.0121	0.0000	0.0007	0.0035	0.0006	0.0068	0.0031
외부칸수합	0.8782	0.8121	0.9126	0.8748	0.8613	0.8373	0.8525
(유의확률)	0.0000	0.0000	0.0000	0.0000	0.0000	0.0000	0.0000
기둥수	0.9219	0.8115	0.9442	0.9405	0.8800	0.9122	0.9127
(유의확률)	0.0000	0.0000	0.0000	0.0000	0.0000	0.0000	0.0000
공포수	0.3449	0.2652	0.3404	0.3024	0.4025	0.2838	0.3362
(유의확률)	0.1070	0.2213	0.1120	0.1608	0.0569	0.1895	0.1168
량수	0.3313	0.7629	0.4974	0.4514	0.5425	0.4432	0.4821
(유의확률)	0.1225	0.0000	0.0158	0.0306	0.0075	0.0342	0.0198
도리전체수	0.8710	0.7800	0.8966	0.8817	0.8467	0.8587	0.8636
(유의확률)	0.0000	0.0000	0.0000	0.0000	0.0000	0.0000	0.0000
정면주간장	1.0000	0.7282	0.9732	0.9681	0.9213	0.9378	0.9495
(유의확률)	.	0.0001	0.0000	0.0000	0.0000	0.0000	0.0000
측면주간장	0.7282	1.0000	0.8662	0.8324	0.8771	0.8248	0.8458
(유의확률)	0.0001	.	0.0000	0.0000	0.0000	0.0000	0.0000
주심둘레길이	0.9732	0.8662	1.0000	0.9849	0.9658	0.9603	0.9758
(유의확률)	0.0000	0.0000	.	0.0000	0.0000	0.0000	0.0000
건축면적(M2)	0.9681	0.8324	0.9849	1.0000	0.9451	0.9902	0.9887
(유의확률)	0.0000	0.0000	0.0000	.	0.0000	0.0000	0.0000
입면면적	0.9213	0.8771	0.9658	0.9451	1.0000	0.9285	0.9746
(유의확률)	0.0000	0.0000	0.0000	0.0000	.	0.0000	0.0000
가구부체적	0.9378	0.8248	0.9603	0.9902	0.9285	1.0000	0.9840
(유의확률)	0.0000	0.0000	0.0000	0.0000	0.0000	.	0.0000
축부체적	0.9495	0.8458	0.9758	0.9887	0.9746	0.9840	1.0000
(유의확률)	0.0000	0.0000	0.0000	0.0000	0.0000	0.0000	.
실내체적㎥	0.9492	0.8424	0.9745	0.9925	0.9642	0.9920	0.9986
(유의확률)	0.0000	0.0000	0.0000	0.0000	0.0000	0.0000	0.0000
정면지붕장	0.9941	0.7623	0.9803	0.9751	0.9348	0.9464	0.9606
(유의확률)	0.0000	0.0000	0.0000	0.0000	0.0000	0.0000	0.0000
측면지붕장	0.6701	0.9655	0.8123	0.7707	0.8561	0.7605	0.8014
(유의확률)	0.0005	0.0000	0.0000	0.0000	0.0000	0.0000	0.0000
지붕평면적	0.9470	0.8723	0.9829	0.9834	0.9669	0.9693	0.9855
(유의확률)	0.0000	0.0000	0.0000	0.0000	0.0000	0.0000	0.0000
가구고	0.6690	0.9606	0.8098	0.7754	0.8373	0.7900	0.7962
(유의확률)	0.0005	0.0000	0.0000	0.0000	0.0000	0.0000	0.0000
공포고	0.5028	0.6166	0.5733	0.5228	0.6977	0.5363	0.5987
(유의확률)	0.0145	0.0017	0.0042	0.0105	0.0002	0.0083	0.0025
주고	0.4451	0.5962	0.5244	0.4556	0.6869	0.4272	0.5472
(유의확률)	0.0333	0.0027	0.0102	0.0289	0.0003	0.0420	0.0069
초석기단고	0.2091	0.4348	0.2982	0.2740	0.3168	0.2866	0.2863
(유의확률)	0.3384	0.0381	0.1670	0.2058	0.1408	0.1850	0.1853
건물고	0.6022	0.8856	0.7360	0.6827	0.8277	0.6898	0.7381
(유의확률)	0.0024	0.0000	0.0001	0.0003	0.0000	0.0003	0.0001
전체물량(M3)	0.7398	0.8282	0.8170	0.7970	0.8922	0.7915	0.8500
(유의확률)	0.0001	0.0000	0.0000	0.0000	0.0000	0.0000	0.0000
부 제외(M3)	0.7804	0.8345	0.8488	0.8305	0.9163	0.8234	0.8794
(유의확률)	0.0000	0.0000	0.0000	0.0000	0.0000	0.0000	0.0000
가구축부(M3)	0.8504	0.8815	0.9156	0.9022	0.9631	0.8970	0.9398
(유의확률)	0.0000	0.0000	0.0000	0.0000	0.0000	0.0000	0.0000
수장제외(M3)	0.7904	0.8376	0.8571	0.8395	0.9238	0.8315	0.8880
(유의확률)	0.0000	0.0000	0.0000	0.0000	0.0000	0.0000	0.0000
지붕부합	0.7506	0.7706	0.8056	0.7797	0.8557	0.7586	0.8167
(유의확률)	0.0000	0.0000	0.0000	0.0000	0.0000	0.0000	0.0000
가구부합	0.8368	0.9135	0.9164	0.9076	0.9435	0.9151	0.9344
(유의확률)	0.0000	0.0000	0.0000	0.0000	0.0000	0.0000	0.0000
공포부합	0.3955	0.5032	0.4571	0.4290	0.5664	0.4177	0.4989
(유의확률)	0.0618	0.0144	0.0283	0.0411	0.0048	0.0473	0.0154

상관계수
(유의확률)   맞배건축

	실내체적㎥	정면지붕장	측면지붕장	지붕평면적	가구고	공포고	주고
정면칸수	0.8189	0.8880	0.4795	0.8082	0.4983	0.3404	0.2954
(유의확률)	0.0000	0.0000	0.0206	0.0000	0.0155	0.1120	0.1712
측면칸수	0.5794	0.5465	0.8094	0.6369	0.7473	0.4374	0.5869
(유의확률)	0.0038	0.0070	0.0000	0.0011	0.0000	0.0369	0.0032
외부칸수합	0.8509	0.8777	0.7560	0.8754	0.7341	0.4615	0.5141
(유의확률)	0.0000	0.0000	0.0000	0.0000	0.0001	0.0267	0.0121
기둥수	0.9156	0.9179	0.7230	0.9098	0.7207	0.3814	0.4705
(유의확률)	0.0000	0.0000	0.0001	0.0000	0.0001	0.0725	0.0235
공포수	0.3217	0.3044	0.2777	0.3142	0.3202	0.4098	0.3197
(유의확률)	0.1344	0.1578	0.1996	0.1443	0.1364	0.0521	0.1370
량수	0.4722	0.3643	0.7430	0.5144	0.7018	0.4292	0.4594
(유의확률)	0.0229	0.0874	0.0000	0.0120	0.0002	0.0410	0.0274
도리전체수	0.8650	0.8622	0.7283	0.8819	0.7069	0.4793	0.4052
(유의확률)	0.0000	0.0000	0.0001	0.0000	0.0002	0.0207	0.0551
정면주간장	0.9492	0.9941	0.6701	0.9470	0.6690	0.5028	0.4451
(유의확률)	0.0000	0.0000	0.0005	0.0000	0.0005	0.0145	0.0333
측면주간장	0.8424	0.7623	0.9655	0.8723	0.9606	0.6166	0.5962
(유의확률)	0.0000	0.0000	0.0000	0.0000	0.0000	0.0017	0.0027
주심둘레길이	0.9745	0.9803	0.8123	0.9829	0.8098	0.5733	0.5244
(유의확률)	0.0000	0.0000	0.0000	0.0000	0.0000	0.0042	0.0102
건축면적(M2)	0.9925	0.9751	0.7707	0.9834	0.7754	0.5228	0.4556
(유의확률)	0.0000	0.0000	0.0000	0.0000	0.0000	0.0105	0.0289
입면면적	0.9642	0.9348	0.8561	0.9669	0.8373	0.6977	0.6869
(유의확률)	0.0000	0.0000	0.0000	0.0000	0.0000	0.0002	0.0003
가구부체적	0.9920	0.9464	0.7605	0.9693	0.7900	0.5363	0.4272
(유의확률)	0.0000	0.0000	0.0000	0.0000	0.0000	0.0083	0.0420
축부체적	0.9986	0.9606	0.8014	0.9855	0.7962	0.5987	0.5472
(유의확률)	0.0000	0.0000	0.0000	0.0000	0.0000	0.0025	0.0069
실내체적㎥	1.0000	0.9596	0.7919	0.9840	0.7970	0.5822	0.5134
(유의확률)	.	0.0000	0.0000	0.0000	0.0000	0.0036	0.0122
정면지붕장	0.9596	1.0000	0.7112	0.9653	0.6982	0.5206	0.4682
(유의확률)	0.0000	.	0.0001	0.0000	0.0002	0.0109	0.0243
측면지붕장	0.7919	0.7112	1.0000	0.8495	0.9314	0.6810	0.6452
(유의확률)	0.0000	0.0001	.	0.0000	0.0000	0.0003	0.0009
지붕평면적	0.9840	0.9653	0.8495	1.0000	0.8124	0.6045	0.5227
(유의확률)	0.0000	0.0000	0.0000	.	0.0000	0.0022	0.0105
가구고	0.7970	0.6982	0.9314	0.8124	1.0000	0.6685	0.5712
(유의확률)	0.0000	0.0002	0.0000	0.0000	.	0.0005	0.0044
공포고	0.5822	0.5206	0.6810	0.6045	0.6685	1.0000	0.5527
(유의확률)	0.0036	0.0109	0.0003	0.0022	0.0005	.	0.0062
주고	0.5134	0.4682	0.6452	0.5227	0.5712	0.5527	1.0000
(유의확률)	0.0122	0.0243	0.0009	0.0105	0.0044	0.0062	.
초석기단고	0.2874	0.2445	0.4094	0.2893	0.4146	0.0860	0.3939
(유의확률)	0.1837	0.2608	0.0524	0.1806	0.0492	0.6965	0.0629
건물고	0.7262	0.6350	0.8911	0.7392	0.9095	0.6993	0.7875
(유의확률)	0.0001	0.0011	0.0000	0.0001	0.0000	0.0002	0.0000
전체물량(M3)	0.8355	0.7516	0.8665	0.8561	0.8082	0.7644	0.6009
(유의확률)	0.0000	0.0000	0.0000	0.0000	0.0000	0.0000	0.0024
가부 제외(M3)	0.8657	0.7896	0.8590	0.8792	0.8096	0.7574	0.6079
(유의확률)	0.0000	0.0000	0.0000	0.0000	0.0000	0.0000	0.0021
가구축부(M3)	0.9303	0.8642	0.8802	0.9359	0.8513	0.7273	0.6300
(유의확률)	0.0000	0.0000	0.0000	0.0000	0.0000	0.0001	0.0013
수장제외(M3)	0.8742	0.8000	0.8606	0.8867	0.8124	0.7534	0.6144
(유의확률)	0.0000	0.0000	0.0000	0.0000	0.0000	0.0000	0.0018
지붕부합	0.8022	0.7598	0.7911	0.8207	0.7572	0.6806	0.5532
(유의확률)	0.0000	0.0000	0.0000	0.0000	0.0000	0.0004	0.0062
가구부합	0.9318	0.8604	0.8900	0.9380	0.8696	0.6910	0.6010
(유의확률)	0.0000	0.0000	0.0000	0.0000	0.0000	0.0003	0.0024
공포부합	0.4765	0.3892	0.5966	0.5093	0.4995	0.6666	0.4013
(유의확률)	0.0215	0.0664	0.0027	0.0131	0.0152	0.0005	0.0577

상관계수
(유의확률)   맞배건축

	초석기단고	건물고	전체물량(M3)	부 제외(M3)	가구축부(M3)	수장제외(M3)	지붕부합
정면칸수	0.0680	0.4041	0.5967	0.6353	0.6963	0.6434	0.5930
(유의확률)	0.7579	0.0558	0.0026	0.0011	0.0002	0.0009	0.0029
측면칸수	0.5351	0.7746	0.5897	0.5949	0.6447	0.5982	0.5631
(유의확률)	0.0085	0.0000	0.0031	0.0028	0.0009	0.0026	0.0051
외부칸수합	0.3377	0.6878	0.7118	0.7398	0.8068	0.7469	0.6948
(유의확률)	0.1150	0.0003	0.0001	0.0001	0.0000	0.0000	0.0002
기둥수	0.3389	0.6529	0.7153	0.7525	0.8364	0.7610	0.7093
(유의확률)	0.1136	0.0007	0.0001	0.0000	0.0000	0.0000	0.0002
공포수	-0.1586	0.3082	0.5692	0.5621	0.4571	0.5541	0.4908
(유의확률)	0.4698	0.1526	0.0046	0.0052	0.0283	0.0061	0.0174
량수	0.3134	0.6551	0.6143	0.5919	0.5709	0.5859	0.4271
(유의확률)	0.1453	0.0007	0.0018	0.0029	0.0044	0.0033	0.0421
도리전체수	0.1482	0.5930	0.7850	0.7997	0.8241	0.8008	0.6703
(유의확률)	0.4999	0.0029	0.0000	0.0000	0.0000	0.0000	0.0005
정면주간장	0.2091	0.6022	0.7398	0.7804	0.8504	0.7904	0.7506
(유의확률)	0.3384	0.0024	0.0001	0.0000	0.0000	0.0000	0.0000
측면주간장	0.4348	0.8856	0.8282	0.8345	0.8815	0.8376	0.7706
(유의확률)	0.0381	0.0000	0.0000	0.0000	0.0000	0.0000	0.0000
주심둘레길이	0.2982	0.7360	0.8170	0.8488	0.9156	0.8571	0.8056
(유의확률)	0.1670	0.0001	0.0000	0.0000	0.0000	0.0000	0.0000
건축면적(M2)	0.2740	0.6827	0.7970	0.8305	0.9022	0.8395	0.7797
(유의확률)	0.2058	0.0003	0.0000	0.0000	0.0000	0.0000	0.0000
입면면적	0.3168	0.8277	0.8922	0.9163	0.9631	0.9238	0.8557
(유의확률)	0.1408	0.0000	0.0000	0.0000	0.0000	0.0000	0.0000
가구부체적	0.2866	0.6898	0.7915	0.8234	0.8970	0.8315	0.7586
(유의확률)	0.1850	0.0003	0.0000	0.0000	0.0000	0.0000	0.0000
축부체적	0.2863	0.7381	0.8500	0.8794	0.9398	0.8880	0.8167
(유의확률)	0.1853	0.0001	0.0000	0.0000	0.0000	0.0000	0.0000
실내체적 m³	0.2874	0.7262	0.8355	0.8657	0.9303	0.8742	0.8022
(유의확률)	0.1837	0.0001	0.0000	0.0000	0.0000	0.0000	0.0000
정면지붕장	0.2445	0.6350	0.7516	0.7896	0.8642	0.8000	0.7598
(유의확률)	0.2608	0.0011	0.0000	0.0000	0.0000	0.0000	0.0000
측면지붕장	0.4094	0.8911	0.8665	0.8590	0.8802	0.8606	0.7911
(유의확률)	0.0524	0.0000	0.0000	0.0000	0.0000	0.0000	0.0000
지붕평면적	0.2893	0.7392	0.8561	0.8792	0.9359	0.8867	0.8207
(유의확률)	0.1806	0.0001	0.0000	0.0000	0.0000	0.0000	0.0000
가구고	0.4146	0.9095	0.8082	0.8096	0.8513	0.8124	0.7572
(유의확률)	0.0492	0.0000	0.0000	0.0000	0.0000	0.0000	0.0000
공포고	0.0860	0.6993	0.7644	0.7574	0.7273	0.7534	0.6806
(유의확률)	0.6965	0.0002	0.0000	0.0000	0.0001	0.0000	0.0004
주고	0.3939	0.7875	0.6009	0.6079	0.6300	0.6144	0.5532
(유의확률)	0.0629	0.0000	0.0024	0.0021	0.0013	0.0018	0.0062
초석기단고	1.0000	0.6364	0.2216	0.2506	0.3350	0.2511	0.3021
(유의확률)	.	0.0011	0.3095	0.2488	0.1181	0.2477	0.1612
건물고	0.6364	1.0000	0.7848	0.7940	0.8355	0.7961	0.7536
(유의확률)	0.0011	.	0.0000	0.0000	0.0000	0.0000	0.0000
전체물량(M3)	0.2216	0.7848	1.0000	0.9962	0.9657	0.9950	0.9226
(유의확률)	0.3095	0.0000	.	0.0000	0.0000	0.0000	0.0000
부 제외(M3)	0.2506	0.7940	0.9962	1.0000	0.9804	0.9996	0.9349
(유의확률)	0.2488	0.0000	0.0000	.	0.0000	0.0000	0.0000
가구축부(M3)	0.3350	0.8355	0.9657	0.9804	1.0000	0.9830	0.9301
(유의확률)	0.1181	0.0000	0.0000	0.0000	.	0.0000	0.0000
수장제외(M3)	0.2511	0.7961	0.9950	0.9996	0.9830	1.0000	0.9377
(유의확률)	0.2477	0.0000	0.0000	0.0000	0.0000	.	0.0000
지붕부합	0.3021	0.7536	0.9226	0.9349	0.9301	0.9377	1.0000
(유의확률)	0.1612	0.0000	0.0000	0.0000	0.0000	0.0000	.
가구부합	0.3763	0.8340	0.8785	0.8936	0.9440	0.8951	0.7717
(유의확률)	0.0768	0.0000	0.0000	0.0000	0.0000	0.0000	0.0000
공포부합	-0.0518	0.4879	0.8508	0.8222	0.6939	0.8131	0.7296
(유의확률)	0.8143	0.0182	0.0000	0.0000	0.0002	0.0000	0.0001

상관계수
(유의확률)   맞배건축

	가구부합	공포부합	축부합	수장부합	벽체합	수평합
정면칸수	0.6862	0.3104	0.7095	0.3799	0.6939	0.2292
(유의확률)	0.0003	0.1495	0.0001	0.0738	0.0002	0.2929
측면칸수	0.6864	0.3118	0.5550	0.5159	0.5786	0.4319
(유의확률)	0.0003	0.1475	0.0060	0.0117	0.0038	0.0396
외부칸수합	0.8231	0.3730	0.7662	0.5302	0.7690	0.3860
(유의확률)	0.0000	0.0796	0.0000	0.0093	0.0000	0.0689
기둥수	0.8532	0.3338	0.8120	0.4937	0.8032	0.3305
(유의확률)	0.0000	0.1196	0.0000	0.0167	0.0000	0.1235
공포수	0.3020	0.7337	0.5392	0.5498	0.3633	0.5443
(유의확률)	0.1614	0.0001	0.0079	0.0066	0.0884	0.0072
량수	0.6602	0.5140	0.5215	0.6566	0.4226	0.6538
(유의확률)	0.0006	0.0121	0.0107	0.0007	0.0445	0.0007
도리전체수	0.8591	0.5419	0.8157	0.6537	0.7218	0.5510
(유의확률)	0.0000	0.0076	0.0000	0.0007	0.0001	0.0064
정면주간장	0.8368	0.3955	0.8274	0.5016	0.8521	0.3238
(유의확률)	0.0000	0.0618	0.0000	0.0148	0.0000	0.1317
측면주간장	0.9135	0.5032	0.7971	0.7289	0.7869	0.6204
(유의확률)	0.0000	0.0144	0.0000	0.0001	0.0000	0.0016
주심둘레길이	0.9164	0.4571	0.8705	0.6101	0.8851	0.4441
(유의확률)	0.0000	0.0283	0.0000	0.0020	0.0000	0.0338
건축면적(M2)	0.9076	0.4290	0.8727	0.5841	0.8794	0.4146
(유의확률)	0.0000	0.0411	0.0000	0.0034	0.0000	0.0492
입면면적	0.9435	0.5664	0.9348	0.7113	0.9309	0.5513
(유의확률)	0.0000	0.0048	0.0000	0.0001	0.0000	0.0064
가구부체적	0.9151	0.4177	0.8739	0.5865	0.8599	0.4239
(유의확률)	0.0000	0.0473	0.0000	0.0033	0.0000	0.0438
축부체적	0.9344	0.4989	0.9196	0.6499	0.9163	0.4819
(유의확률)	0.0000	0.0154	0.0000	0.0008	0.0000	0.0199
실내체적㎥	0.9318	0.4765	0.9091	0.6332	0.9026	0.4663
(유의확률)	0.0000	0.0215	0.0000	0.0012	0.0000	0.0249
정면지붕장	0.8604	0.3892	0.8296	0.5237	0.8666	0.3457
(유의확률)	0.0000	0.0664	0.0000	0.0103	0.0000	0.1061
측면지붕장	0.8900	0.5966	0.7966	0.8229	0.7824	0.7356
(유의확률)	0.0000	0.0027	0.0000	0.0000	0.0000	0.0001
지붕평면적	0.9380	0.5093	0.8922	0.6828	0.8985	0.5276
(유의확률)	0.0000	0.0131	0.0000	0.0003	0.0000	0.0097
가구고	0.8696	0.4995	0.7693	0.7317	0.7589	0.6330
(유의확률)	0.0000	0.0152	0.0000	0.0001	0.0000	0.0012
공포고	0.6910	0.6666	0.6859	0.7279	0.6012	0.6808
(유의확률)	0.0003	0.0005	0.0003	0.0001	0.0024	0.0003
주고	0.6010	0.4013	0.6473	0.5187	0.6436	0.4137
(유의확률)	0.0024	0.0577	0.0008	0.0112	0.0009	0.0497
초석기단고	0.3763	−0.0518	0.2430	0.0785	0.2296	0.0187
(유의확률)	0.0768	0.8143	0.2639	0.7220	0.2920	0.9324
건물고	0.8340	0.4879	0.7690	0.6774	0.7352	0.5752
(유의확률)	0.0000	0.0182	0.0000	0.0004	0.0001	0.0041
전체물량(M3)	0.8785	0.8508	0.9421	0.9290	0.8578	0.8388
(유의확률)	0.0000	0.0000	0.0000	0.0000	0.0000	0.0000
장부 제외(M3)	0.8936	0.8222	0.9562	0.8934	0.8742	0.7904
(유의확률)	0.0000	0.0000	0.0000	0.0000	0.0000	0.0000
가구축부(M3)	0.9440	0.6939	0.9613	0.8190	0.9071	0.6894
(유의확률)	0.0000	0.0002	0.0000	0.0000	0.0000	0.0003
수장제외(M3)	0.8951	0.8131	0.9597	0.8889	0.8881	0.7803
(유의확률)	0.0000	0.0000	0.0000	0.0000	0.0000	0.0000
지붕부합	0.7717	0.7296	0.8494	0.7895	0.8696	0.6662
(유의확률)	0.0000	0.0001	0.0000	0.0000	0.0000	0.0005
가구부합	1.0000	0.5385	0.9036	0.7374	0.8128	0.6220
(유의확률)	.	0.0080	0.0000	0.0001	0.0000	0.0015
공포부합	0.5385	1.0000	0.7174	0.8990	0.5741	0.8966
(유의확률)	0.0080	.	0.0001	0.0000	0.0042	0.0000

상관계수
(유의확률)

상관분석 맞배건축

	정면칸수	측면칸수	외부칸수합	기둥수	공포수	량수	도리전체수
축부합	0.7095	0.5550	0.7662	0.8120	0.5392	0.5215	0.8157
(유의확률)	0.0001	0.0060	0.0000	0.0000	0.0079	0.0107	0.0000
수장부합	0.3799	0.5159	0.5302	0.4937	0.5498	0.6566	0.6537
(유의확률)	0.0738	0.0117	0.0093	0.0167	0.0066	0.0007	0.0007
벽체합	0.6939	0.5786	0.7690	0.8032	0.3633	0.4226	0.7218
(유의확률)	0.0002	0.0038	0.0000	0.0000	0.0884	0.0445	0.0001
수평합	0.2292	0.4319	0.3860	0.3305	0.5443	0.6538	0.5510
(유의확률)	0.2929	0.0396	0.0689	0.1235	0.0072	0.0007	0.0064

	정면주간장	측면주간장	주심둘레길이	건축면적(M2)	입면면적	가구부체적	축부체적
축부합	0.8274	0.7971	0.8705	0.8727	0.9348	0.8739	0.9196
(유의확률)	0.0000	0.0000	0.0000	0.0000	0.0000	0.0000	0.0000
수장부합	0.5016	0.7289	0.6101	0.5841	0.7113	0.5865	0.6499
(유의확률)	0.0148	0.0001	0.0020	0.0034	0.0001	0.0033	0.0008
벽체합	0.8521	0.7869	0.8851	0.8794	0.9309	0.8599	0.9163
(유의확률)	0.0000	0.0000	0.0000	0.0000	0.0000	0.0000	0.0000
수평합	0.3238	0.6204	0.4441	0.4146	0.5513	0.4239	0.4819
(유의확률)	0.1317	0.0016	0.0338	0.0492	0.0064	0.0438	0.0199

	실내체적㎥	정면지붕장	측면지붕장	지붕평면적	가구고	공포고	주고
축부합	0.9091	0.8296	0.7966	0.8922	0.7693	0.6859	0.6473
(유의확률)	0.0000	0.0000	0.0000	0.0000	0.0000	0.0003	0.0008
수장부합	0.6332	0.5237	0.8229	0.6828	0.7317	0.7279	0.5187
(유의확률)	0.0012	0.0103	0.0000	0.0003	0.0001	0.0001	0.0112
벽체합	0.9026	0.8666	0.7824	0.8985	0.7589	0.6012	0.6436
(유의확률)	0.0000	0.0000	0.0000	0.0000	0.0000	0.0024	0.0009
수평합	0.4663	0.3457	0.7356	0.5276	0.6330	0.6808	0.4137
(유의확률)	0.0249	0.1061	0.0001	0.0097	0.0012	0.0003	0.0497

	초석기단고	건물고	전체물량(M3)	부 제외(M3)	가구축부(M3)	수장제외(M3)	지붕부합
축부합	0.2430	0.7690	0.9421	0.9562	0.9613	0.9597	0.8494
(유의확률)	0.2639	0.0000	0.0000	0.0000	0.0000	0.0000	0.0000
수장부합	0.0785	0.6774	0.9290	0.8934	0.8190	0.8889	0.7895
(유의확률)	0.7220	0.0004	0.0000	0.0000	0.0000	0.0000	0.0000
벽체합	0.2296	0.7352	0.8578	0.8742	0.9071	0.8881	0.8696
(유의확률)	0.2920	0.0001	0.0000	0.0000	0.0000	0.0000	0.0000
수평합	0.0187	0.5752	0.8388	0.7904	0.6894	0.7803	0.6662
(유의확률)	0.9324	0.0041	0.0000	0.0000	0.0003	0.0000	0.0005

	가구부합	공포부합	축부합	수장부합	벽체합	수평합
축부합	0.9036	0.7174	1.0000	0.7997	0.8997	0.6686
(유의확률)	0.0000	0.0001	.	0.0000	0.0000	0.0005
수장부합	0.7374	0.8990	0.7997	1.0000	0.7133	0.9726
(유의확률)	0.0001	0.0000	0.0000	.	0.0001	0.0000
벽체합	0.8128	0.5741	0.8997	0.7133	1.0000	0.5308
(유의확률)	0.0000	0.0042	0.0000	0.0001	.	0.0092
수평합	0.6220	0.8966	0.6686	0.9726	0.5308	1.0000
(유의확률)	0.0015	0.0000	0.0005	0.0000	0.0092	.

상관분석

상관계수
(유의확률) 주심포식 맞배지붕 건축

	정면주간장	측면주간장	주심둘레길이	건축면적(M2)	가구부체적	축부체적	실내체적㎥	정면지붕장	측면지붕장	지붕평면적	가구고	공포고	기둥고
정면주간장	1.0000	0.7475	0.9817	0.9766	0.9465	0.9637	0.9592	0.9962	0.6720	0.9637	0.7119	0.5478	0.5997
(유의확률)	.	0.0082	0.0000	0.0000	0.0000	0.0000	0.0000	0.0000	0.0235	0.0000	0.0140	0.0810	0.0512
측면주간장	0.7475	1.0000	0.8605	0.8245	0.8260	0.8340	0.8322	0.7849	0.9827	0.8790	0.9720	0.8112	0.7186
(유의확률)	0.0082	.	0.0007	0.0018	0.0017	0.0014	0.0015	0.0042	0.0000	0.0004	0.0000	0.0024	0.0127
주심둘레길이	0.9817	0.8605	1.0000	0.9858	0.9631	0.9786	0.9747	0.9895	0.7976	0.9916	0.8251	0.6531	0.6663
(유의확률)	0.0000	0.0007	.	0.0000	0.0000	0.0000	0.0000	0.0000	0.0033	0.0000	0.0018	0.0293	0.0252
건축면적(M2)	0.9766	0.8245	0.9858	1.0000	0.9911	0.9964	0.9956	0.9837	0.7447	0.9905	0.7990	0.5806	0.6024
(유의확률)	0.0000	0.0018	0.0000	.	0.0000	0.0000	0.0000	0.0000	0.0086	0.0000	0.0032	0.0611	0.0498
가구부체적	0.9465	0.8260	0.9631	0.9911	1.0000	0.9962	0.9982	0.9582	0.7397	0.9795	0.8214	0.5906	0.5853
(유의확률)	0.0000	0.0017	0.0000	0.0000	.	0.0000	0.0000	0.0000	0.0093	0.0000	0.0019	0.0557	0.0585
축부체적	0.9637	0.8340	0.9786	0.9964	0.9962	1.0000	0.9996	0.9726	0.7527	0.9875	0.8156	0.6044	0.6310
(유의확률)	0.0000	0.0014	0.0000	0.0000	0.0000	.	0.0000	0.0000	0.0075	0.0000	0.0022	0.0489	0.0374
실내체적㎥	0.9592	0.8322	0.9747	0.9956	0.9982	0.9996	1.0000	0.9690	0.7494	0.9859	0.8181	0.6007	0.6176
(유의확률)	0.0000	0.0015	0.0000	0.0000	0.0000	0.0000	.	0.0079	0.0000	0.0021	0.0507	0.0429	
정면지붕장	0.9962	0.7849	0.9895	0.9837	0.9582	0.9726	0.9690	1.0000	0.7162	0.9795	0.7570	0.5847	0.6031
(유의확률)	0.0000	0.0042	0.0000	0.0000	0.0000	0.0000	0.0000	.	0.0132	0.0000	0.0070	0.0589	0.0495
측면지붕장	0.6720	0.9827	0.7976	0.7447	0.7397	0.7527	0.7494	0.7162	1.0000	0.8202	0.9551	0.8029	0.7393
(유의확률)	0.0235	0.0000	0.0033	0.0086	0.0093	0.0075	0.0079	0.0132	.	0.0020	0.0000	0.0029	0.0093
지붕평면적	0.9637	0.8790	0.9916	0.9905	0.9795	0.9875	0.9859	0.9795	0.8202	1.0000	0.8560	0.6452	0.6506
(유의확률)	0.0000	0.0004	0.0000	0.0000	0.0000	0.0000	0.0000	0.0000	0.0020	.	0.0008	0.0320	0.0302
가구고	0.7119	0.9720	0.8251	0.7990	0.8214	0.8156	0.8181	0.7570	0.9551	0.8560	1.0000	0.8515	0.6607
(유의확률)	0.0140	0.0000	0.0018	0.0032	0.0019	0.0022	0.0021	0.0070	0.0000	0.0008	.	0.0009	0.0269
공포고	0.5478	0.8112	0.6531	0.5806	0.5906	0.6044	0.6007	0.5847	0.8029	0.6452	0.8515	1.0000	0.6326
(유의확률)	0.0810	0.0024	0.0293	0.0611	0.0557	0.0489	0.0507	0.0589	0.0029	0.0320	0.0009	.	0.0367
기둥고	0.5997	0.7186	0.6663	0.6024	0.5853	0.6310	0.6176	0.6031	0.7393	0.6506	0.6607	0.6326	1.0000
(유의확률)	0.0512	0.0127	0.0252	0.0498	0.0585	0.0374	0.0429	0.0495	0.0093	0.0302	0.0269	0.0367	.
초석고	0.2726	0.4264	0.3315	0.2415	0.1834	0.2494	0.2295	0.2878	0.4973	0.3124	0.3143	0.4928	0.6547
(유의확률)	0.4174	0.1910	0.3193	0.4743	0.5894	0.4596	0.4973	0.3909	0.1196	0.3496	0.3465	0.1236	0.0288
전체물량(M3)	0.9177	0.9172	0.9672	0.9636	0.9662	0.9749	0.9730	0.9391	0.8586	0.9804	0.8968	0.7294	0.7171
(유의확률)	0.0001	0.0001	0.0000	0.0000	0.0000	0.0000	0.0000	0.0000	0.0007	0.0000	0.0002	0.0109	0.0130
전체일반	0.1300	0.5032	0.2441	0.1913	0.1531	0.1669	0.1629	0.1441	0.4990	0.2277	0.3753	0.3307	0.1577
(유의확률)	0.7033	0.1146	0.4694	0.5731	0.6531	0.6237	0.6323	0.6726	0.1181	0.5008	0.2554	0.3205	0.6433
전체특수	0.9424	0.8631	0.9707	0.9776	0.9821	0.9885	0.9874	0.9589	0.7982	0.9838	0.8539	0.6638	0.6964
(유의확률)	0.0000	0.0006	0.0000	0.0000	0.0000	0.0000	0.0000	0.0000	0.0032	0.0000	0.0008	0.0259	0.0173
전체특대	0.8813	0.8742	0.9269	0.9251	0.9381	0.9461	0.9444	0.9067	0.8242	0.9467	0.8801	0.7558	0.7323
(유의확률)	0.0003	0.0004	0.0000	0.0000	0.0000	0.0000	0.0000	0.0001	0.0018	0.0000	0.0004	0.0071	0.0104
지붕부합	0.9790	0.8225	0.9871	0.9922	0.9728	0.9826	0.9805	0.9851	0.7452	0.9844	0.7892	0.6044	0.5783
(유의확률)	0.0000	0.0019	0.0000	0.0000	0.0000	0.0000	0.0000	0.0000	0.0085	0.0000	0.0039	0.0489	0.0624
가구부합	0.8350	0.9156	0.9033	0.8910	0.9076	0.9174	0.9151	0.8606	0.8615	0.9164	0.9048	0.7957	0.7711
(유의확률)	0.0014	0.0001	0.0001	0.0002	0.0001	0.0001	0.0001	0.0007	0.0007	0.0001	0.0001	0.0034	0.0055
공포부합	0.8707	0.8654	0.9163	0.8859	0.8534	0.8703	0.8659	0.8864	0.8051	0.9026	0.7958	0.6755	0.5472
(유의확률)	0.0005	0.0006	0.0001	0.0003	0.0008	0.0005	0.0006	0.0003	0.0028	0.0001	0.0034	0.0225	0.0815
벽체합	0.9546	0.7893	0.9589	0.9821	0.9718	0.9736	0.9738	0.9641	0.7253	0.9760	0.7705	0.5003	0.5684
(유의확률)	0.0000	0.0039	0.0000	0.0000	0.0000	0.0000	0.0000	0.0000	0.0115	0.0000	0.0055	0.1170	0.0681
수평합	0.0043	0.5879	0.1721	0.1310	0.1785	0.1616	0.1668	0.0786	0.6841	0.2459	0.6571	0.5670	0.3839
(유의확률)	0.9900	0.0571	0.6129	0.7009	0.5995	0.6351	0.6239	0.8183	0.0202	0.4661	0.0280	0.0689	0.2438

상관계수
(유의확률)   주심포식 맞배지붕 건축

	초석고	전체물량(M3)	전체일반	전체특수	전체특대	지붕부합	가구부합	공포부합	벽체합	수평합
정면주간장	0.2726	0.9177	0.1300	0.9424	0.8813	0.9790	0.8350	0.8707	0.9546	0.0043
(유의확률)	0.4174	0.0001	0.7033	0.0000	0.0003	0.0000	0.0014	0.0005	0.0000	0.9900
측면주간장	0.4264	0.9172	0.5032	0.8631	0.8742	0.8225	0.9156	0.8654	0.7893	0.5879
(유의확률)	0.1910	0.0001	0.1146	0.0006	0.0004	0.0019	0.0001	0.0006	0.0039	0.0571
주심둘레길이	0.3315	0.9672	0.2441	0.9707	0.9269	0.9871	0.9033	0.9163	0.9589	0.1721
(유의확률)	0.3193	0.0000	0.4694	0.0000	0.0000	0.0000	0.0001	0.0001	0.0000	0.6129
건축면적(M2)	0.2415	0.9636	0.1913	0.9776	0.9251	0.9922	0.8910	0.8859	0.9821	0.1310
(유의확률)	0.4743	0.0000	0.5731	0.0000	0.0000	0.0000	0.0002	0.0003	0.0000	0.7009
가구부체적	0.1834	0.9662	0.1531	0.9821	0.9381	0.9728	0.9076	0.8534	0.9718	0.1785
(유의확률)	0.5894	0.0000	0.6531	0.0000	0.0000	0.0000	0.0001	0.0008	0.0000	0.5995
축부체적	0.2494	0.9749	0.1669	0.9885	0.9461	0.9826	0.9174	0.8703	0.9736	0.1616
(유의확률)	0.4596	0.0000	0.6237	0.0000	0.0000	0.0000	0.0001	0.0005	0.0000	0.6351
실내체적㎡	0.2295	0.9730	0.1629	0.9874	0.9444	0.9805	0.9151	0.8659	0.9738	0.1668
(유의확률)	0.4973	0.0000	0.6323	0.0000	0.0000	0.0000	0.0001	0.0006	0.0000	0.6239
정면지붕장	0.2878	0.9391	0.1441	0.9589	0.9067	0.9851	0.8606	0.8864	0.9641	0.0786
(유의확률)	0.3909	0.0000	0.6726	0.0000	0.0001	0.0000	0.0007	0.0003	0.0000	0.8183
측면지붕장	0.4973	0.8586	0.4990	0.7982	0.8242	0.7452	0.8615	0.8051	0.7253	0.6841
(유의확률)	0.1196	0.0007	0.1181	0.0032	0.0018	0.0085	0.0007	0.0028	0.0115	0.0202
지붕평면적	0.3124	0.9804	0.2277	0.9838	0.9467	0.9844	0.9164	0.9026	0.9760	0.2459
(유의확률)	0.3496	0.0000	0.5008	0.0000	0.0000	0.0000	0.0001	0.0001	0.0000	0.4661
가구고	0.3143	0.8968	0.3753	0.8539	0.8801	0.7892	0.9048	0.7958	0.7705	0.6571
(유의확률)	0.3465	0.0002	0.2554	0.0008	0.0004	0.0039	0.0001	0.0034	0.0055	0.0280
공포고	0.4928	0.7294	0.3307	0.6638	0.7558	0.6044	0.7957	0.6755	0.5003	0.5670
(유의확률)	0.1236	0.0109	0.3205	0.0259	0.0071	0.0489	0.0034	0.0225	0.1170	0.0689
기둥고	0.6547	0.7171	0.1577	0.6964	0.7323	0.5783	0.7711	0.5472	0.5684	0.3839
(유의확률)	0.0288	0.0130	0.6433	0.0173	0.0104	0.0624	0.0055	0.0815	0.0681	0.2438
초석고	1.0000	0.3891	0.3151	0.3147	0.4168	0.2802	0.4277	0.4231	0.2197	0.2986
(유의확률)	.	0.2369	0.3453	0.3458	0.2022	0.4040	0.1895	0.1948	0.5163	0.3725
전체물량(M3)	0.3891	1.0000	0.2522	0.9890	0.9816	0.9515	0.9751	0.8961	0.9298	0.3312
(유의확률)	0.2369	.	0.4544	0.0000	0.0000	0.0000	0.0000	0.0002	0.0000	0.3198
전체일반	0.3151	0.2522	1.0000	0.1284	0.1094	0.2385	0.2290	0.5460	0.1514	0.2848
(유의확률)	0.3453	0.4544	.	0.7067	0.7489	0.4800	0.4982	0.0823	0.6568	0.3960
전체특수	0.3147	0.9890	0.1284	1.0000	0.9786	0.9587	0.9555	0.8539	0.9499	0.2559
(유의확률)	0.3458	0.0000	0.7067	.	0.0000	0.0000	0.0000	0.0008	0.0000	0.4476
전체특대	0.4168	0.9816	0.1094	0.9786	1.0000	0.9064	0.9772	0.8180	0.8938	0.3681
(유의확률)	0.2022	0.0000	0.7489	0.0000	.	0.0001	0.0000	0.0021	0.0002	0.2654
지붕부합	0.2802	0.9515	0.2385	0.9587	0.9064	1.0000	0.8703	0.9100	0.9700	0.1044
(유의확률)	0.4040	0.0000	0.4800	0.0000	0.0001	.	0.0005	0.0001	0.0000	0.7601
가구부합	0.4277	0.9751	0.2290	0.9555	0.9772	0.8703	1.0000	0.8372	0.8318	0.4046
(유의확률)	0.1895	0.0000	0.4982	0.0000	0.0000	0.0005	.	0.0013	0.0015	0.2171
공포부합	0.4231	0.8961	0.5460	0.8539	0.8180	0.9100	0.8372	1.0000	0.8369	0.2042
(유의확률)	0.1948	0.0002	0.0823	0.0008	0.0021	0.0001	0.0013	.	0.0013	0.5469
벽체합	0.2197	0.9298	0.1514	0.9499	0.8938	0.9700	0.8318	0.8369	1.0000	0.1616
(유의확률)	0.5163	0.0000	0.6568	0.0000	0.0002	0.0000	0.0015	0.0013	.	0.6351
수평합	0.2986	0.3312	0.2848	0.2559	0.3681	0.1044	0.4046	0.2042	0.1616	1.0000
(유의확률)	0.3725	0.3198	0.3960	0.4476	0.2654	0.7601	0.2171	0.5469	0.6351	.

상관계수
(유의확률)   다포 맞배 상관계수

	외부칸수합	기둥수	공포수	도리수(량)	도리전체	정면주간장	측면주간장	주심둘레길이	건축면적(M2)	건축면적(평수)	정면지붕장	측면지붕장	지붕평면적
외부칸수합	1.0000	0.9327	0.6776	0.7215	0.8900	0.9013	0.7844	0.9046	0.8592	0.8592	0.8897	0.7668	0.8380
(유의확률)	.	0.0000	0.0155	0.0081	0.0001	0.0001	0.0025	0.0001	0.0003	0.0003	0.0001	0.0036	0.0007
기둥수	0.9327	1.0000	0.6425	0.8429	0.9185	0.8705	0.8845	0.9271	0.9130	0.9130	0.8648	0.8322	0.8668
(유의확률)	0.0000	.	0.0243	0.0006	0.0000	0.0002	0.0001	0.0000	0.0000	0.0000	0.0003	0.0008	0.0003
공포수	0.6776	0.6425	1.0000	0.5835	0.7533	0.6815	0.3869	0.5970	0.5545	0.5545	0.6546	0.2976	0.5044
(유의확률)	0.0155	0.0243	.	0.0464	0.0047	0.0147	0.2141	0.0404	0.0613	0.0613	0.0209	0.3475	0.0945
도리수(량)	0.7215	0.8429	0.5835	1.0000	0.8227	0.7795	0.8586	0.8583	0.8493	0.8493	0.7719	0.7740	0.7888
(유의확률)	0.0081	0.0006	0.0464	.	0.0010	0.0028	0.0003	0.0004	0.0005	0.0005	0.0033	0.0031	0.0023
도리전체	0.8900	0.9185	0.7533	0.8227	1.0000	0.9180	0.7338	0.8938	0.9068	0.9068	0.8881	0.6994	0.8551
(유의확률)	0.0001	0.0000	0.0047	0.0010	.	0.0000	0.0066	0.0001	0.0000	0.0000	0.0001	0.0114	0.0004
정면주간장	0.9013	0.8705	0.6815	0.7795	0.9180	1.0000	0.7766	0.9641	0.9482	0.9482	0.9915	0.8005	0.9459
(유의확률)	0.0001	0.0002	0.0147	0.0028	0.0000	.	0.0030	0.0000	0.0000	0.0000	0.0000	0.0018	0.0000
측면주간장	0.7844	0.8845	0.3869	0.8586	0.7338	0.7766	1.0000	0.9160	0.9054	0.9054	0.8036	0.9615	0.8805
(유의확률)	0.0025	0.0001	0.2141	0.0003	0.0066	0.0030	.	0.0000	0.0001	0.0001	0.0016	0.0000	0.0002
주심둘레길이	0.9046	0.9271	0.5970	0.8583	0.8938	0.9641	0.9160	1.0000	0.9854	0.9854	0.9701	0.9150	0.9735
(유의확률)	0.0001	0.0000	0.0404	0.0004	0.0001	0.0000	0.0000	.	0.0000	0.0000	0.0000	0.0000	0.0000
건축면적(M2)	0.8592	0.9130	0.5545	0.8493	0.9068	0.9482	0.9054	0.9854	1.0000	1.0000	0.9552	0.9160	0.9861
(유의확률)	0.0003	0.0000	0.0613	0.0005	0.0000	0.0000	0.0001	0.0000	.	0.0000	0.0000	0.0000	0.0000
건축면적(평수)	0.8592	0.9130	0.5545	0.8493	0.9068	0.9482	0.9054	0.9854	1.0000	1.0000	0.9552	0.9160	0.9861
(유의확률)	0.0003	0.0000	0.0613	0.0005	0.0000	0.0000	0.0001	0.0000	0.0000	.	0.0000	0.0000	0.0000
정면지붕장	0.8897	0.8648	0.6546	0.7719	0.8881	0.9915	0.8036	0.9701	0.9552	0.9552	1.0000	0.8413	0.9670
(유의확률)	0.0001	0.0003	0.0209	0.0033	0.0001	0.0000	0.0016	0.0000	0.0000	0.0000	.	0.0006	0.0000
측면지붕장	0.7668	0.8322	0.2976	0.7740	0.6994	0.8005	0.9615	0.9150	0.9160	0.9160	0.8413	1.0000	0.9319
(유의확률)	0.0036	0.0008	0.3475	0.0031	0.0114	0.0018	0.0000	0.0000	0.0000	0.0000	0.0006	.	0.0000
지붕평면적	0.8380	0.8668	0.5044	0.7888	0.8551	0.9459	0.8805	0.9735	0.9861	0.9861	0.9670	0.9319	1.0000
(유의확률)	0.0007	0.0003	0.0945	0.0023	0.0004	0.0000	0.0002	0.0000	0.0000	0.0000	0.0000	0.0000	.
입면면적	0.8329	0.8353	0.4738	0.8065	0.7773	0.9147	0.8851	0.9555	0.9336	0.9336	0.9462	0.9200	0.9558
(유의확률)	0.0008	0.0007	0.1197	0.0015	0.0029	0.0001	0.0001	0.0000	0.0000	0.0000	0.0000	0.0000	0.0000
가구부체적㎥	0.8332	0.8934	0.4758	0.8068	0.8923	0.9131	0.8939	0.9582	0.9894	0.9894	0.9179	0.9094	0.9718
(유의확률)	0.0008	0.0001	0.1179	0.0015	0.0001	0.0000	0.0001	0.0000	0.0000	0.0000	0.0000	0.0000	0.0000
축부체적㎥	0.8268	0.8651	0.4886	0.8255	0.8446	0.9340	0.8973	0.9730	0.9814	0.9814	0.9570	0.9301	0.9894
(유의확률)	0.0009	0.0003	0.1070	0.0009	0.0005	0.0000	0.0001	0.0000	0.0000	0.0000	0.0000	0.0000	0.0000
실내체적㎥	0.8344	0.8790	0.4885	0.8261	0.8638	0.9348	0.9026	0.9757	0.9905	0.9905	0.9529	0.9309	0.9914
(유의확률)	0.0007	0.0002	0.1071	0.0009	0.0003	0.0000	0.0001	0.0000	0.0000	0.0000	0.0000	0.0000	0.0000
가구고	0.7569	0.8380	0.2693	0.7841	0.6499	0.6973	0.9722	0.8538	0.8291	0.8291	0.7153	0.9247	0.7980
(유의확률)	0.0044	0.0007	0.3972	0.0025	0.0221	0.0117	0.0000	0.0004	0.0009	0.0009	0.0089	0.0000	0.0019
공포고	0.4520	0.4168	0.0955	0.3568	0.4413	0.6862	0.5074	0.6509	0.6691	0.6691	0.7178	0.6315	0.7389
(유의확률)	0.1402	0.1776	0.7678	0.2550	0.1509	0.0137	0.0922	0.0219	0.0173	0.0173	0.0086	0.0276	0.0060
기둥고	0.4479	0.4064	0.1258	0.4739	0.2371	0.4017	0.5386	0.4828	0.4170	0.4170	0.4802	0.5843	0.4835
(유의확률)	0.1442	0.1899	0.6968	0.1197	0.4581	0.1955	0.0708	0.1118	0.1775	0.1775	0.1141	0.0460	0.1113
건물고	0.6971	0.6993	0.1649	0.6254	0.4576	0.6068	0.8786	0.7567	0.7038	0.7038	0.6654	0.8963	0.7338
(유의확률)	0.0118	0.0114	0.6086	0.0296	0.1347	0.0364	0.0002	0.0044	0.0106	0.0106	0.0182	0.0001	0.0066
전체물량(M3)	0.7992	0.8445	0.4448	0.7477	0.7868	0.9070	0.8823	0.9495	0.9554	0.9554	0.9325	0.9253	0.9722
(유의확률)	0.0018	0.0005	0.1473	0.0052	0.0024	0.0000	0.0001	0.0000	0.0000	0.0000	0.0000	0.0000	0.0000
지붕부합	0.6856	0.7115	0.3288	0.5649	0.5514	0.7617	0.8026	0.8233	0.7927	0.7927	0.7991	0.8428	0.8272
(유의확률)	0.0138	0.0095	0.2967	0.0556	0.0631	0.0040	0.0017	0.0010	0.0021	0.0021	0.0018	0.0006	0.0009
가구부합	0.8534	0.9041	0.4483	0.8195	0.8689	0.9111	0.9132	0.9651	0.9824	0.9824	0.9274	0.9350	0.9764
(유의확률)	0.0004	0.0001	0.1439	0.0011	0.0002	0.0000	0.0000	0.0000	0.0000	0.0000	0.0000	0.0000	0.0000
공포부합	0.7038	0.7373	0.5126	0.7027	0.7717	0.8874	0.7607	0.8857	0.9055	0.9055	0.9020	0.8087	0.9220
(유의확률)	0.0106	0.0062	0.0883	0.0108	0.0033	0.0001	0.0041	0.0001	0.0001	0.0001	0.0001	0.0014	0.0001
축부합	0.8005	0.8533	0.4375	0.7708	0.8034	0.8649	0.8674	0.9164	0.9307	0.9307	0.8949	0.9043	0.9431
(유의확률)	0.0018	0.0004	0.1549	0.0033	0.0016	0.0003	0.0003	0.0000	0.0000	0.0000	0.0001	0.0001	0.0000
수장부합	0.7719	0.8319	0.4001	0.7332	0.7886	0.8932	0.8551	0.9292	0.9465	0.9465	0.9156	0.9122	0.9650
(유의확률)	0.0033	0.0008	0.1975	0.0067	0.0023	0.0001	0.0004	0.0000	0.0000	0.0000	0.0000	0.0000	0.0000
벽체합	0.6678	0.6857	0.2744	0.6740	0.5511	0.7537	0.7986	0.8166	0.7758	0.7758	0.7974	0.8505	0.8215
(유의확률)	0.0176	0.0138	0.3881	0.0162	0.0633	0.0046	0.0018	0.0012	0.0030	0.0030	0.0019	0.0005	0.0010
수평합	0.7700	0.8388	0.4181	0.7208	0.8213	0.8960	0.8374	0.9235	0.9555	0.9555	0.9120	0.8937	0.9661
(유의확률)	0.0034	0.0007	0.1762	0.0082	0.0011	0.0001	0.0007	0.0000	0.0000	0.0000	0.0000	0.0001	0.0000

상관계수 (유의확률)   다포 맞배 상관계수

	입면면적	가구부체적㎥	축부체적㎥	실내체적㎥	가구고	공포고	기둥고	건물고	전체물량(M3)	지붕부합	가구부합	공포부합	축부합	수장부합	벽체합	수평합
외부칸수합	0.8329	0.8332	0.8268	0.8344	0.7569	0.4520	0.4479	0.6971	0.7992	0.6856	0.8534	0.7038	0.8005	0.7719	0.6678	0.7700
(유의확률)	0.0008	0.0008	0.0009	0.0007	0.0044	0.1402	0.1442	0.0118	0.0018	0.0138	0.0004	0.0106	0.0018	0.0033	0.0176	0.0034
기둥수	0.8353	0.8934	0.8651	0.8790	0.8380	0.4168	0.4064	0.6993	0.8445	0.7115	0.9041	0.7373	0.8533	0.8319	0.6857	0.8388
(유의확률)	0.0007	0.0001	0.0003	0.0002	0.0007	0.1776	0.1899	0.0114	0.0005	0.0095	0.0001	0.0062	0.0004	0.0008	0.0138	0.0007
공포수	0.4738	0.4758	0.4886	0.4885	0.2693	0.0955	0.1258	0.1649	0.4448	0.3288	0.4483	0.5126	0.4375	0.4001	0.2744	0.4181
(유의확률)	0.1197	0.1179	0.1070	0.1071	0.3972	0.7678	0.6968	0.6086	0.1473	0.2967	0.1439	0.0883	0.1549	0.1975	0.3881	0.1762
도리수(량)	0.8065	0.8068	0.8255	0.8261	0.7841	0.3568	0.4739	0.6254	0.7477	0.5649	0.8195	0.7027	0.7708	0.7332	0.6740	0.7208
(유의확률)	0.0015	0.0015	0.0009	0.0009	0.0025	0.2550	0.1197	0.0296	0.0052	0.0556	0.0011	0.0108	0.0033	0.0067	0.0162	0.0082
도리전체	0.7773	0.8923	0.8446	0.8638	0.6499	0.4413	0.2371	0.4576	0.7868	0.5514	0.8689	0.7717	0.8034	0.7866	0.5511	0.8213
(유의확률)	0.0029	0.0001	0.0005	0.0003	0.0221	0.1509	0.4581	0.1347	0.0024	0.0631	0.0002	0.0033	0.0016	0.0023	0.0633	0.0011
정면주간장	0.9147	0.9131	0.9340	0.9348	0.6973	0.6862	0.4017	0.6068	0.9070	0.7617	0.9111	0.8874	0.8649	0.8932	0.7537	0.8960
(유의확률)	0.0000	0.0000	0.0000	0.0000	0.0117	0.0137	0.1955	0.0364	0.0000	0.0040	0.0000	0.0001	0.0003	0.0001	0.0046	0.0001
측면주간장	0.8851	0.8939	0.8973	0.9026	0.9722	0.5074	0.5386	0.8786	0.8823	0.8026	0.9132	0.7607	0.8674	0.8551	0.7986	0.8374
(유의확률)	0.0001	0.0001	0.0001	0.0001	0.0000	0.0922	0.0708	0.0002	0.0001	0.0017	0.0000	0.0041	0.0003	0.0004	0.0018	0.0007
주심둘레길이	0.9555	0.9582	0.9730	0.9757	0.8538	0.6509	0.4828	0.7567	0.9495	0.8233	0.9651	0.8857	0.9164	0.9292	0.8166	0.9235
(유의확률)	0.0000	0.0000	0.0000	0.0000	0.0004	0.0219	0.1118	0.0044	0.0000	0.0010	0.0000	0.0001	0.0000	0.0000	0.0012	0.0000
건축면적(M2)	0.9336	0.9894	0.9814	0.9905	0.8291	0.6691	0.4170	0.7038	0.9554	0.7927	0.9824	0.9055	0.9307	0.9465	0.7758	0.9555
(유의확률)	0.0000	0.0000	0.0000	0.0000	0.0009	0.0173	0.1775	0.0106	0.0000	0.0021	0.0000	0.0001	0.0000	0.0000	0.0030	0.0000
건축면적(평수)	0.9336	0.9894	0.9814	0.9905	0.8291	0.6691	0.4170	0.7038	0.9554	0.7927	0.9824	0.9055	0.9307	0.9465	0.7758	0.9555
(유의확률)	0.0000	0.0000	0.0000	0.0000	0.0009	0.0173	0.1775	0.0106	0.0000	0.0021	0.0000	0.0001	0.0000	0.0000	0.0030	0.0000
정면지붕장	0.9462	0.9179	0.9570	0.9529	0.7153	0.7178	0.4802	0.6654	0.9325	0.7991	0.9274	0.9020	0.8949	0.9156	0.7974	0.9120
(유의확률)	0.0000	0.0000	0.0000	0.0000	0.0089	0.0086	0.1141	0.0182	0.0000	0.0018	0.0000	0.0001	0.0001	0.0000	0.0019	0.0000
측면지붕장	0.9200	0.9094	0.9301	0.9309	0.9247	0.6315	0.5843	0.8963	0.9253	0.8428	0.9350	0.8087	0.9043	0.9122	0.8505	0.8937
(유의확률)	0.0000	0.0000	0.0000	0.0000	0.0000	0.0276	0.0460	0.0001	0.0000	0.0006	0.0000	0.0014	0.0001	0.0000	0.0005	0.0001
지붕평면적	0.9558	0.9718	0.9894	0.9914	0.7980	0.7389	0.4835	0.7338	0.9722	0.8272	0.9764	0.9220	0.9431	0.9650	0.8215	0.9661
(유의확률)	0.0000	0.0000	0.0000	0.0000	0.0019	0.0060	0.1113	0.0066	0.0000	0.0009	0.0000	0.0000	0.0000	0.0000	0.0010	0.0000
입면면적	1.0000	0.8990	0.9778	0.9628	0.8087	0.7619	0.6852	0.8225	0.9522	0.8422	0.9465	0.8786	0.9410	0.9305	0.9164	0.8987
(유의확률)	.	0.0001	0.0000	0.0000	0.0015	0.0040	0.0139	0.0010	0.0000	0.0006	0.0000	0.0002	0.0000	0.0000	0.0000	0.0001
가구부체적㎥	0.8990	1.0000	0.9652	0.9816	0.8292	0.6722	0.3577	0.6820	0.9395	0.7594	0.9847	0.8841	0.9216	0.9381	0.7304	0.9572
(유의확률)	0.0001	.	0.0000	0.0000	0.0009	0.0166	0.2536	0.0146	0.0000	0.0042	0.0000	0.0001	0.0000	0.0000	0.0070	0.0000
축부체적㎥	0.9778	0.9652	1.0000	0.9974	0.8107	0.7591	0.5489	0.7530	0.9746	0.8196	0.9836	0.9222	0.9629	0.9649	0.8582	0.9563
(유의확률)	0.0000	0.0000	.	0.0000	0.0014	0.0042	0.0646	0.0047	0.0000	0.0011	0.0000	0.0000	0.0000	0.0000	0.0004	0.0000
실내체적㎥	0.9628	0.9816	0.9974	1.0000	0.8215	0.7403	0.4997	0.7385	0.9717	0.8086	0.9908	0.9181	0.9582	0.9642	0.8287	0.9633
(유의확률)	0.0000	0.0000	0.0000	.	0.0010	0.0059	0.0981	0.0061	0.0000	0.0015	0.0000	0.0000	0.0000	0.0000	0.0000	0.0000
가구고	0.8087	0.8292	0.8107	0.8215	1.0000	0.4313	0.4853	0.8915	0.7985	0.7561	0.8491	0.6395	0.7707	0.7742	0.7377	0.7543
(유의확률)	0.0015	0.0009	0.0014	0.0010	.	0.1615	0.1098	0.0001	0.0018	0.0044	0.0005	0.0251	0.0033	0.0031	0.0062	0.0046
공포고	0.7619	0.6722	0.7591	0.7403	0.4313	1.0000	0.4276	0.4825	0.7962	0.7352	0.6999	0.8011	0.7373	0.8004	0.7714	0.7775
(유의확률)	0.0040	0.0166	0.0042	0.0059	0.1615	.	0.1656	0.1121	0.0019	0.0064	0.0113	0.0017	0.0062	0.0018	0.0033	0.0029
기둥고	0.6852	0.3577	0.5489	0.4997	0.4853	0.4276	1.0000	0.7715	0.4954	0.4934	0.5035	0.3573	0.5688	0.4572	0.7251	0.3688
(유의확률)	0.0139	0.2536	0.0646	0.0981	0.1098	0.1656	.	0.0033	0.1015	0.1031	0.0951	0.2542	0.0536	0.1351	0.0076	0.2381
건물고	0.8225	0.6820	0.7530	0.7385	0.8915	0.4825	0.7715	1.0000	0.7493	0.7894	0.7587	0.5616	0.7347	0.7014	0.8078	0.6466
(유의확률)	0.0010	0.0146	0.0047	0.0061	0.0001	0.1121	0.0033	.	0.0050	0.0023	0.0042	0.0574	0.0065	0.0110	0.0015	0.0231
전체물량(M3)	0.9522	0.9395	0.9746	0.9717	0.7985	0.7962	0.4954	0.7493	1.0000	0.9013	0.9508	0.9532	0.9629	0.9872	0.8896	0.9753
(유의확률)	0.0000	0.0000	0.0000	0.0000	0.0018	0.0019	0.1015	0.0050	.	0.0001	0.0000	0.0000	0.0000	0.0000	0.0001	0.0000
지붕부합	0.8422	0.7594	0.8196	0.8086	0.7561	0.7352	0.4934	0.7894	0.9013	1.0000	0.7793	0.8114	0.7829	0.8469	0.8412	0.8161
(유의확률)	0.0006	0.0042	0.0011	0.0015	0.0044	0.0064	0.1031	0.0023	0.0001	.	0.0028	0.0014	0.0026	0.0005	0.0006	0.0012
가구부합	0.9465	0.9847	0.9836	0.9908	0.8491	0.6999	0.5035	0.7587	0.9508	0.7793	1.0000	0.8671	0.9529	0.9488	0.8022	0.9513
(유의확률)	0.0000	0.0000	0.0000	0.0000	0.0005	0.0113	0.0951	0.0042	0.0000	0.0028	.	0.0003	0.0000	0.0000	0.0017	0.0000
공포부합	0.8786	0.8841	0.9222	0.9181	0.6395	0.8011	0.3573	0.5616	0.9532	0.8114	0.8671	1.0000	0.9169	0.9458	0.8227	0.9422
(유의확률)	0.0002	0.0001	0.0000	0.0000	0.0251	0.0017	0.2542	0.0574	0.0000	0.0014	0.0003	.	0.0000	0.0000	0.0010	0.0000
축부합	0.9410	0.9216	0.9629	0.9582	0.7707	0.7373	0.5688	0.7347	0.9629	0.7829	0.9529	0.9169	1.0000	0.9690	0.8856	0.9540
(유의확률)	0.0000	0.0000	0.0000	0.0000	0.0033	0.0062	0.0536	0.0065	0.0000	0.0026	0.0000	0.0000	.	0.0000	0.0000	0.0000
수장부합	0.9305	0.9381	0.9649	0.9642	0.7742	0.8004	0.4572	0.7014	0.9872	0.8469	0.9488	0.9458	0.9690	1.0000	0.8846	0.9924
(유의확률)	0.0000	0.0000	0.0000	0.0000	0.0031	0.0018	0.1351	0.0110	0.0000	0.0005	0.0000	0.0000	0.0000	.	0.0001	0.0000
벽체합	0.9164	0.7304	0.8582	0.8287	0.7377	0.7714	0.7251	0.8078	0.8896	0.8412	0.8022	0.8227	0.8856	0.8846	1.0000	0.8203
(유의확률)	0.0000	0.0070	0.0004	0.0009	0.0062	0.0033	0.0076	0.0015	0.0001	0.0006	0.0017	0.0010	0.0001	0.0001	.	0.0011
수평합	0.8987	0.9572	0.9563	0.9633	0.7543	0.7775	0.3688	0.6466	0.9753	0.8161	0.9513	0.9422	0.9540	0.9924	0.8203	1.0000
(유의확률)	0.0001	0.0000	0.0000	0.0000	0.0046	0.0029	0.2381	0.0231	0.0000	0.0012	0.0000	0.0000	0.0000	0.0000	0.0011	.

저자 소개

♦ 한 승 韓承

1969년 경북 상주에서 태어났다.
국립 금오공과대학교에서 석사학위, 경일대학교에서 건축공학 박사학위를 취득하였다.
경북대학교와 대구대학교에서 강의한 바 있다.
현재 주식회사 금송 대표이자 문화재 수리 기술자로서 활동 중이며 전통 건축물의 보존과 복원, 국가 유산 지정 조사 등에 헌신하고 있다.

♦ 엄신조 嚴信朝

1973년 서울 마포에서 태어났다.
연세대학교 토목공학과에서 학사, 건축공학과에서 석사, 박사학위를 취득하였다.
2010년부터 경일대학교 건축학부 정교수로 후학양성에 힘써오면서 2022년부터 (주)직스테크놀로지 대표이사로 국산캐드 소프트웨어 개발과 인공지능을 활용한 건축자동화에 매진하고 있다.

한국 전통목조건축의 물량산출
－맞배지붕 건축물을 중심으로－

초판1쇄 발행 2025년 6월 20일

지은이 한 승·엄신조
발행인 최영민
발행처 피앤피북
인쇄제작 미래피앤피
주소 경기도 파주시 신촌로 16
전화 031－8071－0088
팩스 031－942－8688
전자우편 hermonh@naver.com
출판등록 2015년 3월 27일
등록번호 제406－2015－31호
ISBN 979－11－94085－58－4 (93530)

● 이 책의 정가는 뒤 표지에 있습니다.
● 이 책의 어느 부분도 저작권자나 발행인의 승인 없이 무단 복제하여 이용할 수 없습니다.